HUAXUE FENXI FANGSHI
JI YIQI YANJIU

化学分析方式

及仪器研究

韩爱鸿　李艳霞　张建夫　编著

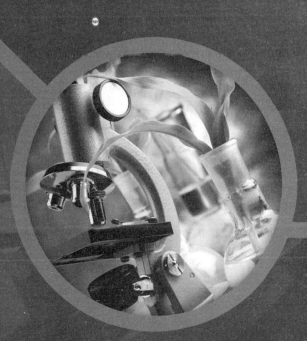

中国水利水电出版社
www.waterpub.com.cn

内 容 提 要

本书主要介绍重要的化学分析方式和相应的仪器,包括紫外可见分光光度分析、红外吸收光谱分析、原子光谱分析、核磁共振波谱分析、毛细管电泳分析、气相色谱分析、高效液相色谱分析和库仑分析。另外,还简要阐述旋光分析法、X射线粉末衍射法、柱色谱法、电子能谱法和热分析法的原理与应用。本书可供化学、药学、环境等相关研究人员使用。

图书在版编目(CIP)数据

化学分析方式及仪器研究/韩爱鸿,李艳霞,张建
夫编著.--北京:中国水利水电出版社,2014.3(2022.10重印)
  ISBN 978-7-5170-1772-1

  Ⅰ.①化… Ⅱ.①韩…②李…③张… Ⅲ.①化学分
析②仪器分析 Ⅳ.①O65

中国版本图书馆 CIP 数据核字(2014)第 038518 号

策划编辑:杨庆川 责任编辑:杨元泓 封面设计:崔 蕾

书 名	化学分析方式及仪器研究
作 者	韩爱鸿 李艳霞 张建夫 编著
出版发行	中国水利水电出版社
	(北京市海淀区玉渊潭南路 1 号 D 座 100038)
	网址:www.waterpub.com.cn
	E-mail:mchannel@263.net(万水)
	sales@mwr.gov.cn
	电话:(010)68545888(营销中心)、82562819(万水)
经 售	北京科水图书销售有限公司
	电话:(010)63202643、68545874
	全国各地新华书店和相关出版物销售网点
排 版	北京鑫海胜蓝数码科技有限公司
印 刷	三河市人民印务有限公司
规 格	184mm×260mm 16 开本 16.25 印张 395 千字
版 次	2014 年 6 月第 1 版 2022 年 10 月第 2 次印刷
印 数	3001-4001册
定 价	56.00 元

前　言

分析化学是化学的一个重要分支,是建立在化学、物理和生物等科学技术之上的一门边缘性交叉学科,是一门关于物质的信息科学。分析化学在化工、农业、环境、医药等领域都具有重要作用,推动着整个社会的发展。

分析化学借助特殊仪器来确定物质的组成、含量和结构,即仪器分析,它是分析化学发展的主要趋势。随着电子技术和计算机的飞速发展,分析方式和实验技术都得到了很大的进步,先进的分析测试仪器为科学研究和生产实际提供迅速、精确、全面的信息。但是,生命、材料和环境的发展变化,逐渐造成分析对象的多样性、不确定性和复杂性的急剧增加,从而使分析化学的研究面临严峻挑战。

本书对几种常用的仪器分析方式进行重点介绍,突出其原理、作用和应用,并对部分仪器的构成和作用原理进行详细阐述,以突出理论的实用性。另外,根据近代科学技术的发展,本书适当地增加了部分新方法,以拓宽读者的知识领域,适应社会和科研的发展形势。

全书共分为 10 章:第 1 章为绪论,简要阐述分析化学的发展、分析方式的分类和分析的过程;第 2~9 章主要介绍几种分析方式和相应的仪器,包括紫外-可见分光光度分析、红外吸收光谱分析、原子光谱分析、核磁共振波谱分析、毛细管电泳分析、气相色谱分析、高效液相色谱分析和库仑分析;第 10 章简要介绍了旋光分析法、X 射线粉末衍射法、柱色谱法、电子能谱法和热分析法的原理和应用,以及相应的仪器。本书内容力求深入浅出、结构清晰、理论鲜明,不刻意追求化学理论知识的完整性和系统性。

全书由韩爱鸿、李艳霞、张建夫撰写,具体分工如下:

第 1 章、第 4 章、第 7 章、第 8 章:韩爱鸿(沈阳师范大学);

第 5 章、第 6 章第 3 节~第 6 节、第 9 章、第 10 章:李艳霞(周口师范学院);

第 2 章、第 3 章、第 6 章第 1 节~第 2 节:张建夫(周口师范学院)。

本书在编撰的过程中参考了大量书籍,并咨询了资深研究人员的修改意见,得到了多位同行的大力支持,在此对相关作者和支持者表示衷心的感谢! 由于作者能力有限,书中难免存在疏漏和错误,望广大读者批评指正。

作者

2014 年 3 月

目　　录

第1章 绪 论

1.1 分析化学的发展

分析化学是通过建立、改进和应用分析方法,对物质的化学组成、结构及现象进行定性鉴别和定量检测的科学。分析化学与物质的理化性质有关,从分析技术与方法的建立,到物质化学特征与相关信息的获取、解析和确定,均依赖于物质所特有的物理性质或化学性质。

现代科学技术的发展促进了分析化学迅速发展,同时,分析化学的发展也为现代科学提供了更多的关于物质组成和结构的信息。

分析化学应该起始于人们对物质组成奥秘的探索,在其过程中必然涉及一些技术和方法的使用,如通过简单的分离或提纯手段,逐步加深对组成物质中不同组分特性的了解与认识。反之,又依据物质组分特性,改进和发展使用的技术和方法。所以,分析化学作为人们认识物质世界运动规律的有效手段与工具,在不断的实践与认识的往复过程中逐步形成和发展。就近代分析化学而言,一般认为分析化学经历了三次巨大的变革。

1. 第一次变革(20 世纪初)

随着物理化学的溶液平衡理论(酸碱平衡、氧化还原平衡、配位平衡、沉淀平衡)的建立,并且被引入到分析化学,从而使分析化学由一种检测技术发展成为一门具有系统理论的科学,确立了作为化学分支学科的地位。

2. 第二次变革(20 世纪 40 年代以后)

由于物理学和电子学、半导体以及原子能技术的发展,促进了分析化学中物理方法的发展,出现了以光谱分析和极谱分析为代表的仪器分析方法,改变了以化学分析为主的局面,使经典分析化学发展成为现代分析化学。

3. 第三次变革(20 世纪 70 年代末至今)

由于生命科学、环境科学和新材料科学等发展的要求,生物学、信息科学和计算机技术的引入,使得分析化学的内容和任务不断地扩大和复杂;再者,由于学科之间的相互交叉与促进,特别是与生物学、信息学、计算机技术等学科的交叉与渗透,使得分析化学的新理论、新技术、新方法、新仪器不断产生和发展,已经成为人们获取物质全面信息,进一步认识自然、改造自然的重要科学工具,标志着分析化学已经发展到具有综合性和交叉性特征的分析科学阶段。

分析化学在许多涉及人类健康和生命安全的领域得到了充分的发挥,如食品安全、环境保护、突发事件的处理等。化学分析是建立在高灵敏度、高选择性、自动化和智能化的新方法基础上的,这必然要求分析化学的分析手段越来越灵敏、准确、快速、简便和自动化。由此可以看出,诸多学科的理论和实际问题的解决越来越需要分析化学的参与。

1.2　化学分析方法的分类

分析化学所面对的物质是多种多样和复杂的,不可能有一种分析方法或一台分析仪器能够解决所有的分析问题。因此,分析化学中包含大量分析方法,通常按照分析任务、测定原理、分析对象的不同进行分类。

1.2.1　按分析任务分类

由于分析化学任务的不同,它可以分成定性分析、定量分析和结构分析。

(1)定性分析的任务是鉴定物质由哪些成分组成,这些成分可以是元素、离子、基团或化合物等多种信息。

(2)定量分析的任务是测定物质组成中各成分的相对含量。

(3)结构分析的任务则主要是确定某物质的结构。

1.2.2　按分析物的物质属性分类

按分析对象可将化学分析方式分为有机分析和无机分析。

(1)有机分析的对象为有机物,虽然组成有机物的元素种类并不多,主要为碳、氢、氧、氮、硫和卤等,但是有机化学结构却十分复杂,化合物的种类有数百万之多,所以有机分析不仅仅需要元素分析,更重要的是进行基团分析和结构分析。

(2)无机分析的对象为无机物,因为组成无机物的元素多种多样,所以在无机分析中要求鉴定试样是由哪些元素、离子、原子团或者化合物组成,以及各组分的相对含量。

1.2.3　按分析试样的用量及操作规模分类

按分析试样的用量及操作规模可分为常量分析、半微量分析、微量分析和超微量分析。化学定量分析一般为常量分析;无机定性分析一般为半微量分析;进行微量分析和超微量分析时,往往采用一起分析法。

1.2.4　按测量原理及方法分类

根据分析方法的特性和原理不同,可分为常规化学分析和仪器分析。

(1)以化学反应为基础的分析方法称为化学分析法。经典化学分析的测定结果可靠,准确度好,所用仪器设备简单,应用范围比较广泛,是例行测量的主要手段之一。化学定量分析主要包括滴定分析(或称容量分析)和重量分析。

(2)随着分析化学的发展,仪器分析已成为分析化学的主体内容,且不断丰富和发展。主要的仪器分析方法包括光学分析法、电化学分析法、色谱分析法和其他分析法等,见表 1-1 所示。

表 1-1　主要仪器分析的分类

类　　别		基本原理	具体方法
光学分析法		基于被测物质与电磁辐射的相互作用产生辐射信号变化,而建立的分析方法	紫外-可见分光光度分析、红外吸收光谱分析、原子光谱分析等
电化学分析法		根据物质在溶液中的电化学性质及其变化规律,而建立的分析方法	电位分析法、库仑分析法、伏安分析法、极谱分析法等
色谱分析法		基于物质的物理化学性质及相互作用特性,而建立的分离分析方法	气相色谱法、高效液相色谱法等
其他分析法	质谱分析法	物质被电离形成带电离子,在质量分析器中按离子质荷比进行测定的分析方法	有机质谱法、生物质谱法
	热分析法	基于物质的质量、体积、热导或反应热等与温度之间关系,建立的分析方法	差热分析、热重法、差示扫描量热法

　　各种分析方法都有其各自的特长和局限性,且有其特定的应用范围。近年来,仪器分析法应用越来越广泛,所占的比重也越来越大,然而化学分析法仍旧有着其重要的作用,始终为整个分析化学的基础。如仪器分析法通常要与样品处理、富集、分离和掩饰等化学手段相结合,并且依靠化学方法给出"标准物质"作相对分析。其实化学分析法和仪器分析法是相互补充、相辅相成的。

1.3　分析的一般过程

1.3.1　取样

　　根据分析对象是气体、液体或固体,采用不同的取样方法。送到分析实验室的试样量通常是很少的,但它却应该能代表整批物料的平均化学成分。

　　这里以矿石为例,简要说明取样的基本方法。

　　(1)根据矿石的堆放情况和颗粒的大小选取合理的取样点和采集量。

　　(2)将采集到的试样经过多次破碎、过筛、混匀、缩分后才能得到符合分析要求的试样。破碎应由粗到细的进行。破碎后过筛时,应将未通过筛孔的粗粒进一步破碎,直至全部通过筛孔。

　　(3)将试样量进行缩分,使粉碎后的试样量逐渐减少。缩分一般采用四分法,即将过筛后的试样堆为圆饼状,通过中心分为四等份,弃去对角的两份,剩下的两份继续缩分至所需的采样量。

　　药品的抽样检验中要遵循一定的取样方案。中药分析时,除应注意品种正确外,还要注意产地和采收期等因素对化学成分与中药质量的影响。

1.3.2　试样的制备

制备的试样应适用于所选用的分析方法,一般分析工作中,通常先将试样制成溶液再进行分析。试样的制备包括干燥、粉碎、研磨、分解、提取、分离和富集等步骤。在制备过程中应尽量少引入杂质,不能丢失待测组分。

1.3.2.1　试样的分解

试样的分解同样是样品预处理步骤中极为重要的一环。

1.试样分解原则

一般试样的分解应遵循以下要求和原则。

(1)分解完全。

这是分析测试工作的首要条件,应根据试样的性质,选择适当的溶(熔)剂、合理的溶(熔)解方法和操作条件,并力求在较短时间内将试样分解完全。

(2)避免待测成分损失。

分解试样往往需要加热,有些甚至蒸至近干。这些操作往往会发生暴沸或溅跳现象,使待测组分损失。此外,加入不恰当的溶焙剂也会引起组分的损失。

(3)不能额外引入待测组分。

在分解试样过程中,必须注意不能选用含有被测组分的试剂和器皿。

(4)不能引入干扰物质。

防止引入对待测组分测定引起干扰的物质。这主要是要注意所使用的试剂、器皿可能产生的化学反应而干扰待测组分的测定。

(5)适当的方法。

选择的试样分解方法应与组分的测定方法相适应。

(6)与溶(熔)剂匹配的器皿。

根据溶(熔)剂的性质,选用合适的器皿。因为,有些溶(熔)剂会腐蚀某些材质制造的器皿,所以必须注意溶(熔)剂与器皿间的匹配。

2.分解式样方法

(1)湿法分析。大多数分析方法为湿法分析,需要分解试样并将待测组分转入溶液方能进行测定。常用的分解试样的方法为酸溶法,少数试样可采用碱溶法,一些不易溶解的试样可采用熔融法。

(2)酸溶法。酸溶法是利用酸的酸性、氧化性、还原性和配位性将试样中的被测组分转移入溶液中的一种方法。这是一种最常用的分解试样方法,所采用的酸有盐酸、硝酸、磷酸、氢氟酸和高氯酸等。为了提高酸分解的效果,除了采用单一酸作为溶剂外,也常用两种或两种以上的混合酸对某些较难分解的试样进行处理。

(3)碱熔法。常用的碱性熔剂有碳酸钾、碳酸钠、氢氧化钾、氢氧化钠、过氧化钠或它们的混合物。碱熔法常用于酸性氧化物、酸不溶残渣等酸性试样的分解。近年来,由于采用聚四氟乙烯坩埚在微波炉中熔融试样,简化了操作程序,加快了熔融速度。

1.3.2.2　试样的分离处理

为了避免分析测定过程中其他组分对待测组分的干扰,在试样分解后有时还应进行分离处理,以便得到足够纯度的物质供下一步分析测定。常用的分离方法有沉淀分离法、萃取分离法、色谱分离法等。此外,还可利用蒸馏、挥发、电泳与电渗、区域熔融、泡沫分离等手段进行分离。有些情况下可利用掩蔽剂掩蔽干扰成分消除干扰,以简化操作程序。

1.3.3　分析测定

每个分析试样的分析结果都需要进行测定。进行实际试样测定前必须对所用仪器进行校正。实际上,实验室使用的计量器具和仪器都必须定时经过权威机构的校验。所使用的具体分析方法必须经过认证以确保分析结果符合要求。定量方法认证包括准确度、精密度、检出限、定量限和线性范围等的确定。

1.3.4　分析结果的计算

根据分析过程中有关反应的计量关系及分析测量所得数据,计算试样中待测定组分的含量。对测定结构及其误差分布情况,应用统计学方法进行评价,例如平均值、标准差、相对标准差、测量次数和置信度等。

第2章　紫外-可见分光光度分析

2.1　概述

2.1.1　紫外-可见吸收光谱分析法的分类

紫外-可见吸收光谱是由成键原子的分子轨道中电子跃迁产生的,分子的紫外线吸收和可见光吸收的光谱区域依赖于分子的电子结构。紫外-可见吸收光谱分析法按测量光的单色程度分为分光光度法和比色法。

应用波长范围很窄的光与被测物质作用而建立的分析方法即为分光光度法。按照所用光的波长范围不同,又可分为紫外分光光度法和可见分光光度法两种,合称为紫外-可见分光光度法。紫外-可见光区又可分为 $100\sim200$ nm 的远紫外光区、$200\sim400$ nm 的近紫外光区、$400\sim800$ nm 的可见光区。其中,远紫外光区的光能被大气吸收,所以在远紫外光区的测量必须在真空条件下操作,因此也称为真空紫外区,不易利用。近紫外光区对结构研究很重要,它又称为石英区。可见光区则是指其电磁辐射能被人的眼睛所感觉到的区域。

比色法是指应用单色性较差的光与被测物质作用而建立的分析方法,适用于可见光区。光的波长范围可借用所呈现的颜色来表征,光的相对强度可由颜色的深浅来区别,所以称为比色法,其中以人的眼睛作为检测器的可见光吸收方法称为目视比色法,以光电转换器件作为检测器的方法称为光电比色法。

2.1.2　光辐射的选择吸收

物质对光的吸收是物质与辐射能相互作用的一种形式,只有当入射光子的能量同吸光体的基态和激发态能量差相等时才会被吸收。由于吸光物质的分子(或离子)只有有限数量的、量子化的能级,所以物质对光的吸收是有选择性的。在日常生活中,看到各溶液呈现不同的颜色正是由于它们对可见光的选择性吸收。当一束白光(复合光)通过某一溶液时,某些波长的光被溶液选择性地吸收,另一些波长的光则透过,人们看到的是溶液透射光的颜色,也就是物质所吸收的光的互补色,例如,MnO_4^- 溶液呈紫红色,就是因为它吸收 $500\sim550$ nm 的绿色光,而透过绿色的互补色即紫红色。

物质的颜色和被吸收光的颜色之间的关系,见表 2-1。

表 2-1 物质颜色和吸收光颜色的关系

物质外观颜色	吸收光	
	吸收光的颜色	波长范围/nm
黄绿色	紫色	400~450
黄色	蓝色	450~480
橙色	绿蓝色	480~490
红色	蓝绿色	490~500
红紫色	绿色	500~560
紫色	黄绿色	560~580
蓝色	黄色	580~610
绿蓝色	橙色	610~650
蓝绿色	红色	650~780

2.1.3 紫外-可见分光光度法的特点与应用

2.1.3.1 紫外-可见分光光度法的特点

紫外-可见分光光度法是一种很好的、在仪器分析中应用最广泛的分析方法,具有以下优点。

1. 准确度较好

一般情况下,相对误差约为 2%。因此,它适用于微量成分的测定,而不适用于中、高含量的组分。但采取适当技术措施,如示差分析法,可提高准确度,可测定高含量组分。

2. 选择性较好

一般可在多种组分共存的溶液中,不经分离而测定某种欲测定的组分。

3. 灵敏度高

一般可测定 μg 量级或浓度为 $10^{-5} \sim 10^{-4}$ mol·L^{-1} 的物质。在某些条件下,甚至可测定 ng 量级或浓度为 10^{-7} mol·L^{-1} 的物质。因此,它特别适用于测定低含量和微量组分。

4. 通用性强,应用广泛

不但可以进行定量分析,还可用于定性分析和有机化合物中官能团的鉴定。同时也可用于测定有关的物理化学常数。

另外,此法所用设备简单,价格低廉,操作方便,分析速度快。

紫外分光光度法和可见分光光度法在基本原理和仪器构造方面基本相似。由于工作波段的不同导致所用仪器部件和分析对象的差异。紫外分光光度法不仅可以用于无机化合物的分析,更重要的是许多有机化合物在紫外区具有特征的吸收光谱,从而可以用来进行有机物的鉴定及结构分析。紫外分光光度法主要用于分析具有芳香结构及含有共轭体系的化合物。

2.1.3.2 紫外-可见分光光度法的应用

紫外-可见分光光度分析法从问世以来,在应用方面有了很大的发展,尤其是在相关学科发展的基础上,促使分光光度计仪器的不断创新,功能更加齐全,使得光度法的应用拓宽了范围。目前,紫外-可见分光光度分析法可用来进行在紫外区范围有吸收峰的物质的鉴定及结构分析,其中主要是有机化合物的分析和鉴定、同分异构体的鉴别和物质结构的测定等。

但是,如果有机化合物在紫外区中有些没有吸收带或有的仅有较简单而宽阔的吸收光谱,就会影响鉴定的结果。另外,如果物质组成的变化不影响生色团及助色团,就不会显著地影响其吸收光谱。因此,物质的紫外吸收光谱基本上是其分子中生色团及助色团的特征,而不是整个分子的特征。所以,单根据紫外光谱不能完全决定物质的分子结构,还必须与红外吸收光谱、核磁共振波谱、质谱以及其他化学的和物理的方法共同配合,才能得到可靠的结论。当然,紫外-可见分光光度分析法在推测化合物结构时,也能提供一些重要的信息。其次,紫外-可见分光光度分析法所用的仪器比较简单,操作方便,准确度也较高,因此它的应用是广泛的。

1. 化合物分子式的推测

根据吸收光谱图上的一些特征吸收,特别是最大吸收波长和摩尔吸收系数是鉴定物质的常用物理参数。在国内外的药典中,已将众多的药物紫外吸收光谱的最大吸收波长和吸收系数载入其中,为药物分析提供了很好的手段。

2. 纯度的检测

如果样品和杂质的紫外吸收带位置和强度不同,就可以比较它们的紫外光谱来判断样品是否被杂质污染。

3. 成分的分析

紫外光谱在有机化合物的成分分析方面的应用比其在化合物定性鉴定方面具有更大的优越性,灵敏度高,准确性强,重现性好,应用广泛。只要对近紫外光有吸收或可能有吸收的化合物,均可用紫外分光光度法进行测定。

4. 异构体的确定

(1)顺反异构的确定。由于空间位阻的影响,含烯共轭有机化合物的顺式异构体的取代基在烯键的同一侧,相互靠近,产生的空间位阻大,影响了共轭双键的共平面性,降低了共轭程度。因此,最大吸收波长及吸光系数都小于反式异构体。

(2)互变异构体的判别。有机化合物在溶液中可能有两种以上的互变异构体处于动态平衡中,这种异构体的互变过程常伴随双键的移动及共轭体系的变化,因此也产生吸收光谱的变化。

5. 位阻作用的测定

由于位阻作用会影响共轭体系的共平面性质,当组成共轭体系的发色团近似处于同一平面,两个发色团具有较大的共振作用时,最大吸收波长不变,摩尔吸收系数略为降低,空间位阻作用较小。

2.2　光吸收定律

2.2.1　朗伯-比耳定律

2.2.1.1　朗伯-比耳定律的形成

朗伯总结了物质浓度不变时的吸光实验的规律后指出,当一束单色光通过某溶液时,溶液对光的吸收程度与溶液厚度呈正比。这便是朗伯定律,其数学表达式为

$$A = \frac{I_0}{I} = k_1 b$$

式中:A 为吸光度,表示光被吸收的程度;I_0 为入射光强度;I 为透过光强度;b 为溶液厚度,cm;k_1 为比例常数。

比耳总结了多种无机盐水溶液对红光的吸收实验的规律后指出:当一束单色光通过厚度一定的有色溶液时,溶液的吸光度与溶液的浓度呈正比。这便是比耳定律,其数学表达式为

$$A = \lg \frac{I_0}{I} = k_2 c$$

式中:c 为溶液中吸光物质的浓度;k_2 为比例常数。

光吸收的基本定律是指定量描述物质对光的吸收程度与吸收光程之间关系的朗伯定律,光的吸收程度与溶液浓度之间关系的比耳定律,把朗伯定律和比耳定律合并起来便得到朗伯-比耳定律。它可表述为:当一束平行单色光通过单一均匀的、非散射的吸光物质溶液时,溶液的吸光度与溶液浓度和厚度的乘积呈正比。这是一条非常重要的、支配物质对各种电磁辐射吸收的基本定律,它不仅适用于溶液对光的吸收,也适用于气体或固体对光的吸收。它是光度分析法定量的基本依据,它的数学表达式为

$$A = \lg \frac{I_0}{I} = abc$$

式中,a 称为吸光系数,当浓度 c 的单位为 $g \cdot L^{-1}$,液层厚度 b 的单位为 cm 时,其单位为 $L \cdot g^{-1} \cdot cm^{-1}$,它在一定的实验条件下为一常数;吸光度 A 是量纲为 1 的量,有时也将其称为消光度(E)或光密度(D)。

如果溶液浓度 c 的单位取 $mol \cdot L^{-1}$,则吸光系数改称为摩尔吸光系数,用 ε 表示,其单位为 $L \cdot mol^{-1} \cdot cm^{-1}$。此时,朗伯-比耳定律有另一种表达式为

$$A = \varepsilon b c$$

在实际工作中,有时也用透光度(T)或百分透光度(%T)来表示单色光进入溶液后的透过程度。透光度为透过光强度(I)与入射光强度(I_0)之比,因此也称为透射比,即

$$T = \frac{I}{I_0}$$

$$\%T = \frac{I}{I_0} \times 100$$

$$A = \lg \frac{I_0}{I} = -\lg T$$

2.2.1.2 ．摩尔吸光系数的特点

ε 是吸光物质在特定的波长、溶剂和温度条件下的一个特征常数,它在数值上等于 $1\ mol \cdot L^{-1}$ 的吸光物质在 $1\ cm$ 长的吸收光程中的吸光度,因此可以作为吸光物质吸光能力强弱的量度;ε 越大,吸光物质的吸光能力越强,测定方法的灵敏度就越高。ε 与吸光物质本身的特性有关,在相同条件下,同一种吸光物质的 ε 相同,因此,ε 也是定性鉴定物质的结构参数之一。

测定摩尔吸光系数:一般先配制一个浓度适当的溶液,测量出吸光度,然后用 $A = \varepsilon bc$ 计算出 ε。严格地讲,这是以吸光物质的总浓度来代替其平衡浓度,所以计算出的结果应称为"表观摩尔吸光系数"。

根据 ε 与 a 的定义,可以直接推导出二者的关系为
$$\varepsilon = Ma$$
式中:M 为吸光物质的摩尔质量,$g \cdot mol^{-1}$。

2.2.1.3 影响偏离光吸收定律的因素

定量分析时,通常液层厚度是相同的,按照比耳定律,浓度与吸光度之间的关系应该是一条通过直角坐标原点的直线。但在实际工作中,常常会偏离线性而发生弯曲。若在弯曲部分进行定量分析,将产生较大的测定误差。

1．吸收定律本身的局限性

事实上,朗伯-比耳定律对适用对象有限制,只有在稀溶液中才能成立。由于在高浓度时(通常 $c > 0.01\ mol \cdot L^{-1}$),吸收质点之间的平均距离缩小到一定程度,邻近质点彼此的电荷分布都会相互影响,此影响能改变它们对特定辐射的吸收能力,相互影响程度取决于 c,因此,此现象可导致 A 与 c 的线性关系发生偏差。

此外,$\varepsilon = \varepsilon_{真} \frac{n}{(n^2 + 2)^2}$,$n$ 为折射率,只有当 $c < 0.01\ mol \cdot L^{-1}$(低浓度),$n$ 基本不变时,才能用 ε 代替 $\varepsilon_{真}$ 真。

2．化学因素的影响

溶质的酸效应、溶剂、离解作用等会引起朗伯-比耳定律的偏离。其中有色化合物的离解是偏离朗伯-比耳定律的主要化学因素。

(1)酸效应。如果待测组分包括在一种酸碱平衡体系中,溶液的酸度将会使得待测组分的存在形式发生变化,而导致对吸收定律的偏离。

(2)溶剂作用。溶剂对吸收光谱的影响是比较大的,溶剂不同时,物质的吸收光谱也不同。

(3)离解作用。在可见光区域的分析中常常是将待测组分同某种试剂反应生成有色配合物来进行测定的。有色配合物在水中不可避免的要发生离解,从而使得有色配合物的浓度要小于待测组分的浓度,导致对吸收定律的偏离。特别是对于稀溶液而言,更是如此。

3.物理因素的影响

朗伯-比耳定律只对一定波长的单色光才能成立,但实际上,即使质量较好的分光光度计所得的入射光,仍然具有一定波长范围的波带宽度。因此,吸光度与浓度并不完全呈直线关系,因而导致了对朗伯-比耳定律的偏离。所得入射光的波长范围越窄,即单色光越纯,则偏离越小。非吸收作用引起的对朗伯-比耳定律的偏离,主要有散射效应和荧光效应,一般情况下荧光效应对分光光度法产生的影响较小。

经实验研究,朗伯-比耳定律只适用于十分均匀的吸收体系。当待测液的体系不是很均匀时,入射光通过待测液后将产生光的散射而损失,导致吸收体系的透过率减小,造成实测吸光值增加。朗伯-比耳定律是建立在均匀、非散射的溶液这个基础上的。如果介质不均匀,呈胶体、乳浊、悬浮状态,则入射光除了被吸收外,还会有反射、散射的损失,因而实际测得的吸光度增大,导致对朗伯-比耳定律的偏离;当入射光通过待测液,若吸光物质分子吸收辐射能后所产生的激发态分子以发射辐射能的方式回到基态而发射荧光,结果必然使待测液的透光率相对增大,造成实测吸光值减小。

2.2.1.4　吸光度的加和性

设某一波长(λ)的辐射通过几个相同厚度的不同溶液 $c_1, c_2, \cdots, c_n$,其透射光强度分别为 $I_1, I_2, \cdots, I_n$,根据吸光度定义,这一吸光系统的总吸光度为 $A = \lg\left(\dfrac{I_t}{I_0}\right)$,而各溶液的吸光度分别为 $A_1, A_2, \cdots, A_n$,则

$$A_1 + A_2 + \cdots + A_n = \lg\frac{I_0}{I_1} + \lg\frac{I_1}{I_2} + \cdots + \lg\frac{I_{n-1}}{I_n}$$
$$= \lg\frac{I_0}{I_n}$$

吸光度的总和为

$$A = \lg\frac{I_0}{I_n} = A_1 + A_2 + \cdots + A_n$$

即几个(同厚度)溶液的吸光度等于各分层吸光度之和。

如果溶液中同时含有 n 种吸光物质,只要各组分之间无相互作用(不因共存而改变本身的吸光特性),则

$$A = \varepsilon_1 c_1 b_1 + \varepsilon_2 c_2 b_2 + \cdots + \varepsilon_n c_n b_n = A_1 + A_2 + \cdots + A_n$$

进行光度分析时,试剂或溶剂有吸收,可由所测的总吸光度 A 中扣除,即以试剂或溶剂为空白的依据。

2.2.2　吸收光谱

吸收光谱又称吸收曲线,它是由于分子中价电子的跃迁而产生的。在不同波长下测定物质对光吸收的程度,以波长为横坐标,以吸光度为纵坐标所绘制的曲线。测定的波长范围在紫外可见区,称紫外可见光谱,简称紫外光谱,如图 2-1 所示。吸收曲线的峰称为吸收峰,它所对应的波长为最大吸收波长,常用 $\lambda_{\max}$ 表示。曲线的谷所对应的波长称为最小吸收波长,常用

$\lambda_{\min}$ 表示。在吸收曲线上短波长端只能呈现较强吸收但又不成峰形的部分,称末端吸收。在峰旁边有一个小的曲折,形状像肩的部位,称为肩峰,其对应的波长用 λ_{sh} 表示。某些物质的吸收光谱上可出现几个吸收峰。不同的物质有不同的吸收峰。同一物质的吸收光谱有相同的 $\lambda_{\max}$ 、$\lambda_{\min}$ 、λ_{sh};而且同一物质相同浓度的吸收曲线应相互重合。因此,吸收光谱上的 $\lambda_{\max}$ 、$\lambda_{\min}$ 、λ_{sh} 及整个吸收光谱的形状取决于物质的分子结构,可作定性依据。

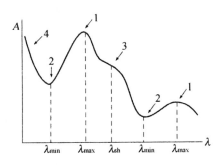

图 2-1　吸收光谱示意图

1—吸收峰;2—谷;3—肩峰;4—末端吸收

1.分子轨道

其中最常见的有 π 轨道、σ 轨道和 n 轨道。

分子 π 轨道的电子云分布不呈圆柱形对称,但有一对称面,在此平面上电子云密度等于零,而对称面的上、下部空间则是电子云分布的主要区域。反键 π^* 分子轨道的电子云分布也有一对称面,但 2 个原子的电子云互相分离。处于成键 π 轨道上的电子称为成键 π 电子,处于反键 π^* 轨道上的电子称为反键 π^* 电子。

成键 σ 轨道的电子云分布呈圆柱形对称,电子云密集于两原子核之间;而反键 σ^* 分子轨道的电子云在原子核之间的分布比较稀疏。处于成键 σ 轨道上的电子称为成键 σ 电子,处于反键 σ^* 轨道上的电子称为反键 σ^* 电子。

含有氧、氮、硫等原子的有机化合物分子中,还存在未参与成键的电子对,常称为孤对电子,孤对电子是非键电子,简称为 n 电子。例如甲醇分子中的氧原子,其外层有 6 个电子,其中 2 个电子分别与碳原子和氢原子形成 2 个 σ 键,其余 4 个电子并未参与成键,仍处于原子轨道上,称为 n 电子。而含有 n 电子的原子轨道称为 n 轨道。

2.电子跃迁

根据分子轨道理论的计算结果,分子轨道能级的能量以反键 σ^* 轨道最高,成键 σ 轨道最低,而 n 轨道的能量介于成键轨道与反键轨道之间。

分子中能产生跃迁的电子一般处于能量较低的成键 σ 轨道、成键 π 轨道及 n 轨道上。当电子受到紫外-可见光作用而吸收光辐射能量后,电子将从成键轨道跃迁到反键轨道上,或从 n 轨道跃迁到反键轨道上。电子跃迁方式如图 2-2 所示。

从图 2-2 中可见,分子轨道能级的高低顺序是 $\sigma < \pi < n < \pi^* < \sigma^*$;分子轨道间可能的跃迁有 $\sigma \rightarrow \sigma^*$ 、$\sigma \rightarrow \pi^*$ 、$\pi \rightarrow \sigma^*$ 、$n \rightarrow \sigma^*$ 、$\pi \rightarrow \pi^*$ 、$n \rightarrow \pi^*$ 六种。但由于与 σ 成键和反键轨道有关

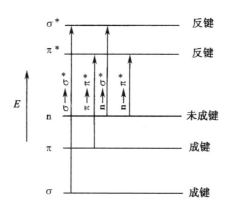

图 2-2　σ、π、n 轨道及电子跃迁

的四种跃迁：$\sigma \rightarrow \sigma^*$、$\sigma \rightarrow \pi^*$、$\pi \rightarrow \sigma^*$ 和 $n \rightarrow \sigma^*$ 所产生的吸收谱多位于真空紫外区（0～200 nm），而 $n \rightarrow \pi^*$ 和 $\pi \rightarrow \pi^*$ 两种跃迁的能量相对较小，相应波长多出现在紫外-可见光区。

电子跃迁类型与分子结构及其存在的基团有密切的联系，因此可以根据分子结构来预测可能产生的电子跃迁，例如饱和烃只有 $\sigma \rightarrow \sigma^*$ 跃迁；烯烃有 $\sigma \rightarrow \sigma^*$ 跃迁，也有 $\pi \rightarrow \pi^*$ 跃迁；脂族醚则有 $\sigma \rightarrow \sigma^*$ 跃迁和 $n \rightarrow \sigma^*$ 跃迁；而醛、酮同时存在 $\sigma \rightarrow \sigma^*$、$n \rightarrow \sigma^*$、$\pi \rightarrow \pi^*$ 和 $n \rightarrow \pi^*$ 四种跃迁。反之，也可以根据紫外吸收带的波长及电子跃迁类型来判断化合物分子中可能存在的吸收基团。

3. 发色基团、助色基团

发色基团也称生色基团，不论是否显出颜色，凡是能导致化合物在紫外及可见光区产生吸收的基团都称为发色基团。有机化合物分子中，能在紫外-可见光区产生吸收的典型发色基团有羰基、羧基、酯基、硝基、偶氮基及芳香体系等。这些发色基团的结构特征是都含有 π 电子。当这些基团在分子内独立存在，与其他基团或系统没有共轭或没有其他复杂因素影响时，它们将在紫外区产生特征的吸收谱带。孤立的碳－碳双键或三键其 λ_{max} 值虽然落在近紫外区之外，但已接近一般仪器可能测量的范围，具有"末端吸收"，所以也可以视为发色基团。不同的分子内孤立地存在相同的这类生色基时，它们的吸收峰将有相近的 λ_{max} 和相近的 ε_{max}。如果化合物中有几个发色基团互相共轭，则各个发色基团所产生的吸收带将消失，而代之出现新的共轭吸收带，其波长将比单个发色基团的吸收波长长，吸收强度也将显著增强。

助色基团是指它们孤立地存在于分子中时，在紫外-可见光区内不一定产生吸收。但当它与发色基团相连时能使发色基团的吸收谱带明显地发生改变。助色基团通常都含有 n 电子。当助色基团与发色基团相连时，由于 n 电子与 π 电子的 p－π 共轭效应导致 $\pi \rightarrow \pi^*$ 跃迁能量降低，发色基团的吸收波长发生较大的变化。常见的助色基团有 $-OH$，$-Cl$，$-NH_2$，$-NO_2$，$-SH$ 等。

由于取代基作用或溶剂效应导致发色基团的吸收峰向长波长移动的现象称为向红移动或称红移。与此相反，由于取代基作用或溶剂效应等原因导致发色基团的吸收峰向短波长方向的移动称为向紫移动或蓝移。

与吸收带波长红移及蓝移相似，由于取代基作用或溶剂效应等原因的影响，使吸收带的强度即摩尔吸光系数增大或减小的现象称为增色效应或减色效应。

2.2.3 紫外-可见吸收光谱

2.2.3.1 有机化合物的紫外-可见吸收光谱

分子的吸收光谱有转动、振动和电子光谱。纯粹的转动光谱只涉及分子转动能级的改变，发生在远红外和微波区。振动光谱反映了分子振动和转动能级的改变，主要在 $1\sim30\ \mu m$ 的波长区。分子吸收光子后使电子跃迁，发生电子能级的改变，即产生电子光谱，常研究的电子光谱在 $200\sim750\ nm$ 波长范围内。

电子光谱源于电子跃迁，但电子跃迁时必然伴随着振动和转动能级的跃迁。与电子能级相比，振动和转动能量间隔很小，加上环境对电子跃迁影响较大，所以一般观察到的电子吸收光谱不是由一系列靠得很近的吸收线组成，而是呈现为一平滑曲线，即带状吸收光谱。电子光谱的波长主要位于紫外可见波长区。电子光谱常叫做紫外-可见吸收光谱。紫外-可见吸收光谱常用图来表示。图的横坐标可用波长、波数或频率，而纵坐标可用摩尔吸收系数、吸光度、透光率，但在与分析化学有关的书和文献中，紫外-可见吸收光谱的横坐标常用波长，而纵坐标常用摩尔吸收系数或吸光度。描述紫外-可见吸收光谱常用最大吸收波长 λ_{max} 和在最大吸收波长处的摩尔吸收系数 κ_{max} 两个参数。当然，形状也是一个描述紫外-可见吸收光谱的参数，但形状很难用一个或几个具体数字来描述，一般也不像原子光谱那样用半峰宽来描述。

1. 有机物电子跃迁类型

基态有机化合物的价电子包括成键的 σ 电子和 π 电子以及非键的 n 电子，这些电子占据相应的分子轨道，也称为 σ、π 和 n 轨道。分子的空轨道包括反键 σ^* 轨道和反键 π^* 轨道，这些轨道的能量高低顺序为

$$\sigma^* > \pi^* > n > \pi > \sigma$$

吸收光子后，价电子可由低能级跃迁至高能级，即由成键或非键轨道跃迁至反键空轨道，电子跃迁的类型如图 2-3。

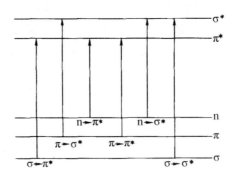

图 2-3　电子跃迁的类型

可能的电子跃迁有 6 种，即 $\sigma \rightarrow \sigma^*$、$\sigma \rightarrow \pi^*$、$\pi \rightarrow \pi^*$、$\pi \rightarrow \sigma^*$、$n \rightarrow \sigma^*$、$n \rightarrow \pi^*$，但其中 $\sigma \rightarrow \pi^*$，$\pi \rightarrow \sigma^*$ 跃迁的 K 太小，一般都不考虑。

(1)$\sigma \rightarrow \sigma^*$ 跃迁。电子由 σ 轨道跃迁至 σ^* 轨道时，由于能级间隔大，需要吸收能量高、波长

短的远紫外光,超出了一般紫外分光光度计的测量范围。

(2)n→σ* 跃迁。电子由 n 轨道向 σ* 跃迁属于禁阻跃迁,其 κ_{max} 一般不高,λ_{max} 一般在 160～260 nm 之间。

(3)π→π* 跃迁。电子由 π 轨道向 π* 轨道跃迁属于允许跃迁,在共轭体系中由 π→π* 跃迁产生的吸收常称为 K 吸收带,其 κ_{max} 较高,一般大于 10^4 L·mol·cm^{-1},而 λ_{max} 一般在 200～500 nm 之间。

(4)n→π* 跃迁。n→π* 跃迁属禁阻跃迁,由 n→π* 跃迁产生的吸收带也称为 R 吸收带。其 κ_{max} 较小,一般在 10～10^2 L·mol·cm^{-1} 之间,因为与其它跃迁比,电子由 n 轨道向 π* 轨道的跃迁所需能量最低,所以吸收光的波长较长,一般在 250～600 nm 之间。所以 n→π* 跃迁也是紫外-可见吸收光谱常研究的对象。

2.饱和化合物

饱和烃类分子中只含有 σ 键,因此只有 σ→σ* 跃迁。饱和烃化合物吸收峰的 λ_{max} 一般小于 150 nm,如 CH_4 的 λ_{max} 为 125 nm;而 C_6H_6 的 λ_{max} 为 135 nm。含杂原子的饱和化合物由于有孤对电子,所以这类化合物既可发生 σ→σ* 跃迁,也可发生 n→σ* 跃迁。n→σ* 跃迁吸收的能量较 σ→σ* 跃迁吸收的能量低,因此与 n→σ* 跃迁所对应的吸收峰的 λ_{max} 也更长一些。

3.烯烃和炔烃

在不饱和的烃类分子中,如烯烃类分子,除含 σ 键外,还含有 π 键,可以产生 σ→σ* 和 π→π* 两种跃迁。如乙烯的 λ_{max} 为 165 nm,κ_{max} 为 15000 L·mol^{-1}·cm^{-1},但当两个或多个 π 键组成共轭体系时,吸收峰的 λ_{max} 向长波方向移动,而 κ_{max} 也增加。

例如,丁二烯的 λ_{max} 为 217 nm,而 κ_{max} 为 21000 L·mol^{-1}·cm^{-1}。随着多烯分子中共轭双键数目的增加,吸收光谱的 λ_{max} 逐渐移向更长波长,κ_{max} 值也逐渐增大。由图 2-4 可知,由于共轭后,产生两个成键轨道 π_1、π_2 和两个反键轨道 π_3^*、π_4^*。其中 π_2 比共轭前 π 轨道能级高,而 π_3^* 比共轭前 π* 轨道的能级低,所以使 π→π* 跃迁所涉及轨道间能量降低了,相应的波长红移,κ_{max} 也增大了。

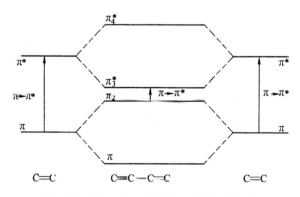

图 2-4　丁二烯的能级图及电子跃迁

乙炔在 173 nm 有一个弱的 π→π* 跃迁吸收带,共轭后,λ_{max} 红移,κ_{max} 增大。共轭多炔有两组主要吸收带,每组吸收带由几个亚带组成。如图 2-5 所示,短波处的吸收带较强,长波处的吸收带较弱。

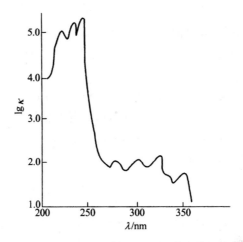

图 2-5　$CH_3 \left(C\!\!=\!\!C \right)_4 CH_3$ 的紫外吸收光谱

4.羰基化合物

(1)醛和酮。饱和醛和酮中含有 σ 电子、π 电子和 n 电子。可能产生四种跃迁,即 $\sigma \to \sigma^*$、$n \to \sigma^*$、$n \to \pi^*$ 和 $\pi \to \pi^*$ 跃迁、不考虑 $\sigma \to \sigma^*$ 跃迁,其余三种跃迁所对应的吸收带的 λ_{max} 大约值见表 2-2。

表 2-2　饱和羰基化合物的跃迁

跃迁	λ_{max} /nm
$\pi \to \pi^*$	160
$n \to \sigma^*$	190
$n \to \pi^*$	270~300

显然,电子 $n \to \pi^*$ 跃迁所产生的吸收带的 λ_{max} 在紫外可见区,丙酮和乙醛的吸收特性见表 2-3。

表 2-3　乙醛和丙酮的吸收特性

化合物	跃迁	λ_{max} /nm	κ_{max} /(L · mol^{-1} · cm^{-1})
丙酮	$n \to \pi^*$	279	13
乙醛	$n \to \pi^*$	290	17

α,β — 不饱和醛、酮类化合物中均含有与羰基共轭的烯键,与上述共轭烯烃相同,对于 $\pi - \pi$ 共轭,$\pi \to \pi^*$ 的跃迁能下降,λ_{max} 向长波移动;羰基的 n 电子能级基本保持不变,而 π_3^* 的能量

下降,使 n→π* 的跃迁能量降低,λ_{max} 也向长波移动,如图 2-6 所示。

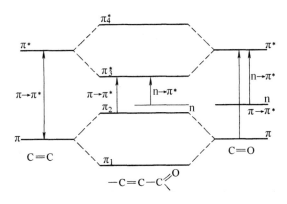

图 2-6　不饱和醛、酮共轭后轨道能级和电子跃迁

如巴豆醛,其 π→π",n→π* 跃迁所涉及的 λ_{m9v} 向长波移动。其中 π→π* 跃迁所引起吸收的 λ_{max} 为 217 nm,而由 n→π* 跃迁所引起吸收的 λ_{max} 为 321 nm,与表 2-2 所列 π→π* 和 n→π* 跃迁对应的 λ_{max} 相比,显然红移了许多。

(2)酸和酯。当羟基和烷氧基在羰基碳上取代分别生成羧酸和酯时,由于取代基中—OH 和—OR 的孤对电子与羰基 π 轨道产生 n—π 共轭,产生两个成键 π 轨道 π_1 和 π_2 以及一个反键轨道 π_3^*,如图 2-7 所示。其中 π_2 比共轭前孤立羰基 π 轨道的能级高,π_3^* 比孤立羰基 π* 轨道能级也高,但升高的程度后者大于前者,所以使 π→π* 的跃迁能上升,λ_{max} 蓝移。由于共轭后,原来羰基的 n 轨道能级略有下降,所以使 n→π* 的跃迁能增加,λ_{max} 蓝移。类似地,α,β-不饱和羧酸及脂的 π→π* 和 n→π* 跃迁能增加,而由这些跃迁产生的吸收峰 λ_{max} 与相应的 α,β-不饱和醛、酮相比也发生蓝移。

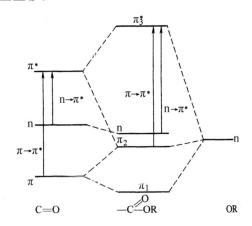

图 2-7　n—π 共轭后轨道能级和电子跃迁

由图 2-7 可知,C=O 上的 n 电子参与共轭,产生 n→π* 跃迁。而 OR 上的 n 电子参与共轭,不产生 n→π* 跃迁。酸和酯的 n→π* 跃迁所产生的吸收带的 λ_{max} 见表 2-4。

表 2-4　酸和酯对应于 $n \rightarrow \pi^*$ 跃迁的 λ_{max}

化 合 物	λ_{max} /nm
$\begin{matrix} O \\ \parallel \\ R-C-OH \end{matrix}$	205
$\begin{matrix} O \\ \parallel \\ R-C-OR \end{matrix}$	205

将表 2-4 所列 λ_{max} 与表 2-3 所列丙酮和乙醛的相比,可知,由于 $n-\pi$ 共轭,会使羰基 n 电子的 $n \rightarrow \pi^*$ 跃迁所对应的 λ_{max} 蓝移了。

2.2.3.2 无机化合物的紫外-可见吸收光谱

某些分子同时具有电子给予体和电子接受体,它们在外来辐射激发下会强烈吸收紫外光或可见光,使电子从给予体轨道向接受体轨道跃迁,这样产生的光谱称为电荷转移光谱。这种光谱的摩尔吸收系数一般较大(约 10^4 L·mol·cm^{-1}),分为三种类型。

(1)配体→金属的电荷转移。这一过程配体是电子给予体,而金属是电子接受体,相当于金属离子被还原,如

$$Fe^{3+}SCH^- \xrightarrow{h\nu} Fe^{2+}SCH$$

(2)金属→配体的电荷转移。这一过程金属是电子给予体,相当于金属离子被氧化,而配体是电子接受体,如

$$Fe^{2+}(邻菲咯啉)_3 \xrightarrow{h\nu} Fe^{3+}(邻菲咯啉)_3^-$$

(3)金属→金属的电荷转移。配合物中含有两种不同氧化态的金属时,电子可在两种金属间转移,如普鲁士蓝 $K^+Fe^{3+}[Fe^{2+}(CN)_6]$,在光吸收过程中,分子中电子由 Fe^{2+} 转移到 Fe^{3+}。

如以 M 和 L 分别表示配合物的中心离子和配位体,当一个电子由配位体的轨道跃迁到与中心离子相关的轨道上时,可用下式表示

$$M^{n+}-L^{b-} \xrightarrow{h\nu} M^{(n-1)+}-L^{(b-1)-}$$

例如,一般来说,在配合物的电荷转移过程中,金属离子是电子接受体,配位体是电子给予体。此外,一些具有 d^{10} 电子结构的过渡元素形成的卤化物及硫化物,如 $AgBr$、PhI_2、HgS 等也是由于这类电荷转移而产生颜色。

电荷转移吸收光谱谱带的最大特点是摩尔吸光系数大,一般 ε_{max} 大于 10^4。因此用这类谱带进行定量分析可获得较高的测定灵敏度。

这种谱带是指过渡金属离子与配位体所形成的配合物在外来辐射作用下,吸收紫外或可见光而得到相应的吸收光谱。元素周期表中第四、第五周期的过渡元素分别含有 3d 和 4d 轨道,镧系和锕系元素分别含有 4f 和 5f 轨道。这些轨道的能量通常是相等的,而当配位体按一定的几何方向配位在金属离子的周围时,使得原来简并的 5 个 d 轨道和 7 个 f 轨道分别分裂成几组能量不等的 d 轨道和 f 轨道。如果轨道是未充满的,当它们的离子吸收光能后,低能态

的 d 电子或 f 电子可以分别跃迁到高能态的 d 或 f 轨道上去。这两类跃迁分别称为 d—d 跃迁和 f—f 跃迁。这两类跃迁必须在配位体的配位场作用下才有可能产生,因此又称为配位场跃迁。

由于八面体场中 d 轨道的基态与激发态之间的能量差别不大,这类光谱一般位于可见光区。又由于选择规则的限制,配位场跃迁吸收谱带的摩尔吸光系数较小,一般 ε_{max} 小于 10^2。相对来说,配位体场吸收光谱较少用于定量分析中,但它可用于研究配合物的结构及无机配合物键合理论等方面。

3. 影响紫外吸收光谱的主要因素

① 溶剂的影响。

有机化合物的分析与所采用的溶剂有密切关系。不同溶剂对吸收峰的波长和强度影响不同,尤其对波长影响较大。影响的情况既与溶剂的介电常数有关又与溶质分子的电子跃迁性质有关。一方面,溶剂对于产生 $\pi \to \pi^*$ 跃迁谱带的影响表现通常为:溶剂的极性越强,由 $\pi \to \pi^*$ 跃迁产生的谱带向长波方向移动越显著。这是由于发生 $\pi \to \pi^*$ 跃迁的分子激发态的极性总大于基态,在极性溶剂作用下,激发态能量降低的程度大于基态,从而使实现基态到激发态跃迁所需能量变小,致使吸收带发生红移;另一方面,溶剂对于产生 $n \to \pi^*$ 跃迁谱带的影响表现为:所用溶剂的极性越强,则由 $n \to \pi^*$ 跃迁产生的谱带向短波方向移动越明显,即蓝移越大。发生 $n \to \pi^*$ 跃迁的分子都含有未成键 n 电子,这些电子会与极性溶剂形成氢键,其作用强度是极性较强的基态大于极性较弱的激发态。因而,基态能级比激发态能级的能量下降幅度大,实现 $n \to \pi^*$ 跃迁所需能量也相应增大,致使吸收谱带发生蓝移。

通常极性溶剂如水、醇、酯和酮会使振动效应产生的光谱精细结构消失而出现一个宽峰。

如果溶剂和溶质的吸收带有重叠,将妨碍溶质吸收带的观察。选择溶剂的原则是溶剂在所要测定的波段范围内无吸收或吸收极小。

② 酸度的影响。

由于酸度的变化会使有机化合物的存在形式发生变化,从而导致谱带的位移。随着 pH 值的增高,其谱带会发生红移;随着 pH 值的降低,其谱带会发生蓝移。另外,酸度的改变还会影响到配位平衡,造成有色配合物的组成发生变化,从而使得吸收带发生位移。

2.3　紫外-可见分光光度计

2.3.1　分光光度计的分类

1. 按单位时间内通过溶液的波长数

(1) 单波长分光光度计

此光度计可分为单波长单光束分光光度计和单波长双光束分光光度计。

①单波长单光束分光光度计。

单波长单光束分光光度计经单色器分光后得到一束平行光,轮流通过参比溶液和样品溶液,以进行吸光度的测定,其光路如图2-8所示。这种简易型分光光度计结构简单,操作方便,维修容易,适用于常规分析。

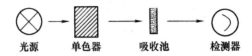

图 2-8　单波长单光束分光光度计的光路图

②单波长双光束分光光度计。

单波长双光束分光光度计经单色器分光后经反射镜分解为强度相等的两束光,分别通过参比池和样品池,其光路如图2-9所示。光度计能自动比较两束光的强度,它们的比值即为试样的透射比,经对数变换将它转换成吸光度并作为波长的函数记录下来。

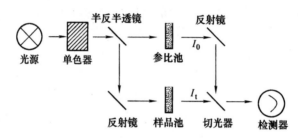

图 2-9　单波长双光束分光光度计的光路图

双光束分光光度计一般都能自动记录吸收光谱曲线。由于两束光同时分别通过参比池和样品池,还能自动消除光源强度变化所引起的误差。这类分光光度计的结构简单,价格便宜。主要适用于定量分析,而不适用于定性分析。另外,测量结果受电源的波动影响较大。

(2)双波长分光光度计

双波长分光光度计由同一光源发出的光被分成两束,分别经过两个单色器,得到两束不同波长(λ_1 和 λ_2)的单色光。然后,利用切光器使两束光以一定的频率交替照射同一吸收池,然后经过光电倍增管和电子控制系统,最后由显示器显示出两个波长处的吸光度差值 $\Delta A (\Delta A = A_1 - A_2)$,如图2-10所示。对于多组分混合物、混浊试样分析,以及存在背景干扰或共存组分吸收干扰的情况下,利用双波长分光光度分析法,往往能提高方法的灵敏度和选择性。利用双波长分光光度计,能获得导数光谱。通过光学系统转换,使双波长分光光度计能很方便地转化为单波长工作方式。如果能在 A_1 和 A_2 处分别记录吸光度随时间变化的曲线,还能进行化学反应动力学研究。

光电比色计和紫外-可见分光光度计属于不同类型的仪器,但其测定原理是相同的,不同之处仅在于获得单色光的方法不同,前者采用滤光片,后者采用棱镜或光栅等单色器。由于两种仪器均基于吸光度的测定,它们统称为光度计。不同类型的分光光度计构造有所差异,但工作原理完全相同,其基本组成也大致相同。

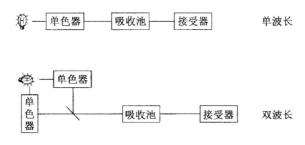

图 2-10   单波长和双波长分光光度计的组成示意图

2.按入射光波长范围

分光光度计可分为可见分光光度计和紫外-可见分光光度计。可见分光光度计要求入射光的波长范围为 400～780 nm；而紫外-可见分光光度计要求入射光波长范围为 200～780 nm。

2.3.2   分光光度计的组成

紫外-可见分光光度计通常都是由这基本部件组成：

光源→单色器→吸收池→检测系统→记录显示系统

1.光源

光源的作用是提供强而稳定的可见或紫外连续入射光。一般分为可见光光源及紫外光源两类。近年来，具有高强度和高单色性的激光已被开发用作紫外光源。已商品化的激光光源有氩离子激光器和可调谐染料激光器。一般分为紫外光源和可见光光源两类。

(1)紫外光源

紫外光源多为气体放电光源，如氢、氘、氙放电灯及汞灯等。其中以氢灯及氘灯应用最广泛，其发射光谱的波长范围为 160～500 nm，最适宜的使用范围为 180～350 nm。氘灯发射的光强度比同样的氢灯大 3～5 倍。氢灯可分为高压氢灯和低压氢灯，后者较为常用。低压氢灯或氘灯的构造是：将一对电极密封在干燥的带石英窗的玻璃管内，抽真空后充入低压氢气或氘气。石英窗的使用是为了避免普通玻璃对紫外光的强烈吸收。

近年来，具有高强度和高单色性的激光已被开发用作紫外光源。已商品化的激光光源有氩离子激光器和可调谐染料激光器。

(2)可见光光源

最常用的可见光光源为钨丝灯。钨丝灯可发射波长为 320～2500 nm 范围的连续光谱，其中最适宜的使用范围为 320～1000 nm，除用作可见光源外，还可用作近红外光源。在可见光区内，钨丝灯的辐射强度与施加电压的 4 次方成正比，因此要严格稳定钨丝灯的电源电压。

卤钨灯的发光效率比钨灯高、寿命也长。在钨丝灯中加入适量卤素或卤化物可制成卤钨灯，例如加入纯碘制成碘钨灯，溴钨灯是加入溴化氢而制得。新的分光光度计多采用碘钨灯。

2.单色器

将光源发出的连续光谱分解为单色光的装置称为单色器。单色器由棱镜或光栅等色散元件及狭缝和透镜等组成。

（1）棱镜

棱镜单色器的结构原理如图 2-11 所示。光源发射出的连续光谱由入射狭缝进入，经准直透镜后成平行光，并以一定角度射到棱镜表面，在棱镜的两个界面上连续发生折射产牛色散，色散后的光被会聚透镜聚焦在一个稍微弯曲并带有出射狭缝的表面上。转动棱镜可使所需要波长的单色光通过出射狭缝射出。

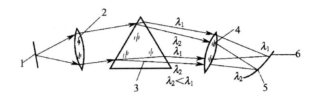

图 2-11　棱镜单色器的结构原理示意图
1—入射狭缝；2—准直透镜；3—棱镜；4—会聚透镜；5—出射狭缝；6—焦点曲线

棱镜单色器所获得的单色光纯度取决于棱镜的色散率和出射狭缝的宽度。玻璃棱镜对 400～1000 nm 波长的光色散较大，适用于可见分光光度计。石英棱镜可用于紫外光、可见光和近红外光区域，但用于可见光区域时不如玻璃棱镜好。无论是玻璃棱镜或石英棱镜，它们的色散都不是线性色散，对长波长的光色散率低，对短波长的光色散率高。

（2）光栅

光栅可定义为一系列等宽、等距离的平行狭缝，具有线性色散。常用的光栅单色器为反射光栅单色器，它又分为平面反射光栅和凹面反射光栅两种，其中最常用的是平面反射光栅。由平面反射光栅构成的光栅单色器的典型结构如图 2-12 所示。图 2-12(a) 为艾伯特(Ebert)装置；图 2-12(b) 为却尔尼-特纳装置，又称 C-T 装置。这两种装置的基本原理是相同的，但艾伯特装置只用一个凹面反射准光镜，使入射光束与衍射后的光束形成反转对称，而 C-T 装置用两块准光镜分别完成入射光和衍射后光束的反转准直，由此可以看出 C-T 装置易于制作和调整。

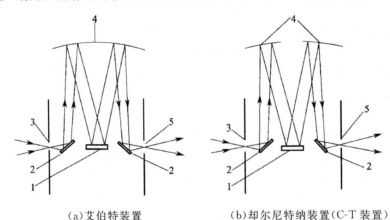

(a)艾伯特装置　　　　　(b)却尔尼特纳装置(C-T 装置)

图 2-12　光栅单色器的典型结构示意图
1—光栅；2—反射镜；3—入射狭缝；4—准光镜；5—出射狭缝

光栅单色器的工作原理或光学路线为:光源经入射狭缝进入并射到凹面反射镜上,经凹面反射镜使光准直并射到平面反射光栅上,经平面反射光栅的色散,得到按波长顺序排列的光谱,再射到凹面反射镜上经凹面反射镜准直到出射狭缝中。转动光栅,便可使所需波长的单色光从出射狭缝中射出。

平面反射光栅是在一块抛光的金属或镀有金属膜的玻璃表面上刻线制成,刻线是许多条紧挨着的平行线,一般每英寸刻有 15000～30000 条平行线。每条刻线起着一个狭缝的作用,光在未刻部分发生反射,各反射光束间的干涉引起色散。光栅的色散特性为线性色散,是不同于棱镜的,色散率与入射光的波长无关。因此,在光栅单色器中,狭缝宽度固定时,在整个光谱范围内得到的单色光的纯度相同。光栅单色器与棱镜单色器的另一个区别是它可用的波长范围很宽,从紫外光到红外光都可以使用。

(3)杂散光

每种单色器的出射光束中通常混有少量与仪器所指示的波长十分不同的光波,这些异常波长的光称为杂散光。杂散光往往会严重地影响吸光度的正确测量。杂散光产生的主要原因是:各光学部件和单色器的外壳内壁的反射;大气或光学部件表面上尘埃的散射等。为了消除杂散光,单色器可用罩壳封闭起来,罩壳内涂有黑体以吸收杂散光。

3. 比色皿

比色皿是指用来盛装吸收试液和决定透光液层厚度的器件。常用的吸收池材料有石英和玻璃两种,石英池可用于紫外、可见及近红外光区,普通硅酸盐玻璃池只能用于 350 nm～2 μm 的光谱区。常见吸收池为长方形,光程为 0.5～10 cm。从用途上看,吸收池有液体池、气体池、微量池及流动池等。为了减少入射光的反射损失和造成光程差,在放置比色皿时,应注意使其透光面垂直于光束方向。指纹、油腻或皿壁上其他沉积物都会影响其透射特性。因此,在使用比色皿时,应特别注意保护两个光学面的光洁。

4. 检测器

检测器用于检测光信号。利用光电效应将光强度信号转换成电信号的装置也叫光电器件。用分光光度分析法可以得到一定强度的光信号,这个信号需要用一定的部件检测出来。检测时,需要将光信号转换成电信号才能测量得到。光检测系统的作用就是进行这个转换。

常用的检测器主要有以下几种。

(1)光电管

如图 2-13 所示,光电管是在抽成真空或充有惰性气体的玻璃或石英泡内装上两个电极构成,其中一个是阳极,它由一个镍环或镍片组成;另一个是阴极,它由一个金属片上涂一层光敏材料构成。

当光照射到光敏材料上时,它能够放出电子;光电管将光强度信号转换成电信号的过程是这样的:当一定强度的光照射到阴极上时,光敏材料要放出电子,放出电子的多少与照射到它的光的强度大小成正比,而放出的电子在电场的作用下要流向阳极,从而造成在整个回路中有电流通过。而此电流的大小与照射到光敏材料上的光的强度的大小成正比。当管内抽成真空时,称为真空光电管;充一些气体时,称为充气光电管。真空光电管的灵敏度一般为 40～60

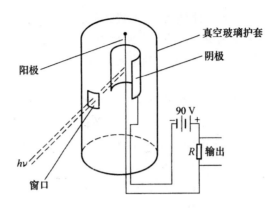

图 2-13 光电管工作原理

$\mu A/l_m$；充气光电管的灵敏度还要大些。由于光电管产生的光电流很小，需要用放大装置将其放大后才能用微安表测量。

（2）光电二极管

光电二极管的原理是这种硅二极管受紫外、近红外辐射照射时，其导电性增强的大小与光强成正比。近年来分光光度计使用光电二极管作检测器在增加，虽然其灵敏度还赶不上光电倍增管，但它的稳定性更好，使用寿命更长，价格便宜，因而许多著名品牌的高档分光光度计都在使用它作检测器。尤其值得注意的是由于计算机技术的飞速发展，使用光电二极管的二极管阵列分光光度计有了很大的发展，二极管数目已达 1024 个，在很大程度上提高了分辨率。这种新型分光光度计的特点是"后分光"，即氘灯发射的光经透镜聚焦后穿过样品吸收池，经全息光栅色散后被二极管阵列的各个二极管接收，信号由计算机进行处理和存储，因而扫描速度极快，约 10 ms 就可完成全波段扫描，绘出吸光度、波长和时间的三维立体色谱图，能最方便快速地得到任一波长的吸收数据，它最适宜用于动力学测定，也是高效液相色谱仪最理想的检测器。

（3）光电池

光电池是指用半导体材料制成的光电转换器。用得最多的是硒光电池，其结构和作用原理如图 2-14 所示。

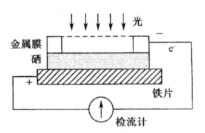

图 2-14 硒光电池

其表层是导电性能良好、可透过光的金属薄膜，中层是具有光电效应的半导体材料硒，底层是铁或铝片。表层为负极，底层为正极，与检流计组成回路。当外电路的电阻较小时，光电流与照射光强度成正比。

硒光电池具有较高的光电灵敏度,可产生 $100 \sim 200~\mu A$ 电流,用普通检流计即可测量。硒光电池测量光的波长相应范围为 $300 \sim 800~nm$,但对波长为 $500 \sim 600~nm$ 的光最灵敏。

(4)光电倍增管

光电倍增管是检测弱光的最灵敏最常用的光电元件,其灵敏度比光电管高 200 多倍,光电子由阴极到阳极重复发射 9 次以上,每一个光电子最后可产生 $10^6 \sim 10^7$ 个电子,因此总放大倍数可达 $10^6 \sim 10^7$ 倍,光电倍增管的响应时间极短,能检测 $10^{-9} \sim 10^{-8}$ s 级的脉冲光。其灵敏度与光电管一样受到暗电流的限制,暗电流主要来自阴极发射的热电子和电极间的漏电。图 2-15 是光电倍增管的工作原理。

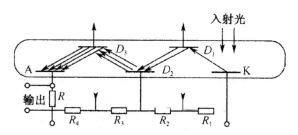

图 2-15 光电倍增管的工作原理

K—光阴极;D_1、D_2、D_3—倍增极;A—阳极

5.信号显示系统

信号显示系统用于放大信号并以适当方式将此信号指示或记录下来。分光光度计中常用的显示装置有悬镜式检流计、微安表、电位计、数字电压表、自动记录仪等。通常简易型分光光度计多用悬镜式检流计。

检流计用于测量光电池受光照射后产生的电流。它的灵敏度高,标尺刻度每格约为 10^{-10} nm。标尺上有吸光度 A 和百分透光率 $T\%$ 两种刻度。由于吸光度与透光率是负对数关系,因此,吸光度的刻度是不均匀的。微安表的工作原理与检流计相似,它采用指针指示刻度,由于表头的偏转角度有限,满刻度偏转的角度仅为 1%,精确度为 1.5%。

低档分光光度计现在已都使用数字显示,有的还连有打印机。现代高性能分光光度计均可以连接微机,而且有的主机还使用带液晶或 CRT 荧屏显示的微处理机和打印绘图机,有的还带有标准软驱,存取数据更加方便。

2.3.3 定性及定量分析

1.定性分析

常用的定性分析方法有吸光度比值的比较、特征数据和光谱对照三种方法。

(1)吸光度比值的比较

有些物质的光谱上有几个吸收峰,可在不同的吸收峰(谷)处测得吸光度的比值作为鉴别的依据。例如维生素 B_{12} 有三个吸收峰,分别在 278 nm、361 nm、550 nm 波长处,它们的吸光度比值应为:A_{361}/A_{278} 在 $1.70 \sim 1.88$ 之间,A_{361}/A_{550} 在 $3.15 \sim 3.45$ 之间。

（2）特征数据

比较最大吸收波长 $\lambda_{\max}$ 和吸光系数是用于定性鉴别的主要光谱数据。在不同化合物的吸收光谱中，最大吸收波长 $\lambda_{\max}$ 和摩尔吸光系数 ε 可能很接近，但因相对分子质量不同，百分吸光系数 $E_{1cm}^{1\%}$ 数值会有差别，所以在比较 $\lambda_{\max}$ 的同时还应比较它们的 $E_{1cm}^{1\%}$ 。

（3）光谱对照

在相同条件下，测定未知物和已知标准物的吸收光谱，并进行图谱对比。如果二者的图谱完全一致，则可初步认为待测物质与标准物是同一种化合物。当没有标准化合物时，可以将未知物的吸收光谱与《中国药典》中收录的该药物的标准谱图进行对照比较。

2.定量分析

（1）单组分的测定

根据比耳定律，物质在一定波长处的吸光度与浓度之间有线性关系。因此，只要选择适合的波长测定溶液的吸光度，即可求出浓度。在紫外-可见光谱法中，通常应以被测物质吸收光谱的最大吸收峰处的波长作为测定波长。如被测物有几个吸收峰，则选不为共存物干扰，峰较高、较宽的吸收峰波长，以提高测定的灵敏度、选择性和准确度。此外，还要注意选用的溶剂应不干扰被测组分的测定。许多溶剂本身在紫外光区有吸收峰，只能在它吸收较弱的波段使用。选择溶剂时，组分的测定波长必须大于溶剂的极限波长。

①标准曲线法。

标准曲线法对仪器的要求不高，是分光光度法中简便易行的方法，尤其适合于大批量样品的定量分析。此法尤其适用于单色光不纯的仪器，因为虽然测得的吸光度值可以随所用仪器的不同而有相当的变化。但若是同一台仪器，固定其工作状态和测定条件，则浓度与吸光度之间的关系仍可写成 $A = kc$ ，不过这里的 k 仅是一个比例常数，不能用作定性的依据，也不能互相通用。

测定时，将一系列浓度不同的标准溶液在同一条件下分别测定吸光度，考查浓度与吸光度成直线关系的范围。然后以吸光度为纵坐标，浓度为横坐标，绘制 $A-c$ 关系曲线，或叫工作曲线。若符合比耳定律，则会得到一条通过原点的直线。也可用直线回归的方法，求出回归的直线方程。再根据样品溶液所得的吸光度，从标准曲线或从回归方程求得样品溶液的浓度。

②标准对比法。

在相同的条件下，配制浓度为 c_s 的标准溶液和浓度为 c_x 的待测溶液，平行测定样品溶液和标准溶液的吸光度 A_x 和 A_s ，根据朗伯-比耳定律

$$A_x = klc_x$$
$$A_s = klc_s$$

由于标准溶液和待测溶液中的吸光物质是同一物质，因而在相同条件下，其吸光系数相等。如选择相同的比色皿，可得待测溶液的浓度

$$c_x = \frac{A_x}{A_s}c_s$$

这种方法不需要测量吸光系数和样品池厚度，但必须有纯的或含量已知的标准物质用以配制标准溶液。

③吸光系数法。

吸光系数是物质的特性常数。只要测定条件不致引起对比耳定律的偏离，即可根据测得的吸光度 A，按比耳定律求出浓度或含量

$$c = \frac{A}{El}$$

（2）多组分的测定

如果在一个待测溶液中需要同时测定两个以上组分的含量，就是多组同时测定。多组分同时测定的依据是吸光度的加和性。

如果混合物中 a、b 两个组分的吸收曲线互不重叠，则相当于两个单一组分，如图 2-16（a）所示，则可用单一组分的测定方法分别测定 a、b 组分的含量。由于紫外吸收带很宽，所以对于多组分溶液，吸收带互不重叠的情况很少见。

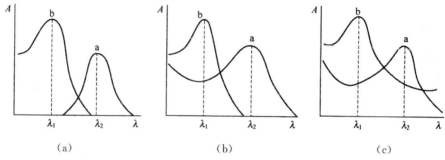

图 2-16　混合组分吸收光谱相互重叠的三种情况

如果 a、b 两组分吸收光谱部分重叠，如图 2-16（b）则表明 a 组分对 b 组分的测定有影响，而 b 组分对 a 组分的测定没有干扰。

首先测定纯物质 a 和 b 分别在 λ_1、λ_2 处的吸光系数 $\varepsilon_{\lambda 1}^{a}$、$\varepsilon_{\lambda 2}^{a}$ 和 $\varepsilon_{\lambda 1}^{b}$，再单独测量混合组分溶液在 λ_1 处的吸光度 $A_{\lambda 1}^{a}$，求得组分 a 的浓度 c_a。然后在 λ_2 处测量混合溶液的吸光度 $A_{\lambda 2}^{a+b}$，由 $A_{\lambda 2}^{a+b} = A_{\lambda 2}^{a} + A_{\lambda 2}^{b} = \varepsilon_{\lambda 2}^{a}lc_a + \varepsilon_{\lambda 2}^{b}lc_b$，得

$$c_b = \frac{A_{\lambda 2}^{a+b} - \varepsilon_{\lambda 2}^{a}lc_a}{\varepsilon_{\lambda 2}^{b}l}$$

①解线性方程组法。

两组分在 λ_1、λ_2 处都有吸收，两组分彼此相互干扰，如图 2-16（c）所示。在这种情况下，需要首先测定纯物质 a 和 b 分别在 λ_1、λ_2 处的吸光系数 $\varepsilon_{\lambda 1}^{a}$、$\varepsilon_{\lambda 2}^{a}$ 和 $\varepsilon_{\lambda 1}^{b}$、$\varepsilon_{\lambda 2}^{b}$，再分别测定混合组分溶液在 λ_1、λ_2 处的吸光度 $A_{\lambda 1}^{a+b}$，$A_{\lambda 2}^{a+b}$，然后列出联立方程

$$\begin{cases} A_{\lambda 1}^{a+b} = A_{\lambda 1}^{a} + A_{\lambda 1}^{b} = \varepsilon_{\lambda 1}^{a}lc_a + \varepsilon_{\lambda 1}^{b}lc_b \\ A_{\lambda 2}^{a+b} = A_{\lambda 2}^{a} + A_{\lambda 2}^{b} = \varepsilon_{\lambda 2}^{a}lc_a + \varepsilon_{\lambda 2}^{b}lc_b \end{cases}$$

从而求得 a、b 的浓度为

$$\begin{cases} c_a = \dfrac{\varepsilon_{\lambda 2}^{b}A_{\lambda 1}^{a+b} - \varepsilon_{\lambda 1}^{b}A_{\lambda 2}^{a+b}}{(\varepsilon_{\lambda 1}^{a}\varepsilon_{\lambda 2}^{b} - \varepsilon_{\lambda 2}^{a}\varepsilon_{\lambda 1}^{b})l} \\ c_b = \dfrac{\varepsilon_{\lambda 2}^{a}A_{\lambda 1}^{a+b} - \varepsilon_{\lambda 1}^{a}A_{\lambda 2}^{a+b}}{(\varepsilon_{\lambda 1}^{a}\varepsilon_{\lambda 2}^{b} - \varepsilon_{\lambda 2}^{a}\varepsilon_{\lambda 1}^{b})l} \end{cases}$$

如果有 n 个组分的光谱相互干扰,就必须在 n 个波长处分别测得试样溶液吸光度的加和值,以及该波长下 n 个纯物质的摩尔吸光系数,然后解 n 元一次方程组,进而求出各组分的浓度,这种方法叫解方程组法。

②系数倍率法。

在混合物的吸收光谱中,并非干扰组分的吸收光谱中都能找到等吸收波长。

如图 2-17 中的几种光谱组合情况,因干扰组分等吸收点无法找到,而不能用等吸收双波长消去法测定。而系数倍率法不仅可以克服波长选择上的上述限制,而且能方便地任意选择最有利的波长组合,即待测组分吸光度差值大的波长进行测定,从而扩大了双波长分光光度法的应用范围。

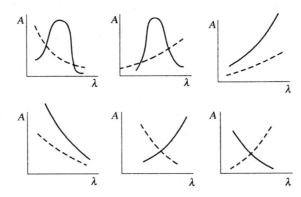

图 2-17　几种吸收光谱的组合

系数倍率法的基本原理为:在双波长分光光度计中装置了系数倍率器,当两束单色光 λ_1 和 λ_2 分别通过吸收池到达光电倍增管,其信号经过对数转换器转换成吸光度 A_1 和 A_2,再经系数倍率器加以放大,得到差示信号 ΔA。

$$\Delta A = A_2 - A_1$$
$$= K(A_{x2} + A_{y2}) - (A_{x1} + A_{y1})$$
$$= (K\varepsilon_{x2} - \varepsilon_{x1})c_x$$

也就是说,样品溶液的吸光度差值 ΔA 与被测组分浓度 c_x 成正比关系,而与干扰组分的浓度无关。由于干扰组分和待测组分的吸光度信号放大了 K 倍,因而测得的 ΔA 值也增大,使测得的灵敏度提高。但噪音也随之放大,从而给测定带来不利,故 K 值一般以 5～7 倍为限。

③等吸收波长消去法。

对于多组分样品,还有等吸收波长消去法。假设试样中含有 A、B 两组分,若要测定 B 组分,A 组分有干扰,采用双波长法进行 B 组分测量时方法如下:为了消除 A 组分的吸收干扰,一般首先选择待测组分 B 的最大吸收波长 λ_2 为测量波长,然后用作图法选择参比波长 λ_1,做法如图 2-18 所示。

在 λ_2 处作一波长为横轴的垂直线,交于组分 B 吸收曲线的另一点,再从这点作一条平行于波长轴的直线,交于组分 B 吸收曲线的另一点,该点所对应的波长称为参比波长 λ_1。可见组分 A 在 λ_2 和 λ_1 处是等吸收点,即 $A_{\lambda 2}^A = A_{\lambda 1}^A$。

双波长分光光度计的输出信号为 ΔA,则

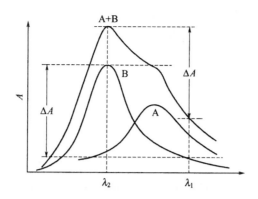

图 2-18　等吸收波长消去示意图

$$\Delta A = A_{\lambda 2} - A_{\lambda 1}$$
$$= (A_{\lambda 2}^{A} + A_{\lambda 2}^{B}) - (A_{\lambda 1}^{A} + A_{\lambda 1}^{B})$$
$$= A_{\lambda 2}^{B} - A_{\lambda 1}^{B}$$
$$= (\varepsilon_{\lambda 2}^{B} - \varepsilon_{\lambda 1}^{B}) L c_{B}$$

由此可见,输出信号 ΔA 与干扰组分 A 无关,它只正比于待测组分 B 的浓度,及消除了 A 的干扰。

2.4　显色反应与显色剂

在进行可见分光光度分析时,首先要把待测组分转变成有色化合物,然后进行光度测定。将待测组分转变成有色化合物的反应叫显色反应。与待测组分形成有色化合物的试剂叫显色剂。

2.4.1　显色反应的选择

常见的显色反应有络合反应、氧化还原反应、取代反应和缩合反应等。同一种物质常有数种显色反应,其原理和灵敏度各不相同,选择时应考虑以下因素。

(1)对比度大

有色化合物与显色剂之间的颜色差别通常用对比度表示,它是有色化合物 MR 和显色剂 R 的最大吸收波长差卧的绝对值,即

$$\Delta \lambda = \left| \lambda_{max}^{MR} - \lambda_{max}^{R} \right|$$

对比度在一定程度上反映了过量显色剂对测定的影响,M 越大,过量显色剂的影响越小。一般要求 $\Delta \lambda$ 在 60 nm 以上。

(2)选择性好

完全特效的显色剂实际上是不存在的,但是干扰较少或干扰易于除去的显色反应是可以找到的。

(3)灵敏度高

分光光度法一般用于微量组分的测定,因此,需要选择灵敏的显色反应。摩尔吸光系数 ε

的大小是显色反应灵敏度高低的重要标志,因此应当选择生成有色物质的 ε 较大的显色反应。一般来说,当 ε 值为 $10^4 \sim 10^5$ 时,可认为该反应灵敏度较高。

(4)稳定性好

要求有色化合物至少在测定过程中保持稳定,使吸光度保持不变。为此,要求有色化合物不易受外界环境条件的影响,如日光照射、氧气及二氧化碳的作用等,亦不受溶液中其他化学因素的影响。

(5)组成恒定

有色化合物组成不恒定,意味着溶液颜色的色调及深度不同,必将引起很大误差。为此,对于形成不同络合比的有色配合物的络合反应,必须注意控制实验条件。

2.4.2 显色条件的选择

分光光度法是测定显色反应达到平衡后溶液的吸光度,因此要能得到准确的结果,必须了解影响显色反应的因素,控制适当的条件,保证显色反应完全和稳定。

显色的主要条件有酸度、显色剂用量、显色时间和显色温度。

1.酸度

酸度对显色反应的影响极大,它会直接影响金属离子和显色剂的存在形式、有色配合物的组成和稳定性及显色反应进行的完全程度。

大部分高价金属离子,如 Al^{3+}、Fe^{3+}、Th^{4+}、TiO^{2+}、ZrO^{2+} 及 Ta^{5+} 等都容易水解生成碱式盐或氢氧化物沉淀。为防止水解,溶液的酸度不应太小。

大部分有机显色剂为弱酸,且带有酸碱指示剂性质,在溶液中存在下述平衡

$$\underset{(\text{显色剂})}{HR} \rightleftharpoons H^+ + R^+ + Me^{n+} \rightleftharpoons \underset{(\text{有色化合物})}{MeR_n}$$

酸度改变,将引起平衡移动,从而使显色剂及有色化合物的浓度变化。溶液酸度大时,显色剂主要以分子形式存在,实际参加反应的显色剂有效浓度低,从而影响显色反应的完全程度。酸度影响的大小与显色剂的离解常数 K_a 有关,K_a 大时允许的酸度可大些。

一种金属离子与某种显色剂反应的适宜酸度范围,是通过实验来确定的。确定的方法是固定待测组分及显色剂浓度,改变溶液 pH 值,测定其吸光度,作出吸光度 A-pH 关系曲线,如图 2-19 所示,选择曲线平坦部分对应的 pH 值作为测定条件。

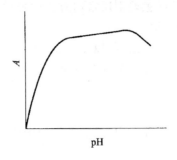

图 2-19 吸光度 A 与 pH 的关系

2.显色剂用量

显色反应一般可表示为

$$M \ + \ R \ \Longrightarrow \ MR$$

（待测组分）　　（显色剂）　（有色配合物）

根据溶液平衡原理,有色配合物稳定常数越大,显色剂过量越多,越有利于待测组分形成有色配合物。但是过量显色剂的加入,有时会引起空白增大或副反应发生等对测定不利的因素。

显色剂的适宜用量通常由实验来确定。其方法是将待测组分的浓度及其他条件固定,然后加入不同量的显色剂,测定吸光度,绘制吸光度（A）与浓度（c）的关系曲线,一般可得到如图2-20 所示三种不同的情况。

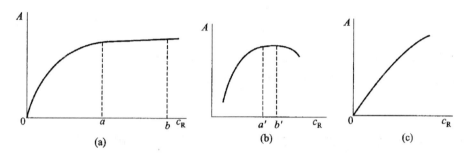

图 2-20　吸光度与显色剂浓度的关系曲线

图 2-20(a)表明,当显色剂浓度 c_R 在 $0\sim a$ 范围时,显色剂用量不足,待测离子没有完全转变成有色配合物,随着 c_R 增大,吸光度 A 增大。在 $a\sim b$ 范围内,曲线平直,吸光度出现稳定值,因此可在 $a\sim b$ 间选择合适的显色剂用量。这类反应生成的有色配合物稳定,对显色剂浓度控制要求不太严格,适用于光度分析。图 2-20(b)只有较窄的平坦部分,应选 $a'b'$ 之间所对应的显色剂浓度,显色剂浓度大于 b' 后吸光度下降,说明有副反应发生。例如利用 $Mo(SCN)_5$ 红色配合物测定钼,过量 SCN^- 会与 $Mo(SCN)_5$ 形成浅红色的 $Mo(SCN)_6$ 配合物。图 2-20(c)曲线表明,随着显色剂浓度增大,吸光度不断增大,例如 SCN^- 与 Fe^{3+} 反应,生成逐级配合物 $Fe(SCN)_n^{3-n}$, $n = 1, 2, \cdots, 6$,随着 SCN^- 浓度增大,生成颜色愈来愈深的高配位数的配合物。对这种情况,必须十分严格地控制显色剂用量。

3.显色时间

显色反应速度有快有慢,快的瞬间即可完成;大多数显色反应速度较慢,需要一定时间溶液颜色才能达到稳定;有的有色化合物放置一段时间后,又有新的反应发生。确定适宜显色时间的方法:配制一份显色溶液,从加入显色剂开始,每隔一定时间测吸光度一次,绘制吸光度-时间曲线。曲线平坦部分对应的时间就是测定吸光度的最适宜时间。

4.显色温度

显色反应通常在室温下进行,有的反应必须在较高温度下才能进行或进行得比较快。有的有色物质当温度偏高时又容易分解。为此,对不同的反应,应通过实验找出各自适宜的温度范围。

2.4.3 干扰的消除

在可见分光光度分析中,共存离子如本身有颜色,或与显色剂作用生成有色化合物,都将干扰测定。要消除共存离子的干扰,可采用下列方法。

1.加入掩蔽剂

向显色溶液中加入掩蔽剂是消除干扰的有效而常用的方法。如用 NH_4SCN 作显色剂测定 Co^{2+} 时,Fe^{3+} 的干扰可借加入 NaF 使之生成无色的 FeF_6^{3-} 而消除;测定 $Mo(VI)$ 时,可加入 $SnCl_2$ 或抗坏血酸等将 Fe^{3+} 还原成 Fe^{2+} 而避免与 SCN^- 作用。

2.控制酸度

根据配合物稳定性的差异,通过控制溶液的酸度可使稳定性高的被测离子配合物能定量形成,使稳定性低的干扰离子配合物不能形成,从而消除了干扰。

3.分离干扰离子

在没有消除干扰的合适方法时,可用萃取法、离子交换法、吸附法及电解法等分离方法除去干扰离子。

综上所述,建立一个新的分光光度分析方法,必须通过实验对上述各种条件进行研究。应用某一显色反应进行测定时,必须对这些条件进行适当的控制,并使试样的显色条件与绘制标准曲线时的条件一致,这样才能得到重现性好、准确度高的分析结果。

2.4.4 显色剂

常用的显色剂可分为无机显色剂和有机显色剂两大类。由于无机显色剂的选择性和灵敏度都不高,而且品种有限,所以实际应用不多;有机显色剂的选择性好、灵敏度高、品种又多,故应用十分广泛。常用显色剂分类情况如图 2-21 所示。

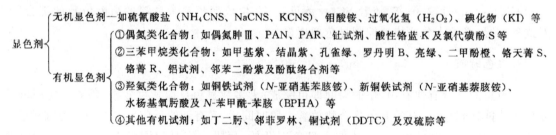

图 2-21 常用显色剂的分类

目前,已经应用的显色剂是很多的,往往一种显色剂可用于数种离子的显色;一种离子又有多种显色剂。

2.5 分析条件的选择

2.5.1 测量条件的选择

1.入射光波长的选择

入射光的波长应根据吸收光谱曲线选择溶液有最大吸收时的波长。这是因为在此波长处摩尔吸光系数值最大,使测定有较高的灵敏度。同时,在此波长处的一个较小范围内,吸光度变化不大,不会造成对比耳定律的偏离,测定准确度较高。

如果最大吸收波长不在仪器可测波长范围内,或干扰物质在此波长处有强烈吸收,可选用非最大吸收处的波长。但应注意尽量选择 ε 值变化不太大区域内的波长。以图 2-22 为例,显色剂与钴配合物在 420 nm 波长处均有最大吸收峰。如用此波长测定钴,则未反应的显色剂会发生干扰而降低测定的准确度。因此,必须选择 500 nm 波长测定,在此波长下显色剂不发生吸收,而钴络合物则有一吸收平台。用此波长测定,灵敏度虽有所下降,却消除了干扰,提高了测定的准确度和选择性。

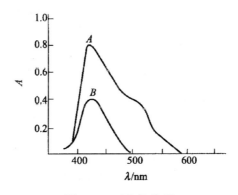

图 2-22 吸收曲线

A-钴配合物的吸收曲线;B-1-亚硝基-2-萘酚-3,6磺酸显色剂的吸收曲线

2.吸光度测量范围的选择

在不同吸光度范围内读数会引起不同程度的误差,为提高测定的准确度,应选择最适宜的吸光度范围进行测定。

对一个给定的分光光度计来说,透光率读数误差 ΔT 是一个常数,但透光率读数误差不能代表测定结果误差,测定结果误差常用浓度的相对误差 $\frac{\Delta c}{c}$ 表示。

由朗伯-比耳定律可知

$$A = -\lg T = \varepsilon bc$$

由上式微分整理可得

$$\frac{\Delta c}{c} = \frac{0.434}{T \cdot \lg T} \cdot \Delta T$$

要使相对误差 $\Delta c/c$ 最小,求导取极小得出:当 $T = 0.368(A = 0.434)$ 时,$\Delta c/c$ 最小为 1.4%。

实际工作中,可以通过调节被测溶液的浓度,使其在适宜的吸光度范围。为此,可以从下列几方面想办法:

①计算并控制试样的称出量,含量高时,少取样或稀释试液;含量低时,可多取样或萃取富集。

②如果溶液已显色,则可通过改变吸收池的厚度来调节吸光度的大小。

3.参比溶液的选择

测定试样溶液的吸光度,需先用参比溶液调至透光度为 100%,以消除其他成分及吸光池和溶剂等对光的反射和吸收带来的测定误差。参比溶液是用于调节仪器工作零点的,若选择不适当,对测量读数准确度的影响较大。选择的方法如下。

参比溶液的选择视分析体系而定,具体有:

(1)试样参比

如果试样基体溶液在测定波长时有吸收,而显色剂不与试样基体显色时,可按与显色反应相同的条件处理试样,只是不加入显色剂。

(2)溶剂参比

试样简单、共存其他成分对测定波长吸收弱,只考虑消除溶剂与吸收池等因素。

(3)试剂参比

如果显色剂或其他试剂在测定波长时有吸收,按显色反应相同的条件加入试剂和溶剂作为参比溶液。

(4)平行操作参比

用不含被测组分的试样,在相同的条件下与被测试样同时进行处理,由此得到平行操作参比溶液。

除此之外,对吸收池厚度、透光率、仪器波长、读数刻度等应进行校正。

4.狭缝宽度的选择

为了选择合适的狭缝宽度,应以减少狭缝宽度时试样的吸光度不再增加为准。一般来说,狭缝宽度大约是试样吸收峰半宽度的 1/10。

2.5.2 溶剂的选择

溶剂的选择原则为:

(1)溶剂应能很好地溶解被测试样,溶剂对溶质应该是惰性的,即所成溶液应具有良好的化学和光学稳定性。

(2)在溶解度允许的范围内,尽量选择极性较小的溶剂。这是因为溶剂对紫外-可见光谱的影响较为复杂。改变溶剂的极性,会引起吸收带形状的变化。

（3）不与被测组分发生化学反应。

（4）所选溶剂在测定波长范围内无明显吸收。

（5）被测组分在所选的溶剂中有较好的峰形。

2.6　快速比色法

面对那些需要快速获得测量结果且对测量精度要求不高的场合，采用简易快速比色法是不错的选择。该方法包括目视比色法、检气管法、快速显色法和试纸比色法等。

2.6.1　目视比色法

用眼睛观察比较溶液颜色的深浅，从而确定物质含量的方法叫目视比色法。使用一套规格相同的比色管，如图 2-22 所示，规格为 5 ml、10 ml、25 ml、50 ml、100 ml 等几种之一。具体步骤为：

①依次取不同体积的待测组分标准溶液分别加入各比色管中，再加入包括显色剂在内的各种试剂，用纯水稀释至刻度，摇匀显色后，便形成了一套颜色逐渐加深的标准色列。

②另取一定体积的待测试液于另一比色管中（如图 2-23 中的 x），在相同条件下显色，并稀释至刻度。

③然后将各比色管放置于白瓷板上，由管口垂直向下观察各溶液颜色的深浅，比较试液与标准色列中的哪一个颜色最接近，从而估计出试样中待测组分的浓度。

对于稳定成熟的分析项目，有时也可用塑料色列或纸色列代替标准溶液色列。

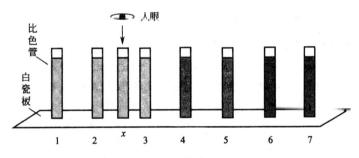

图 2-23　目视比色法示意图

此法设备简单、操作简便、灵敏度高，但误差较大，常用于要求不高，且需较快获得结果的场合。例如环境监测中对各种工业废水浊度和色度的测定，油气田注水站对回注水中铁离子和 SO_4^{2-} 的测定等都常常采用目视比色法。

2.6.2　检气管法

用检气管法可以快速确定空气中某些气体的含量，比如大气中的 SO_2 和 NH_3、室内家具逸出的甲醛、石油钻采过程中逸出的 H_2S 等。

常用检气管如图 2-24 所示，它是一根内装适当填充剂、且两端较细的玻璃管。填充剂由担体和指示剂组成，有时还需加入少量防变质、防干扰的保护剂。担体常选用具有吸附性能的硅胶、素瓷、氧化铝或石英等固体颗粒,其粒度应较均匀,使用前需进行活化处理。

图 2-24　直读式检气管示意图

指示剂是一些能与待测组分发生显色反应的物质,要求其显色灵敏度高、选择性好。将指示剂和其他试剂配制成溶液,搅匀后加入担体,搅拌,使担体表面均匀地吸附一层试剂,然后用蒸发或减压蒸发法除去溶剂,获得干燥松散的填充剂颗粒。把填充剂紧密均匀地装入干净的玻璃管内,用玻璃棉塞上两端,在氧化焰上快速熔封,便制成了检气管。

使用检气管前应先将两端封口磨掉,按图 2-25 的方式连接好抽气装置,定量抽入空气,其中的待测气体和指示剂反应显色,比如上述的 H_2S 管由白色变为褐色,SO_2 管由棕黄色变为红色,氨管由红色变黄色等。根据变色的柱长与事先标定的浓度标尺或标准浓度表进行对比,直接读出待测气体浓度,既方便,也比较准确。

图 2-25　检气管抽气装置

用类似的方法也可制备检液管,其原理与检气管相同,所不同的是用于测定溶液中的某些组分,比如油田水中的 S^{2-}、Fe^{2+}、Fe^{3+} 等。

2.6.3　快速显色法

为了满足某些快速分析的需要,可以将一些成熟稳定的显色反应所用的各种试剂规格化,事先分装在塑料小瓶中,分析时再依次滴加到待测溶液中去,待显色后直接与标准色列比较定量。例如,在酸性介质中,Fe^{2+} 与 2,2′—联吡啶能生成稳定的深红色络合物

可取 3 个 10 ml 塑料小瓶,其中 1 号瓶装入还原剂,2 号瓶装入缓冲剂,3 号瓶装入显色剂2,2′—联吡啶。分析过程为:

①先将 5 ml 具塞比色管用待测水样涮洗几次,再将水样倒入至刻度。

②若测总铁含量,可先挤压 1 号瓶滴入 3 滴还原剂,盖好比色管塞,摇匀。

③加入 2 号瓶中的缓冲液 3 滴,摇匀。

④加入 3 号瓶中的显色剂 3 滴,摇匀,放置 10 min 后显色。

⑤将比色管置于白色塑料板上,目视比较试液与纸标准色列颜色,直接估算出总铁含量。

若不加 1 号试剂,其余步骤同上,可测得 Fe^{2+} 浓度;将总铁浓度减去 Fe^{2+} 浓度,便可得Fe^{3+} 浓度。如果显色后用光电比色计或分光光度计测定,便可得到更准确的分析结果。

2.6.4　试纸比色法

选用适当试剂浸泡处理滤纸,然后干燥备用。当溶液中的待测组分与试纸上的显色剂接触时,发生显色反应而显色,与标准色列比较,便能求得待测组分的含量。这种方法与人们常用的 pH 值试纸相类似,使用非常方便。

目前,已有多种测定溶液中的离子或化合物的试纸供人们选用。例如,测定 H_2S、S^{2-}、Hg^{2+}、pb^{2+}、Mn^{2+} 等的试纸,以及测定尿糖、尿蛋白和血液、唾液中多项生化指标的试纸等。

第3章　红外吸收光谱分析

3.1　概述

3.1.1　红外光谱区的划分

自然界的任何物体都是红外光辐射源,时时刻刻都在不停地向外辐射红外光。利用红外光的光电效应,人们制成了红外夜视仪。红外光是比可见光波长长的电磁波,具有明显的热效应,使人能感觉到而看不见。

红外光是指波长为 $0.75 \sim 1000\ \mu m$ 的电磁辐射。红外光谱在可见光和微波区之间,其波长范围约为 $0.75 \sim 1000\ \mu m$。根据实验技术和应用的不同,通常将红外光谱划分为三个区域,见表3-1。其中,中红外区是研究最多的区域,一般说的红外光谱就是指中红外区的红外光谱。

表 3-1　红外区的划分

红外光谱区	$\lambda/\mu m$	σ/cm^{-1}	能级跃迁类型
近红外区	$0.75 \sim 2.5$	$13300 \sim 4000$	分子化学键振动的倍频和组合频
中红外区	$2.5 \sim 25$	$4000 \sim 400$	化学键振动的基频
远红外区	$25 \sim 1000$	$400 \sim 10$	骨架振动、转动

在三个红外光区中,近红外光谱是由分子的倍频、合频产生的,主要用于稀土,过渡金属离子化合物,以及水、醇和某些高分子化合物的分析;远红外区属于分子的转动光谱和某些基团的振动光谱,主要用于异构体的研究,金属有机化合物(包括配合物)、氢键、吸附现象的研究;中红外区是属于分子的基频振动光谱,绝大多数有机物和无机离子的化学键基频吸收都出现在中红外区。同时,由于中红外区光谱仪器最为成熟简单,使用历史悠久,应用广泛,积累的资料也最多,因此它是应用极为广泛的光谱区。

3.1.2　红外吸收光谱图

当一束具有连续波长的红外光通过物质时,其中某些波长的光就要被物质吸收。物质分子中某个基团的振动频率和红外光的频率一样时,二者发生共振,分子吸收能量,由原来的基态振动能级跃迁到能量较高的振动能级。将分子吸收红外光的情况用仪器记录下来,就得到红外光谱图。

红外吸收光谱一般用 $T-\lambda$ 曲线或 $T-\sigma$ 曲线来表示。如图3-1所示,纵坐标为百分透射比 $T\%$,因而吸收峰向下,吸收谷向下;横坐标是波长 $\lambda(\mu m)$,或波数 $\sigma(cm^{-1})$。λ 与 σ 之间的关系为:$\sigma = 10^4/\lambda$。因此,中红外区的波数范围是 $4000\ cm^{-1} \sim 400\ cm^{-1}$。用波数描述吸收谱

带较为简单,且便于与 Raman 光谱进行比较。近年来的红外光谱均采用波数等间隔分度,称
为线性波数表示法。

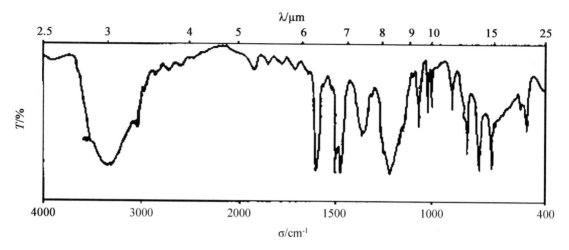

图 3-1　苯酚的红外吸收光谱

3.1.3　红外吸收光谱法的特点

红外光谱波长长,能量低,物质分子吸收红外光后,只能引起振动和转动能级的跃迁,不会
引起电子能级跃迁,所以红外光谱又称为振动—转动光谱。红外光谱主要研究在振动—转动
中伴随有偶极矩变化的化合物,除单原子和同核分子之外,几乎所有的有机化合物在红外光区
都有吸收。

红外光谱最突出的特点是具有高度的特征性。因为除光学异构体外,凡是具有结构不同
的两个化合物,一定不会有相同的红外光谱。它作为“分子指纹”被广泛地用于分子结构的基
础研究和化学组成的分析上。通常,红外吸收带的波长位置与吸收谱带的强度和形状有关,反
映了分子结构上的特点,可以用来鉴定未知物的结构或确定化学基团以及求算化学键的力常
数,键长和键角等;而吸收谱带的吸收强度与分子组成或其化学基团的含量有关,可用以进行
定量分析和纯度鉴定。

红外吸收光谱分析对气体、液体、固体试样都适用,具有用量少、分析速度快、不破坏试样
等特点。红外光谱法与紫外吸收光谱分析法、质谱法和核磁共振波谱法一起,被称为四大谱学
方法,已成为有机化合物结构分析的重要手段。

3.1.4　红外吸收光谱的发展概况

19 世纪初,人们通过实验证实了红外光的存在。20 世纪初,人们进一步系统地了解了不
同官能团具有不同红外吸收频率这一事实。1947 年以后,出现了自动记录式红外吸收光谱
仪。1960 年出现了光栅代替棱镜作色散元件的第二代红外吸收光谱仪,但它仍是色散型的仪
器,其分辨率、灵敏度还不够高,且扫描速度慢。

随着计算机科学的进步,1970 年以后出现了傅里叶变换红外吸收光谱仪。基于光相干性

原理而设计的干涉型傅里叶变换红外吸收光谱仪,解决了光栅型仪器固有的弱点,使仪器的性能得到了极大的提高。近年来,用可调激光作为红外光源代替单色器,成功研制了激光红外吸收光谱仪,扩大了应用范围,它具有更高的分辨率、更高的灵敏度,这是第四代仪器。现在红外吸收光谱仪还与其他仪器(如气相色谱、高效液相色谱)联用,更加扩大了应用范围。利用计算机存储及检索光谱,分析更为方便、快捷。因此,红外光谱已成为现代分析化学和结构化学不可缺少的重要工具。

3.2 红外吸收光谱分析原理

3.2.1 红外光谱的产生

当分子受到频率连续变化的红外光照射时,分子吸收某些频率的辐射,引起振动和转动能级的跃迁,使相应于这些吸收区域的透射光强度减弱,将分子吸收红外辐射的情况记录下来,便得到红外光谱图。红外光谱图多以波长 λ 或波数 σ 为横坐标,表示吸收峰的位置;以透光率 T 为纵坐标,表示吸收强度。

红外光谱是由分子振动能级的跃迁而产生,但并不是所有的振动能级跃迁都能在红外光谱中产生吸收峰,物质吸收红外光发生振动和转动能级跃迁必须满足两个条件。

①红外辐射光量子具有的能量等于分子振动能级的能量差。

②分子振动时,偶极矩的大小或方向必须有一定的变化,即具有偶极矩变化的分子振动是红外活性振动,否则是非红外活性振动。

由上述可见,当一定频率的红外光照射分子时,如果分子中某个基团的振动频率和它一样,二者就会产生共振,此时光的能量通过分子偶极矩的变化传递给分子,这个基团就会吸收该频率的红外光而发生振动能级跃迁,产生红外吸收峰。

1. 跃迁能量

与紫外-可见光谱产生的原因类似,红外吸收光谱是由于分子振动能级跃迁,同时伴随转动能级而产生的,因为分子振动能级差为 $0.05 \sim 1.0$ eV,比转动能极差($0.0001 \sim 0.05$ eV)大,因此分子发生振动能级跃迁时,不可避免地伴随着振动能级跃迁,因而无法测得纯振动光谱,辐射光子具有的能量与发生振动跃迁所需的跃迁能量相等。红外辐射与分子两能极差相等为物质产生红外吸收光谱必须满足的条件之一,这同时也决定了吸收峰出现的位置。

以双原子分子的纯振动光谱为例,双原子分子可近似地看作谐振子。根据量子力学,其振动能量 E_v 是量子化的:

$$E_v = \left(v + \frac{1}{2}\right)hv \quad (v = 0,1,2,\cdots)$$

式中:ν 为分子振动频率;h 为 Planck 常数;v 为振动量子数,$v = 0,1,2,3,\cdots$

分子中不同振动能级的能量差 $\Delta E_v = \Delta v \cdot hv$。吸收光子的能量 hv_a 必须恰等于该能量差,因此

$$\nu_a = \Delta v \nu$$

此式表明,只有当红外辐射频率等于振动量子数的差值与分子振动频率的乘积时,分子才能吸收红外辐射,产生红外吸收光谱。

在常温下绝大多数分子处于基态($v=0$),由基态跃迁到第一振动激发态($v=1$),所产生的吸收谱带称为基频峰。因为 $\Delta v=1$,$\nu_a=\nu$,所以基频峰的峰位(ν_a)等于分子的振动频率。

2.耦合作用

辐射与物质之间有耦合作用。为了满足这个条件,分子振动时其偶极矩(μ)必须发生变化,即 $\Delta\mu\neq0$。

红外吸收光谱产生的第二个条件,实质上是保证外界辐射的能量能传递给分子。这种能量的传递是通过分子振动偶极矩的变化来实现的。红外跃迁是偶极矩诱导的,即能量转移的机制是通过振动过程所导致的偶极矩的变化和交变的电磁场(这里是红外光)相互作用而发生的。分子由于构成它的各原子的电负性的不同,也显示不同的极性,称为偶极子。通常用分子的偶极矩(μ)来描述分子极性的大小。当偶极子处在电磁辐射的电场中时,该电场做周期性反转,偶极子将经受交替的作用力而使偶极矩增加或减少。由于偶极子具有一定的原有振动频率,只有当辐射频率与偶极子频率相匹配时,分子才与辐射相互作用(振动耦合)而增加它的振动能,使振动振幅增大,即分子由原来的基态振动跃迁到较高的振动能级。因此,并非所有的振动都会产生红外吸收,只有发生偶极矩变化($\Delta\mu\neq0$)的振动才能引起可观测的红外吸收光谱,我们称该分子为红外活性的。反之,$\Delta\mu=0$ 的分子振动不能产生红外振动吸收,称为非红外活性的。

由此可知,当一定频率的红外辐射照射分子时,如果分子某个基团的振动频率和它一致,两者就产生共振,此时的光子能量通过分子偶极矩的变化而传递给分子,被其基团吸收而产生振动跃迁;如果红外辐射频率与分子基团振动频率不一致,则该部分的红外辐射就不会被吸收。因此,若用连续改变频率的红外辐射照射某试样,由于试样对不同频率的红外辐射吸收的程度不同,使通过试样后的红外辐射在一些波数范围内减弱,在另一些波数范围内则仍然较强。

3.2.2　原子分子的振动

1.双原子分子的振动

分子是由各种原子以化学键相互联结而成。如果用不同质量的小球代表原子,以不同硬度的弹簧代表各种化学键,它们以一定的次序相互联结,就成为分子的近似机械模型,这样就可以根据力学定理来处理分子的振动。

由经典力学或量子力学均可推出双原子分子振动频率的计算公式为

$$v=\frac{1}{2\pi}\sqrt{\frac{k}{\mu}} \tag{3-1}$$

用波数作单位时

$$\sigma=\frac{1}{2\pi c}\sqrt{\frac{k}{\mu}} \tag{3-2}$$

式中：k 为键的力常数，$N \cdot m^{-1}$；μ 为折合质量，kg；$\mu = \dfrac{m_1 m_2}{m_1 + m_2}$，其中 m_1、m_2 分别为两个原子的质量；c 为光速，3×10^8 m $\cdot$ s^{-1}。

若力常数 k 单位用 N $\cdot$ cm^{-1}，折合质量 μ 以相对原子质量 M 代替原子质量 m，则式（3-2）可写成

$$\sigma = 1307 \sqrt{k \left(\frac{1}{M_1} + \frac{1}{M_2} \right)} \qquad (3-3)$$

根据式（3-3）可以计算出基频吸收峰的位置。

由此式可见，影响基本振动频率的直接因素是原子质量和化学键的力常数。由于各种有机化合物的结构不同，它们的原子质量和化学键的力常数各不相同，就会出现不同的吸收频率，因此各有其特征的红外吸收光谱。

2. 多原子分子的振动

（1）振动类型

双原子分子的振动只有伸缩振动一种类型，而对于多原子分子，其振动类型有伸缩振动和变形振动两类。伸缩振动是指原子沿键轴方向来回运动，键长变化而键角不变的振动，用符号 v 表示。伸缩振动有对称伸缩振动（v_s）和不对称伸缩振动（v_{as}）两种形式。变形振动又称弯曲振动，是指原子垂直于价键方向的振动，键长不变而键角变化的振动，用符号 δ 表示。变形振动有面内变形振动和面外变形振动。分子振动的各种形式可以亚甲基为例说明，如图 3-2 所示。

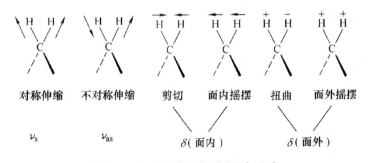

图 3-2　亚甲基的各种振动形式

+-运动方向垂直纸面向内；--运动方向垂直纸面向外

（2）振动数目

振动数目称为振动自由度，每个振动自由度相应于红外光谱的一个基频吸收峰。一个原子在空间的位置需要 3 个坐标或自由度（x, y, z）来确定，对于含有 N 个原子的分子，则需要 $3N$ 个坐标或自由度。这 $3N$ 个自由度包括整个分子分别沿 x、y、z 轴方向的 3 个平动自由度和整个分子绕 x、y、z 轴方向的转动自由度，平动自由度和转动自由度都不是分子的振动自由度，因此

振动自由度＝$3N$－平动自由度－转动自由度

对于线性分子和非线性分子的转动如图 3-3 所示。可以看出，线性分子绕 y 和 z 轴的转

动,引起原子的位置改变,但是其绕 x 轴的转动,原子的位置并没有改变,不能形成转动自由度。所以,线性分子的振动自由度为 $3N-3-2=3N-5$。非线性分子绕三个坐标轴的转动都使原子的位置发生了改变,其振动自由度为 $3N-3-3=3N-6$。

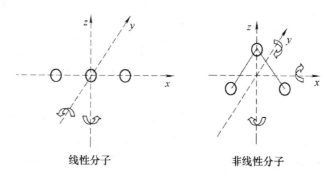

图 3-3　分子绕坐标轴的转动

从理论上讲,计算得到的一个振动自由度应对应一个红外基频吸收峰。但是,在实际上,常出现红外图谱的基频吸收峰的数目小于理论计算的分子自由度的情况。

分子吸收红外辐射由基态振动能级($v=0$)向第一振动激发态($v=1$)跃迁产生的基频吸收峰,其数目等于计算得到的振动自由度。但是有时测得的红外光谱峰的数目比振动自由度多,这是由于红外光谱吸收峰除了基频峰外,还有泛频峰存在,泛频峰是倍频峰、和频峰和差频峰的总称。

①倍频峰。

由基态振动能级($v=0$)跃迁到第二振动激发态($v=2$)产生的二倍频峰和由基态振动能级($v=0$)跃迁到第三振动激发态($v=3$)产生的三倍频峰。三倍频峰以上,因跃迁几率很小,一般都很弱,常常观测不到。

②和频峰。

红外光谱中,由于多原子分子中各种振动形式的能级之间存在可能的相互作用,若吸收的红外辐射频率为两个相互作用基频之和,就会产生和频峰。

③差频峰。

若吸收的红外辐射频率为两个相互作用基频之差,就会产生差频峰。

实际测得的基频吸收峰的数目比计算的振动自由度少的原因一般有:

①具有相同波数的振动所对应的吸收峰发生了简并。

②振动过程中分子的瞬间偶极矩不发生变化,无红外活性。

③仪器的分辨率和灵敏度不够高,对一些波数接近或强度很弱的吸收峰,仪器无法将之分开或检出。

④仪器波长范围不够,有些吸收峰超出了仪器的测量范围。

3.2.3　红外吸收峰强度

红外吸收峰的强度一般按摩尔吸收系数 κ 的大小划分为很强(vs)、强(s)、中(m)、弱(w)、很弱(vw)等,具体见表 3-2。由表可知,红外吸收光谱的 ε 要远远低于紫外可见吸收光谱的 κ,

说明与紫外可见光谱法相比,红外吸收光谱法的灵敏度较低。

表 3-2　吸收峰强度

峰强度	vs	s	m	w	ws
$\kappa /\lceil L \cdot mol^{-1} \cdot cm^{-2}\rceil$	>200	200~75	75~25	25~5	<5

红外吸收峰的强度主要取决于振动能级跃迁的概率和振动过程中偶极矩变化的大小,影响红外吸收峰强度的因素主要有跃迁的类型、基团的极性、被测物的浓度等。

(1)跃迁类型

振动能级跃迁的几率与振动能级跃迁的类型有关。因此,振动能级跃迁的类型影响红外吸收峰的强度。一般规律是:由 $v=0 \rightarrow v=1$ 产生的基频峰较强,而由 $v=0 \rightarrow v=2$ 或 $v=0 \rightarrow v=3$ 产生的倍频峰较弱;不对称伸缩振动对应的吸收峰的强度大于对称伸缩振动对应的吸收峰的强度;伸缩振动对应的吸收峰的强度大于变形振动所对应的吸收峰的强度。

(2)基团的极性强度

一般说来,振动能级跃迁过程中偶极矩变化的大小与跃迁基团的极性有关,基团极性大,偶极矩变化就大,因此极性较强基团吸收峰的强度大于极性较弱基团的吸收峰的强度,如 C=O 和 C=C,与 C=O 对应的吸收峰的强度明显大于与 C=C 对应的吸收峰的强度。

(3)浓度

吸收峰的强度还与样品中被测物的浓度有关。一般情况下,若浓度越大,则吸收峰的强度越大。

(4)分子振动时的偶极矩

根据量子力学理论,红外吸收峰的强度与分子振动时偶极矩变化的平方成正比。因此,振动偶极矩变化越大,吸收强度越强。例如,同是不饱和双键的 C=O 基和 C=C 基。前者吸收是非常强的,常常是红外光谱中最强的吸收带,而后者的吸收则较弱,甚至在红外光谱中时而出现,时而不出现。这是因为 C=O 基中氧的电负性大,在伸缩振动时偶极矩变化很大,因而使 C=O 基跃迁概率大;而 C=C 双键在伸缩振动时,偶极矩变化很小。一般极性较强的分子或基团吸收强度都比较大;反之,则弱。例如,C=C,C≡N,C—C,C—H 等化学键的振动吸收强度都较弱;而 C=O,Si—O,C—Cl,C—F 等的振动吸收强度很强。

值得指出的是,即使强极性基团的红外振动吸收带,其强度也要比紫外-可见光区最强的电子跃迁小 2~3 个数量级。

3.3　基团频率和特征吸收峰

3.3.1　特征基团吸收频率的分区

1. 特征基团吸收频率

在研究了大量的化合物的红外吸收光谱后,可以发现具有相同化学键或官能团的一系列化合物的红外吸收谱带均出现在一定的波数范围内,因而具有一定的特征性。例如,羰基

(C=O)的吸收谱带均出现在 $1650\sim1870\ cm^{-1}$ 范围内;含有腈基($C\equiv N$)的化合物的吸收谱带出现在 $2225\sim2260\ cm^{-1}$ 范围内。这样的吸收谱带称为特征吸收谱带,吸收谱带极大值的频率称为化学键或官能团的特征频率。这个由大量事实总结的经验规律已成为一些化合物结构分析的基础,而事实证明这是一种很有效的方法。

分子振动是一个整体振动,当分子以某一简正振动形式振动时,分子中所有的键和原子都参与了分子的简正振动,这与特征振动这个经验规律是否矛盾呢? 事实上,有时在一定的简正振动中只是优先地改变一个特定的键或官能团,其余的键在振动中并不改变,这时简正振动频率就近似地表现为特征基团吸收频率。例如,对于分子中的X—H键(X=C,O或S等),处于分子端点的氢原子由于质量轻,因而振幅大,分子的某种简正振动可以近似地看做氢原子相对于分子其余部分的振动,当不考虑分子中其他键的相互作用时,该X—H键的振动频率就可以像双原子分子振动那样处理,它只决定于X—H键的力常数 k,这就表现为特征振动吸收频率。在质量相近的原子所组成的结构中,如—C—C=O、—C—C≡N等,其中C—C、C=O及C≡N等各个键的力常数 k 相差较大,以致它们的相互作用很小,因而在光谱中也表现出其特征频率。由此可知,键或官能团的特征吸收频率实质上是,在特定的条件下,对于特定系列的化合物整个简正振动频率的近似表示。当各键之间或原子之间的相互作用较强时,特征吸收频率就要发生较大变化,甚至失去它们的"特征"意义。

2.特征基团吸收频率的分区

在中红外范围内把基团的特征频率粗略分为四个区对于记忆和对谱图进行初步分析是有好处的,如图3-4所示。由图可知:
①X—H伸缩振动区,大约在 $3600\sim2300\ cm^{-1}$。
②双键伸缩振动区在 $1900\sim1500\ cm^{-1}$。
③三键和累积双键的伸缩振动区在 $2300\sim2000\ cm^{-1}$。
④其他单键伸缩振动和X—H变形振动区在 $1600\sim400\ cm^{-1}$。

$4000\sim1330\ cm^{-1}$ 区域的谱带有比较明确的基团和频率的对应关系,故称该区为基团判别区或官能团区,也常称为特征区。由于有机化合物分子的骨架都是由C—C单键构成,在 $1330\sim667\ cm^{-1}$ 范围内振动谱带十分复杂,由C—C、C—O、C—N的伸缩振动和X—H变形振动所产生,吸收带的位置和强度随化合物而异,每一个化合物都有它自己的特点,因此称为指纹区。分子结构上的微小变化,都会引起指纹区光谱的明显改变,因此,在确定有机化合物结构时用途也很大。

3.3.2 官能团区和指纹区

通过比对大量有机化合物的红外吸收光谱,从中总结出各种基团的吸收规律。实验结果表明,组成分子的各种基团如O—H、C—H、C=C、C=O、C≡C 等,都有自己特定的红外吸收区域,分子中的其他部分对其吸收位置影响较小。也就是说红外光谱是物质分子结构的反映,谱图中的吸收峰与分子中各基团的振动形式相对应。红外光谱的最大特点是有特征性,这种特征性与化合物的化学键即基团结构有关,吸收峰的位置、强度取决于分子中各基团的振动形式和所处的化学环境。通常把这种能代表某基团的存在,并有较高强度的吸收峰称为特征吸

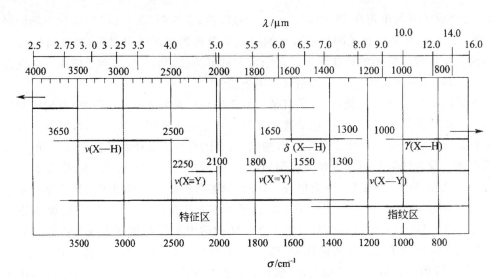

图 3-4　一些基团的振动频率

X—C、N、O，v＝伸缩，δ＝面内弯曲，γ＝面外弯曲

收峰，其所在的频率位置称为特征吸收频率或基团频率。

为方便研究，通常按照红外光谱与分子结构的特征，把红外谱图按波数大小分成官能团区（4000～1300 cm^{-1}）和指纹区（1300～600 cm^{-1}）两个区域。

1. 官能团区

官能团区指波数为 4000～1300 cm^{-1} 的区域，此区域中的吸收峰由伸缩振动产生，是化学键和基团的特征吸收峰，鉴定基团存在的主要区域，如炔基，不论是何种类型的化合物中，其伸缩振动总是在 2140 cm^{-1} 左右出现一个中等强度吸收峰，如谱图中 2140 cm^{-1} 左右有一个中等强度吸收峰，则大致可以断定分子中有炔基。由于基团吸收峰一般位于此高频范围，并且在该区内峰较稀疏，因此它是基团鉴定工作最有价值的区域，称为官能团区。

官能团区有两个特点，一是各官能团的红外特征吸收峰，均出现在谱图的较高频率；二是官能团具有自己的特征吸收频率，不同化合物中的同一官能团，它们的红外光谱都出现在一段比较狭窄的范围内。

官能团区可以分成四个波段。

（1）4000～1300 cm^{-1}

这是 X—H 的伸缩振动区，X 可以是 O、H、C、N 或者 S 原子。

O—H 基的伸缩振动出现在 3650～3200 cm^{-1} 范围内，它可以作为判断有无醇类、酚类和有机酸类的重要依据。当醇和酚溶于非极性溶剂（如 CCl$_4$），浓度小于 0.01 mol·L^{-1} 时，在 3650～3580 cm^{-1} 处出现游离 O—H 基的伸缩振动吸收，峰形尖锐，且没有其他吸收峰干扰，易于识别。当试样浓度增加时，羟基化合物产生缔合现象，O—H 基伸缩振动吸收峰向低波数方向位移，在 3400～3200 cm^{-1} 出现一个宽而强的吸收峰。有机酸中的羟基形成氢键的能力更强，常形成两缔合体。

N—H 伸缩振动区为 3500～3100 cm^{-1}。当 N 原子上只有一个 H 原子时,N—H 伸缩振动在 3300 cm^{-1} 有一个中等强度的吸收峰;当 N 原子上有两个 H 原子时,具有对称和反对称伸缩振动,所以会有两个吸收峰,即 3300 cm^{-1} 的吸收峰分裂成高度相近的两个中等强度的吸收峰,波数分别为 3200 cm^{-1} 和 3400 cm^{-1}。胺和酰胺的 N—H 伸缩振动也出现在 3500～3100 cm^{-1},因此可能会对 O—H 伸缩振动有干扰。

C—H 伸缩振动较复杂,需以波数为 3000 cm^{-1} 为界限,可分为饱和的和不饱和的两种。饱和的 C—H 伸缩振动出现在 3000 cm^{-1} 以下,约 3000～2800 cm^{-1} 处有一系列吸收峰,取代基对其位置的影响很小,位置变化在 10 cm^{-1} 以内。CH$_3$ 的对称伸缩和反对称伸缩吸收峰的波数分别在 2876 cm^{-1} 和 2976 cm^{-1} 附近;CH$_2$ 的对称伸缩和反对称伸缩吸收峰的波数分别在 2850 cm^{-1} 和 2930 cm^{-1} 附近;—CH 的对称伸缩和反对称伸缩吸收峰的波数分别在 2890 cm^{-1} 附近,而且强度较弱。不饱和的 C—H 伸缩振动出现在 3000 cm^{-1} 以上,以此来判别化合物中是否含有不饱和的 C—H 键。苯环的 C—H 伸缩振动出现在 3030 cm^{-1},它的特征是强度比饱和的 C—H 键稍弱,但谱带比较尖锐。不饱和的双键=CH 的吸收峰出现在 3010～3040 cm^{-1} 范围内,末端=CH$_2$ 的吸收峰出现在 3085 cm^{-1} 附近,而叁键≡CH 上的 C—H 伸缩振动出现在更高的区域(3300 cm^{-1})附近。

醛类中与羰基的碳原子直接相连的氢原子组成在 2740 cm^{-1} 和 2855 cm^{-1} 的 ν_{C-H} 双重峰,很有特色,虽然强度不太大,但很有鉴定价值。

(2)2500～2000 cm^{-1}

为叁键和累积双键的伸缩振动区,这一区域出现的吸收,主要包括 C≡C、C≡N 等叁键的伸缩振动,以及 C=C=C、C=C=O 等累积双键的不对称伸缩振动。对于炔类化合物,可以分成 R—C≡CH 和 R'—C≡C—R 两种类型,前者的伸缩振动出现在 2100～2140 cm^{-1} 附近,后者出现在 2190～2260 cm^{-1} 附近。如果 R'=R,因为分子是对称的,则是非红外活性的。—C≡N 基的伸缩振动在非共轭的情况下出现在 2240～2260 cm^{-1} 附近。当与不饱和键或芳香核共轭时,该峰位移到 2220～2230 cm^{-1} 附近。若分子中含有 C、H、N 原子,C≡N 基吸收比较强而尖锐。若分子中含有 O 原子,而且 O 原子的位置离 C≡N 基越近,C≡N 基的吸收越弱,有时可能会观察不到。O=C=O 的伸缩振动在波数 2350 cm^{-1} 处一个中等强度的吸收峰,可能会干扰对 C≡N 的判断。

另外 S—H、Si—H、P—H 和 B—H 的伸缩振动在此区域内也有吸收峰出现。

(3)2000～1500 cm^{-1}

为双键的伸缩振动区域。

C=O 的伸缩振动出现在 1900～1650 cm^{-1},是红外光谱中很特征的且往往是最强的吸收,以此很容易判断酮类、醛类、酸类、酯类以及酸酐等有机化合物。在波数 1740 cm^{-1} 处有一个强吸收峰,酰卤、酸酐、酯、醛和酮、酸、酰胺都含有 C=O。C=O 在上述几种化合物中的波数大小顺序是酰卤、酸酐、酯、醛和酮、酸、酰胺,该吸收峰强度较高,特征明显,是判断上述几种化合物的重要标志。此外,酸酐的 C=O 吸收由于振动偶合会出现双峰。

C=C 伸缩振动。烯烃的 $\nu_{C=C}$ 为 1680～1620 cm^{-1},一般较弱。单核芳烃的 C=C 伸缩振动出现在 1600 cm^{-1} 和 1500 cm^{-1} 附近,有 2～4 个峰,这是芳环的骨架振动,用于确认有无芳核的存在。

苯的衍生物的泛频谱带出现在 $2000\sim1650\ cm^{-1}$ 范围,是 C—H 面外和 C=C 面内变形振动的泛频吸收,虽然强度很弱,但它们的吸收面貌在表征芳核取代类型上是很有用的。

(4)$1500\sim1300\ cm^{-1}$

为 C—H 的弯曲振动区

亚甲基上的 C—H 的剪式弯曲振动在波数 1460 处有一个中等强度的吸收峰,这一吸收峰是鉴定亚甲基存在的重要标志。

甲基上的 C—H 的对称弯曲振动和反对称弯曲振动分别在波数 $1380\ cm^{-1}$ 和 $1460\ cm^{-1}$ 处有两个中等强度的吸收峰,但是 $1460\ cm^{-1}$ 处的吸收峰与亚甲基上的 C—H 的剪式弯曲振动重合,不能作为甲基存在的证据,而 $1380\ cm^{-1}$ 处的吸收峰位置不受周围化学环境的影响,这一吸收峰是鉴定甲基存在的重要标志。

异丙基上的 C—H 的弯曲振动在波数 $1380\ cm^{-1}$ 处有两个中等强度、高度相近的吸收峰,这两个吸收峰因为两个甲基振动偶合,由 $1380\ cm^{-1}$ 处的吸收峰分裂而来。

叔丁基上的 C—H 的弯曲振动在波数 $1380\ cm^{-1}$ 处有两个中等强度,一高一低的吸收峰。这两个吸收峰也是因为两个甲基振动偶合,由 $1380\ cm^{-1}$ 处的吸收峰分裂而来。

2.指纹区

$1300\sim600\ cm^{-1}$ 区域称为指纹区,该区的能量比官能团区低,各种单键的伸缩振动,以及多数基团的变形振动均在此区出现。该区的吸收光谱较为复杂,并对分子结构的细微变化有高度的敏感性,当分子结构稍有不同时,该区的吸收就有细微差异,这个情况就像每个人都有不同的指纹一样,因此称为指纹区。指纹区对于区别结构类似的化合物很有帮助。

指纹区可以分成以下两个区域。

(1)$1300\sim910\ cm^{-1}$

部分单键的伸缩振动和分子骨架振动都在这个区域。部分含氢基团的一些变形振动和一些含重原子的双键的伸缩振动也在这个区域。这些单键是 C—O,C—N,C—F,C—P,C—S,P—O、Si—O 等单键的伸缩振动和 C=S,S=O、P=O 等双键的伸缩振动吸收。其中约为 $1375\ cm^{-1}$ 的谱带为甲基的 δ_{C-H} 对称弯曲振动,对判断甲基十分有用。但是上述基团在此区域内的特征性较差,C—O—C 的伸缩振动在波数 $1300\sim1000\ cm^{-1}$,是该区域最强的峰,也较易识别。

(2)$910\sim650\ cm^{-1}$

此区域内的某些吸收峰可用来确认化合物的顺反构型。利用芳烃的 C—H 面外弯曲振动吸收峰来确认苯环的取代类型。苯环取代而产生的吸收是这个区域重要内容,这是利用红外光谱推断苯环取代位置的主要依据。烯的碳氢变形振动频率处于本区和上一个区。

多数情况下,一个官能团有数种振动形式,因而有若干相互依存而又相互佐证的吸收谱带,称为相关吸收峰,简称相关峰。例如醇羟基,除了 O—H 键伸缩振动强吸收谱带外,还有弯曲、C—O 伸缩振动和面外弯曲等谱带。用一组相关峰确认一个基团的存在,是红外光谱解析的一条重要原则。

从上述可见,指纹区和官能团区的不同功能对红外吸收光谱图的解析是很理想的。从官能团区可以找出该化合物存在的官能团,指纹区的吸收则宜于用来同标准谱图(或已知物谱图)进行比较,得出未知物与已知物结构相同或不同的确切结论。官能团区和指纹区的功能正好互相补充。

3.3.3　影响特征基团吸收频率的因素

分子中化学键的振动并不是孤立的,还要受分子内的其余部分,特别是相邻基团的影响,有时还会受到溶剂、测定条件等外部因素的影响。因此相同的基团或键在不同分子中的特征吸收谱带的频率并不出现在同一位置,而是出现在一段区间内。所以在分析中不仅要知道红外特征谱带的位置和强度,而且还应了解它们的因素,这样就可以根据基团频率的位移和强度的改变,推断发生这种影响的结构因素,从而进行结构分析。

基团频率主要是由基团中原子的质量及原子间的化学键力常数决定。然而分子的内部结构和外部环境的改变对它都有影响,因而同样的基团在不同的分子和不同的外界环境中,基团频率可能会有一个较大的范围。因此了解影响基团频率的因素,对解析红外吸收光谱和推断分子结构是十分有用的。

影响基团频率位移的因素大致可分为内部因素和外部因素。但有的情况就不能归结为某一种单一的因素,而可能是几种因素的综合效应。

1. 内部因素

内部因素主要是分子内部结构因素,如邻近基团的影响和空间效应等都会使吸收峰发生移动。

(1)电子效应

电子效应是由化学键的电子分布不均匀引起。包括诱导效应、共轭效应和中介效应。

①诱导效应。

吸电子基团的诱导效应,由于取代基具有不同的电负性,通过静电诱导作用,引起分子中电子分布的变化,从而改变了键力常数,使基团的特征频率发生位移,常使吸收峰向高波数方向移动。例如,一般电负性大的基团(或原子)吸电子能力强,与烷基酮羰基上的碳原子相连时,由于诱导效应就会发生电子云由氧原子转向双键的中间,增加了 C=O 键的力常数,使 C=O 的振动频率升高,吸收峰向高波数移动。随着取代原子电负性的增大或取代数目的增加,诱导效应越强,吸收峰向高波数移动的程度越显著。

②共轭效应。

分子中形成大 π 键所引起的效应叫共轭效应,共轭效应的结果使共轭体系中的电子云密度平均化,使原来的双键略有伸长,力常数减小,吸收峰向低波数移动,如

$\nu_{C=O}$　$1710 \sim 1725\ cm^{-1}$　　　　$1680 \sim 1695\ cm^{-1}$　　　　$1653 \sim 1667\ cm^{-1}$

在一个化合物中,如果诱导效应和共轭效应同时存在时,吸收峰的位移则视哪一种效应占优势而定。

③中介效应。

当含有孤对电子的原子 O、N、S 等与具有多重键的原子相连时,也可起类似的共轭作用,称为中介效应。

其中的 C＝O 因氮原子的共轭作用,使 C＝O 上的电子云更移向氧原子,C＝O 双键的电子云密度平均化,造成 C＝O 键的力常数下降,使吸收频率向低波数位移(1650 cm^{-1}左右)。

(2)空间效应

空间效应主要包括空间位阻效应、环状化合物的环张力等。取代基的空间位阻效应将使 C＝O 与双键的共轭受到限制,使 C＝O 的双键性增强,波数升高,如

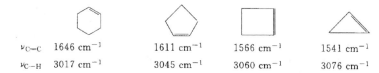

$\nu_{C=O}$ 1663 cm^{-1} 1693 cm^{-1}

对环状化合物,环外双键随环张力的增加,其波数也相应增加,如

$\nu_{C=O}$ 1716 cm^{-1} 1745 cm^{-1} 1775 cm^{-1}

环内双键随环张力的增加,其伸缩振动峰向低波数方向移动,而 C—H 伸缩振动峰却向高波数方向移动,如

$\nu_{C=C}$ 1646 cm^{-1} 1611 cm^{-1} 1566 cm^{-1} 1541 cm^{-1}

ν_{C-H} 3017 cm^{-1} 3045 cm^{-1} 3060 cm^{-1} 3076 cm^{-1}

当两个振动频率相同或相近的基团连接在一起时,或当一振动的泛频与另一振动的基频接近时,它们之间可能产生强烈的相互作用,其结果使振动频率发生变化。例如羧酸酐

由于两个羰基的振动耦合,使 $\nu_{C=O}$ 吸收峰分裂成两个峰,波数分别约为 1820 cm^{-1}(反对称耦合)和 1760 cm^{-1}(对称耦合)。

对同一基团来说,若诱导效应和中介效应同时存在,则振动频率最后位移的方向和程度,取决于这两种效应的净结果。当诱导效应大于中介效应时,振动频率向高波数移动;反之,振动频率向低波数移动。例如,饱和酯的 C＝O 伸缩振动频率为 1735 cm^{-1},比酮(1715 cm^{-1})高,这是因为—OR 基的诱导效应比中介效应大。而—SR 基的诱导效应比中介效应小,因此硫酯的 C＝O 振动频率移向低波数。

(3)振动的耦合

当两个频率相同或相近的基团联结在一起时,会发生相互作用而使谱峰分成两个。一个频率比原来的谱带高一点;另一个低一点。这种两个振动基团间的相互作用,称为振动的耦

合。振动的耦合常出现在一些二羰基化合物中。

其中两个羰基的振动耦合,使 $\nu_{C=O}$ 吸收峰分裂成两个峰,波数分别约为 1820 cm^{-1}(反对称耦合)和约 760 cm^{-1}(对称耦合)。

(4)费米共振

费米(Fermi)共振是由频率相近的泛频峰与基频峰的相互作用而产生的,结果使泛频峰的强度增加或发生分裂,这种现象叫费米共振。例如:苯甲醛的 $\nu_{CH(O)}$ 2850 cm^{-1} 和 2750 cm^{-1} 两个吸收峰是由醛基的 ν_{C-H}(2800 cm^{-1})峰与 δ_{C-H}(1390 cm^{-1})的倍频峰(2780)之间发生费米共振而引起的。

(5)氢键

氢键的形成使伸缩振动频率降低,吸收强度增强,峰变宽。分子内氢键对谱带位置有极明显的影响,但它不受浓度影响。羰基和羟基间容易形成氢键,使羰基的双键特性降低,吸收峰向低波数方向移动。例如,当测定气态羧酸或非极性溶剂的稀溶液时,可在 1760 cm^{-1} 处看到游离分子的 C=O 伸缩振动吸收;但在测定液体和固态羧酸时,则在 1710 cm^{-1} 处出现一个强吸收峰。由于此时羧酸以二聚体形式存在,由于氢键的形成,使电子云密度平均化,使 C=O 振动频率下降。

2. 外部因素

(1)物态效应

同一化合物在不同的聚集状态下,其吸收频率和强度都会发生变化。例如,正己酸在液态和气态的红外吸收光谱有明显的不同,如图 3-5 所示。低压下的气体,由于分子间的作用力极小,可得到孤立分子的窄吸收峰。增大气体压力,分子间的作用力增大,吸收峰变宽。液态红外光谱分子间作用力显著增大,吸收频率降低,峰变宽。如果液态分子间出现缔合或分子内氢键时,其吸收峰的频率、数目和强度都可能发生重大变化。固态红外光谱的吸收峰比液态的尖锐而且多,测定固态红外吸收光谱用于鉴定是最可靠的。如果化合物有几种晶型存在,它们的各种晶型的红外光谱也不相同。

(2)溶剂效应

红外光谱分析中,若样品为溶液,由于溶剂的种类、浓度和测定时的温度不同,同一种物质所测得的光谱也不同。当物质还有极性基团时,极性溶剂会与极性基团之间产生氢键或者偶极-偶极相互作用,使得基团的伸缩振动频率降低,谱带变宽。在红外光谱测定中,应尽量采用非极性的溶剂,红外吸收光谱测定过程中常用的溶剂有四氯化碳、二硫化碳和三氯甲烷等。

试样的状态、溶剂的极性及测定条件的影响等外部因素都会引起频率位移。一般气态时 C=O 伸缩振动频率最高,非极性溶剂的稀溶液次之,而液态或固态的振动频率最低。因此,在红外光谱测定时,尽量选用非极性溶剂,在查阅标准图谱时要注意试样的状态及制备方法。

3.3.4　特征峰和相关峰

在红外光谱中,每种红外活性振动都相应产生一个吸收峰,所以情况十分复杂。用红外光谱来确定化合物是否存在某种官能团时,首先应该注意在官能团区的特征峰是否存在,同时也应找到它们的相关峰作旁证。

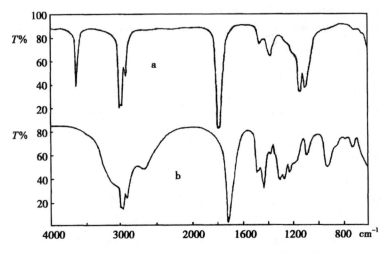

图 3-5　正己酸的气态和液态红外吸收光谱

1. 特征峰

物质的红外光谱是其分子结构的客观体现,红外吸收谱图中的吸收峰对应于分子中各基团的振动形式。同一基团的振动频率总是出现在一定区域。例如分子中含有 C=O 基,则在 $1870 \sim 1540 \ cm^{-1}$ 出现 $\nu_{C=O}$ 吸收峰。因此特征吸收峰是能用于鉴别基团存在的吸收峰,简称特征峰或特征频率。即在 $1870 \sim 1540 \ cm^{-1}$ 区间出现的强大的吸收峰,一般就是羰基伸缩振动 $(\nu_{C=O})$ 峰,由于它的存在,可以鉴定化合物的结构中存在羰基,我们把 $\nu_{C=O}$ 峰称为特征峰。

2. 相关峰

相关吸收峰是由一个基团产生的一组相互具有依存关系的吸收峰,简称相关峰。在多原子分子中,一个基团可能有数种振动形式,而每一种红外活性振动,一般均能相应产生一个吸收峰,有时还能观测到各种泛频峰。

用一组相关峰来确定一个基团的存在,是红外吸收光谱解析的一条重要原则。有时由于峰与峰的重叠或峰强度太弱,并非所有相关峰都能被观测到,但必须找到主要的相关峰才能认定该基团的存在。而一般说来,用吸收光谱中不存在某基团的特征峰,来否定某些基团的存在,也是一个比较实际的解析方法。

3.3.5　红外吸收光谱的谱图解析

1. 谱图解析的方法

谱图解析是指根据红外光谱图上出现的吸收带的位置、强度和形状,利用各种基团特征吸收的知识,确定吸收带的归属,确定分子中所含的基团,结合其他分析所获得的信息,作定性鉴定和推测分子结构。在进行化合物的鉴定及结构分析时,对图谱解析经常用到直接法、否定法和肯定法。

（1）直接法

用已知物的标准品与被测样品在相同条件下测定 IR 光谱,并进行对照。完全相同时则可定为同一化合物。无标准品对照,但有标准图谱时,则可按名称、分子式查找核对,必须注意测定条件与标准图谱一致。如果只是样品浓度不同,则峰的强度会改变,但是每个峰的强弱顺序通常应该是一致的。

（2）肯定法

借助于红外光谱中的特征吸收峰,以确定某种特征基团存在的方法叫做肯定法。例如,谱图中约 1740 cm^{-1} 处有吸收峰,且在 1260～1050 cm^{-1} 区域内出现两个强吸收峰,就可以判定分子中含有酯基。

（3）否定法

当谱图中不出现某种吸收峰时,就可否定某种基团的存在。例如在 IR 光谱中 1900～1600 cm^{-1} 附近无强吸收,就表示不存在 C＝O 基。

2.谱图解析的步骤

谱图解析并无严格的程序和规则,在前面我们对各基团的 IR 光谱进行了简单的讨论,并将中红外区分成区域。但是应当指出,这样的划分仅仅是将谱图稍加系统化以利于解释而已。解析谱图时,可先从各区域的特征频率入手,发现某基团后,再根据指纹区进一步核证。在解析过程中单凭一个特征峰就下结论是不够的,要尽可能把一个基团的每个相关峰都找到。也就是既有主证,还得有佐证才能确定,这是应用 IR 光谱进行定性分析的一个原则。

有这样一个经验叫做"四先、四后、一抓",即先特征,后指纹,先最强峰、后次强峰、再中强峰;先粗查、后细查;先肯定、后否定;抓一组相关峰。

谱图解析的步骤如下。

①检查光谱图是否符合要求。基线的透过率在 90% 左右,最大的吸收峰不应成平头峰。没有因样品量不合适或者压片时粒子未研细而引起图谱不正常的情况。

②了解样品特点和性质。合成的产品由反应物及反应条件来预测反应产物,对于解谱会有很大用处。样品纯度不够,一般不能用来作定性鉴定及结构分析,因为杂质会干扰谱图解析,应该先做纯化处理。一些不太稳定的样品要注意其结构变化而引起谱图的变化。

③排除"假谱带"。常见的有水的吸收峰,在 3400 cm^{-1}、1640 cm^{-1} 和 650 cm^{-1} 波数位置处。CO$_2$ 的吸收在 2350 cm^{-1} 和 667 cm^{-1} 波数位置处。还有处理样品时重结晶的溶剂,合成产品中未反应完的反应物或副产物等都可能会带入样品而引起干扰。

④算出分子的不饱和度 U。计算化合物的不饱和度,对于推断未知物的结构是非常有帮助的。不饱和度是有机分子中碳原子不饱和的程度。计算不饱和度的经验公式为

$$U = 1 + n_4 + \frac{(4n_6 + 3n_5 + n_3 - n_1)}{2}$$

式中,n_6、n_5、n_4、n_3、n_1 分别代表六价、五价、四价、三价、一价原子的数目。通常规定,双键和饱和环状化合物的不饱和度为 1,三键的不饱和度为 2,苯环不饱和度为 4。因此,根据分子式计算不饱和度就可初步判断有机化合物的类别。

⑤确定分子所含基团及化学键的类型。可以由特征谱带的位置、强度、形状确定所含基团

或化学键的类型。4000～1333 cm^{-1} 范围的特征频率区可以判断官能团的类型。1333～650 cm^{-1} 范围的"指纹区"能反映整个分子结构的特点。如苯环的存在可以由 3100～3000 cm^{-1}、～1600 cm^{-1}、1580 cm^{-1}、～1500 cm^{-1}、～1450 cm^{-1} 的吸收带判断,而苯环上取代类型要用 900～650 cm^{-1} 区域的吸收带判断。羟基的存在可以由 3650～3200 cm^{-1} 区域的吸收带判断,但是区别伯、仲、叔醇要用"指纹区"的 1410～1000 cm^{-1} 的吸收带。如羧基可能在 3600～2500 cm^{-1},1760～1685 cm^{-1},995～915 cm^{-1},1440～1210 cm^{-1} 附近出现多个吸收,而且有一定的强度和形状。从这多个峰的出现可以确定羧基的存在。当然由于具体的分子结构和测试条件的差别,基团的特征吸收带会在一定范围内位移。所以还要考虑各种因素对谱带的影响,相关峰也不一定会全出现。总之,要综合考虑谱带位置、谱带强度、谱带形状和相关峰的个数,再确定基团的存在。

⑥结合其他分析数据和结构单元,提出可能的结构式。

⑦根据提出的化合物结构式,查找该化合物的标准图谱,若测试条件一样,则样品图谱应该与标准图谱一致。

对于新化合物,一般情况下只靠红外光谱是难以确定结构的。应该综合应用质谱、核磁共振、紫外光谱、元素分析等手段进行综合结构分析。

3.4　红外吸收光谱仪

红外光谱仪器由辐射源、吸收池、单色器、检测器及记录仪等主要部件组成,从分光系统可分为固定波长滤光片、光栅色散、傅里叶变换、声光可调滤光器和阵列检测五种类型。下面主要介绍光栅色散型红外吸收光谱仪和傅里叶变换红外吸收光谱仪两种。

3.4.1　色散型红外光谱仪

色散型红外吸收光谱仪最常见的是双光束自动扫描仪,其结构示意图如图 3-6 所示。

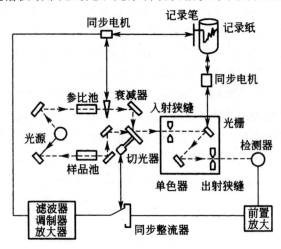

图 3-6　色散型双光束红外光谱仪

紫外-可见光谱仪可以是双光束的,也可以是单光束的,但是,对于红外光谱仪,一般只能是双光束的,这是为了避免下面因素带来的误差。

①空气中 H_2O、CO_2 在红外光谱区有吸收。

②红外测定中溶剂的吸收。

③光源、检测器的不稳定。

与紫外-可见光谱仪的基本结构最明显的不同的是吸收池的位置不同,紫外-可见光谱仪的吸收池一般位于分光系统的后面,以防止光解作用对测定的影响,而红外光谱仪的吸收池在分光系统之前,以防止样品的红外发射(常温下物质可发射红外光)和杂散光进入检测器。但是,对于傅里叶变换红外光谱仪,吸收池可放在干涉仪之后,发射的红外光和杂散光可作为信号的直流组分被分开。

1. 光源

红外辐射光源是能够发射高强度连续红外光的炽热物体,常见的有硅碳棒和能斯特灯。

(1)硅碳棒

硅碳棒是由碳化硅组成,一般制成两端粗中间细的实心棒,中间为发光部分,两端粗是能使两端的电阻降低,使其在工作时成冷态。一般长几十毫米,直径几毫米,工作温度为 $1200\sim1500℃$,适用的波长范围为 $1\sim40\ \mu m$。优点是寿命长、便宜、发光面积大,较适合长波区。但工作时需冷却。

(2)能斯特灯

能斯特灯由 ZrO、ThO 等稀土氧化物混合烧结制成,一般为长几十毫米,直径几毫米的中空或实心棒,工作温度为 $1300\sim1700℃$,适用的波长范围为 $0.4\sim20\ \mu m$。在室温下它不导电,在工作之前必须有辅助加热器预热,可用 Pt 丝电加热至 $800℃$,就可使之导电,从而发出红外光。该光源的特点是脆弱、易坏,在高波数区光强度较硅碳棒高,使用比硅碳棒有利,使用寿命约一年。

2. 分光系统

分光系统位于吸收池和检测器之间,可用棱镜或光栅作为分光元件。现在大多数用傅里叶变换来进行波长选择。棱镜主要用于早期生产的仪器中,制作棱镜的材料和吸收池一样,应该能透过红外辐射。棱镜易吸水蒸气而使表面透光性变差,其折射率会随温度变化而变化,近年已被光栅取代。

3. 检测系统

(1)热电偶

如图 3-7 所示,热电偶是将两种不同的金属丝 M_1、M_2 焊接成两个接点,接收红外辐射的一端多焊接在涂黑的金箔上,作为热接点;另一端作为冷接点(通常为室温)。在金属 M_1 和 M_2 之间产生电位,即热点和冷点处的电位分别为 φ_1 和 φ_2,此电位是温度的函数,即随温度而变化。没有红外光照射时,冷点与热点温度相同,所以 $\varphi_1 = \varphi_2$,回路中没有电流通过。而当用红外光照射后,热点升温,冷点仍保持原来温度,φ_1 与 φ_2 不相等,回路中有电流通过放大后得到信号,信号强度与照射的红外光强度成正比。为不使热量散失,热电偶置于高真空的容器中。

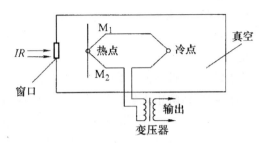

图 3-7　热电偶工作原理

M_1—M_2 的材料有镍-铬镍铝、铜-康铜(Ni:39%~41%,Mn:1.9%~2%,其余为 Cu)、铁-康铜、铂铑-铂等。热电偶的缺点是反应较迟钝,信号输入与输出的时间达几十毫秒,不适于傅里叶变换,用于普通光栅仪器等。

(2)汞镉碲检测器

汞镉碲检测器(MCT),它是由半导体碲化镉和碲化汞混合制成。此种检测器分为光电导型和光电伏型,前者是利用其吸收辐射后非导电性的价电子跃迁至高能量的导电带,从而降低了半导体的电阻,产生信号;后者是利用不均匀半导体受红外光照射后,产生电位差的光电伏效应而实现检测。MCT 检测器固定于不导电的玻璃表面,置于真空舱内,需在液氮温度下工作,其灵敏度比 TGS 检测器高约 10 倍。

(3)热释电器件

热释电器件响应速度快(μs),适用于傅里叶变换红外光谱仪,其结构如图 3-8 所示。它是以热释电材料硫酸三甘肽(TGS)为晶体薄片,在它的正面真空镀铬(半透明,可透红外光),背面镀金。TGS 为非中心对称结构的极性晶体,即使在无外电场和应力的情况下,本身也会电极化,此自发电极化强度是温度的函数,随温度上升,极化强度下降,与 P_s 方向垂直的薄片的两个表面有电荷存在,且表面电荷密度 $\sigma_s = P_s$。当正面吸收红外辐射时,薄片的温度升高,极化度降低,晶体的表面电荷减少,相当于"释放"了一部分电荷,释放的电荷经过外电路时被检测。电荷密度 σ_s 与温度 T 有关。当红外光强增大,其温度变化率也大,电荷密度变化增加,输出的电流也增加。

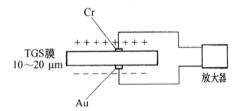

图 3-8　TGS 热释电器件的工作原理

3.4.2　傅里叶变换红外光谱仪

由于以棱镜、光栅为色散元件的第一代、第二代红外光谱仪的扫描速度慢,不适用于动态反应过程的研究,且灵敏度、分辨率和准确度较低,使得其在许多方面的应用都受到了限制。20 世纪 70 年代,第三代红外光谱仪——傅里叶变换红外光谱仪(FTIR)问世了。

傅里叶变换红外光谱仪不使用色散元件,主要由光源(硅碳棒、高压汞灯)、迈克尔逊干涉仪、样品室、检测器(热释电检测器、汞镉碲光电检测器)、计算机和记录仪等组成。它的核心部分是迈克尔逊干涉仪,由光源而来的干涉信号变为电信号,然后以干涉图的形式送达计算机,计算机进行快速傅里叶变换数学处理后,将干涉图变换成为红外光谱图。

如图 3-9 所示,迈克尔逊干涉仪由定镜 M_1、动镜 M_2 和光束分裂器 BS(与 M_1 和 M_2 分别成 45°角)组成。M_1 固定不动,M_2 可沿与入射光平行的方向移动,BS 可让入射红外光一半透过,另一半被反射。当入射光进入干涉仪后,透过光 Ⅰ 穿过 BS 被 M_2 反射,沿原路返回到 BS(图中绘制成不重合的双线是为了便于理解),反射光 Ⅱ 被 M_1 反射也回到 BS,这两束光通过 BS 经样品室后,经过一反射镜被反射到达检测器 D。光束 Ⅰ、Ⅱ 到达 D 时,这两束光的光程差随 M_2 的往复运动作周期性变化,形成干涉光。若入射光为 λ,光程差 $= \pm K\lambda$($K = 0, 1, 2, \cdots$)时,就发生相长干涉,干涉光强度最大;光程差 $= \pm \left(K + \dfrac{1}{2}\right)\lambda$ 时,就产生相消干涉,干涉光强度最小;而部分相消干涉发生在上述两种位移之间。

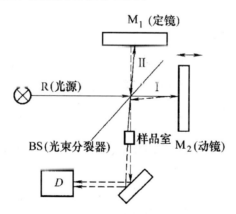

图 3-9　迈克尔逊干涉仪工作原理

测定时,当复色光通过样品室时,样品对不同波长的光具有选择性吸收,所以得到如图 3-10(a)所示的干涉图,其横坐标是 M_2 的位移,纵坐标是干涉光强度。从干涉图中很难识别不同波数下光的吸收信号,因此将这种干涉图经计算机的快速傅里叶变换后,就可以获得如图 3-10(b)所示的透光率 T 随波数 σ 变化的红外光谱图。

实际上干涉仪并没有把光按频率分开,而只是将各种频率的光信号经干涉作用调制为干涉图函数,再由计算机通过傅里叶逆变换计算出原来的光谱。

傅里叶变换红外光谱仪不用狭缝和光的色散元件,消除了狭缝对光谱能量的限制,使光能的利用率大大提高。使仪器具有测量时间短、高通量、高信噪比、高分辨的特性。与色散型仪

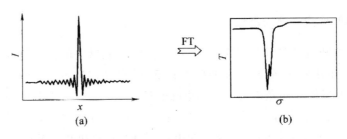

图 3-10 复色光的干涉图和红外光谱图

器的扫描不同,傅里叶红外光谱仪能同时测量记录全波段光谱信息,使得在任何测量时间内都能够获得辐射源的所有频率的全部信息。这种傅里叶技术与光谱,如红外光谱、紫外光谱、荧光光谱和拉曼光谱相结合,成为光谱学的一个分支——傅里叶变换光谱学。

傅里叶变换红外光谱仪还具有以下特点。

①灵敏度高,由于它可以在短时间内进行多次扫描,使样品信号累加、储存。噪声可以平滑掉,提高了灵敏度。

②分辨率高,可达 $0.1 \ cm^{-1}$,波数准确度高达 $0.01 \ cm^{-1}$。

③测量范围宽,只需改变分光束和光源,就可研究 $10000 \sim 10 \ cm^{-1}$ 的红外光谱段。

④扫描速度快,在几十分之一秒内可扫描一次,在 1 s 以内可以得到一张分辨率高、低噪声的红外光谱图。可用于快速化学反应的追踪,研究瞬间的变化,解决气相色谱和红外的联用问题。

⑤波数准确度高,由于使用了 He—Ne 激光测定动镜的位置,波数精确度可达 $0.01 \ cm^{-1}$。

⑥杂散光小,通常在全光谱范围内杂散光低于 0.3%。

傅里叶变换红外光谱仪还可与气相色谱、高效液相色谱、超临界流体色谱等分析仪器实现联用,为化合物的结构分析与测定提供更有效的手段。

3.5 红外吸收光谱实验技术

红外光谱测定样品的制备,必须按照试样的状态、性质、分析的目的、测定装置条件选择一种最适合的制样方法,这是成功测试的基础。

3.5.1 制样时要注意的问题

制样时要注意的问题主要有以下五点。

①要了解样品纯度,一般要求样品纯度大于 99%,否则要提纯。

②根据样品的物态和理化性质选择制样方法。

③对含水分和溶剂的样品要进行干燥处理。

④如果样品不稳定,则应避免使用压片法。

⑤制样过程还要注意避免空气中水分、CO_2 及其他污染物混入样品。

3.5.2　固体样品的制样方法

固体样品可以是以薄膜、粉末及结晶等状态存在,制样方法要因样品而异。

1.溶液法

溶液法是将固体样品溶解在溶剂中,然后注入液体池进行测定的方法。液体池有固定池、可拆池和其他特殊池。液体池由框架、垫片、间隔片及红外透光窗片组成。可拆池的结构如图 3-11 所示。

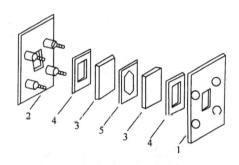

图 3-11　可拆液体池
1—前框;2—后框尹;3—红外透光窗片;4—橡胶垫;5—间隔片

可拆池的液层厚度可由间隔片的厚薄调节,但由于各次操作液体层厚度的重复性差,即使小心操作,误差也在 5% 之内,所以可拆池一般用在定性或半定量分析上,而不用在定量分析。固定池与可拆池不同,使用时不可拆开,只用注射器注入样品或清洗池子,它可以用于定量和易挥发液体的定性工作。红外透光窗片有多种材料制成,可以自行根据透红外光的波长范围、机械强度及对试样溶液的稳定性来选择使用。

2.糊状法

选用与样品折射率相近,出峰少且不干扰样品吸收谱带的液体混合后研磨成糊状,散射可以大大减小。通常选用的液体有石蜡油、六氯丁二烯及氟化煤油。研磨后的糊状物夹在两个窗片之间或转移到可拆液体池窗片上作测试。这些液体在某些区有红外吸收,可根据样品适当选择使用。此法适用于可以研细的固体样品。试样调制容易,但不能用于定量分析。

3.薄膜法

某些材料难以用前面几种方法测试,也可以使用薄膜法。一些高分子膜常常可以直接用来测试,而更多的情况是要将样品制成膜。熔点低、对热稳定的样品可以放在窗片上用红外灯烤,使其受热成流动性液体加压成膜。不溶、难熔又难粉碎的固体可以用机械切片法成膜。

4.压片法

最常用的压片法是取微量试样,加 100～200 倍的特殊处理过的 KBr 或 KCl 在研钵中研细,使粒度小于 2.5 μm,放入压片机中使样品与 KBr 形成透明薄片。

此法适用于可以研细的固体样品。但不稳定的化合物,如发生易分解、异构化、升华等变化的化合物则不宜使用压片法。由于 KBr 易吸收水分,所以制样过程要尽量避免水分的影响。

3.5.3 液体样品的制样法

液体样品可采用溶液法和液膜法。液膜法是在两个窗片之间,滴上 1～2 滴液体试样,使之形成一层薄的液膜,用于测定。此法操作方便,没有干扰。但是此方法只适用于高沸点液体化合物,不能用于定量,所得谱图的吸收带不如溶液法那么尖锐。

3.5.4 气体样品

气体样品一般使用气体池进行测定。气体池长度可以选择。用玻璃或金属制成的圆筒两端有两个透红外光的窗片。在圆筒两边装有两个活塞,作为气体的进出口,如图 3-12 所示。为了增长有效的光路,也有多重反射的长光路气体池。

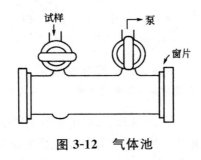

图 3-12 气体池

3.6 红外吸收光谱法的应用

红外吸收光谱作为有机化学中物质结构鉴定的四大谱图之一,广泛应用于有机化合物的定性鉴定和结构分析方面,也用在定量分析方面。

3.6.1 试样的制备

能否获得一张满意的红外吸收光谱图,除仪器性能的因素外,试样的处理和制备也十分重要。

1.红外光谱仪对试样的要求

测红外吸收光谱仪首先要了解试样纯度,一般要求样品是单一的纯物质,纯度需大于 98% 或符合商业规格,这样才便于与纯化合物的标准光谱进行对照,否则要进行分离提纯。对多组分试样应在测定前尽量预先用分馏、萃取、重结晶、区域熔融或色谱法进行分离提纯,否则各组分光谱相互重叠,难以解析。试样中不应含有游离水,因为水本身有红外吸收,会严重干扰样品谱图,而且会侵蚀吸收池的盐窗。此外,试样的浓度和测试厚度应选择适当,以使光谱图中的大多数吸收峰的透射比处于 10%～80% 范围内。

2.试样的制备方法

固体试样制备常采用薄膜法、糊膏法及压片法。这 3 种制样方法各有优缺点,实验中采用比较多的还是压片法。

压片法:KBr 为最常用的固体分散介质。若测定试样为盐酸盐时,应采用 KCl 压片。试样在固体分散介质中的比例量约为 1~0.02(V/V)。要求 KBr 为光谱纯(或 AR 以上精制)、粒度约 200 目,并且为干燥品。将试样和 KBr 粉末置入玛瑙乳钵中研匀,再装入压片磨具制备 KBr 样片。整个操作应在红外灯下进行,以防止吸潮。

液体和溶液试样常采用的方法如下。

①液体池法。沸点较低,挥发性较大的试样,可注入封闭液体池中,液层厚度一般为 0.01~1 mm。

②夹片法及涂片法。对于挥发性不大的液体试样可采用夹片法,即将液体试样滴在一片 KBr 窗片上,用另一片 KBr 窗片夹住后测定,方法简便实用。对于粘度大的液体样品可采用涂片法,即将液体样品涂在一片 KBr 窗片上测定,不必夹片。KBr 窗片用后,需用合适的有机溶剂清洗后干燥存放。

③液膜法。沸点较高的试样,直接滴在两块盐片之间,形成液膜。

3.6.2 定性分析

1.定性范围

将样品的红外光谱与标准谱图或与已知结构的化合物的光谱进行比较,鉴定化合物;或者根据各种实验数据,结合红外光谱进行结构测定,红外光谱定性分析的应用范围如下。

(1)基团与特征吸收谱带的对应关系

分子中所含各种官能团都可由观察其红外光谱鉴别。

(2)相同化合物有完全相同的光谱

相同化合物有完全相同的光谱,不同物质虽然有一小部分结构或构型的差异必显示出不同的光谱,但要注意物理状态不同造成的谱图变化。例如,同一物质的晶型不同,分子排布不同,对光折射有差别,其吸收情况就不一样,利用这个特点可以测高分子物质的结晶度。比较一物质在不同浓度溶液中的光谱,可辨别分子间或分子内的氢键。顺反异构体极易用红外光谱来区别。在鉴定物质是否为同一物质时,为消除物理状态造成的影响,宜设法将样品制成溶液或熔融形式测定红外光谱。

(3)旋光性物质

旋光性物质的左旋、右旋以及消旋体都有完全相同的红外光谱。

(4)物质纯度检查

物质结构测定一般要求物质的纯度在 98% 以上,因为杂质亦有其吸收谱带,可在光谱上出现。不纯物质的红外光谱吸收带较纯品多,或若干吸收线相互重叠,不能分清,可用比较提纯前后的红外光谱来了解物质提纯的过程中杂质的消除情况。

(5)观察反应过程

在反应过程中不断测定红外光谱,据反应物的基本特征频率消失或产物吸收带的出现,观察反应过程,测定反应速度,研究反应机理。

(6)在分离提纯方面

在将一复杂混合物用蒸馏法或色谱分离法分离提纯的过程中,常用测定红外光谱来追踪提纯的程度,了解分离开的各物质存在何处及其浓度大致如何。

2.定性分析的具体应用

(1)已知物的鉴定

对于结构简单的化合物可将试样的谱图与标准的谱图进行对照,或者与文献上的谱图进行对照。如果两张谱图各吸收峰的位置和形状完全相同,峰的相对强度一样,就可以认为样品与该种标准物为同一化合物。如果两张谱图不一样,或峰位不一致,则说明两者不是同一种化合物,或样品中可能含有杂质。在操作过程中需注意,试样与标准物要在相同的条件下完成测定,如处理方式、测定所用的仪器试剂以及测定的条件等。如果测定的条件不同,测定结果也可能会大大折扣。如果采用计算机谱图检索,则采用相似度来判别。使用文献上的谱图时应当注意试样的物态、结晶状态、溶剂、测定条件以及所用仪器类型均应与标准谱图相同。

(2)未知物的结构鉴定

测定未知物的结构,是红外光谱法定性分析的一个重要用途。

在对光谱图进行解析之前,应收集样品的有关资料和数据。诸如了解试样的来源,以估计其可能是哪类化合物;测定试样的物理常数,如熔点、沸点、溶解度、折射率、旋光率等,作为定性分析的旁证;根据元素分析及摩尔质量的测定,求出化学式并计算化合物的不饱和度,以判断分子中有无双键、叁键及芳香环。

不饱和度是指有机分子中碳原子的饱和程度,它的经验公式为

$$u = 1 + n_4 + (n_3 - n_1)/2$$

式中:u 为不饱和度;n_1、n_3、n_4 为分子中所含的一价、三价和四价元素原子的数目。

当计算得到 $u=0$ 时表明该分子是饱和的,为链状烃及其不含双键的衍生物;$u=1$ 表明该分子可能具有双键或饱和环状结构;$u=2$ 表明该分子可能有两个双键或脂环,也可能有一个叁键;$u=4$ 时,可能含有苯环或一个环加三个双键;当 u 的结果大于 4 时,表明该分子式中含有多种不饱和键。如果分子式中含有高于四价的杂原子,此经验公式不再适用。

(3)红外吸收光谱图的解析

光谱解析前应尽可能排除"假峰",即克里式丁生效应、干涉条纹、外界气体、光学切换等因素和"鬼峰"(H_2O、CO_2、溴化钾中的杂质盐 KNO_3、K_2SO_4、残留 CCl_4、容器的萃取物等)的干扰。注意试样的晶型,并排除无机离子吸收峰的干扰。还要注意试样的晶型,并排除无机离子吸收峰的干扰。

红外吸收光谱图的解析应按照由简单到复杂的顺序。通常会采用四先四后的原则:先官能团区后指纹区;先强峰后弱峰;先否定后肯定;先粗查再细找。图谱解析一般先从基团频率区的最强谱带入手,推测未知物可能含有的基团,判断不可能含有的基团。再从指纹区的谱带来进一步验证,找出可能含有基团的相关峰,用一组相关峰来确认一个基团的存在。对于简单

化合物,确认几个基团之后,便可初步确定分子结构,然后查对标准谱图核实。

3.6.3　定量分析

1.红外光谱定量分析原理

由吸收定律可得:

$$A = \lg \frac{1}{T} = \lg \frac{I_0}{I} = abc \qquad (3-4)$$

必须注意,透光率 T 和浓度 c 没有正比关系,当用 T 记录的光谱进行定量时,必须将 T 转换为吸光度 A 后进行计算。

用基线来表示该分析物不存在时的背景吸收,并用它来代替记录纸上的 100%(透光率)坐标。具体做法是:在吸收峰两侧选透射率最高处 a 与 b 两点作基点,过这两点的切线称为基线,通过峰顶 c 作横坐标的垂线,和 0% 线交点为 e,和切线交点为 d(图 3-13),则

$$A = \lg \frac{I_0}{I} = \lg \frac{de}{ce} \qquad (3-5)$$

基线还有其他画法,但确定一种画法后,在以后的测量中就不应该改变。

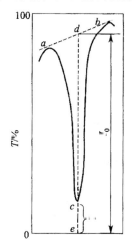

图 3-13　用基线法测量谱带吸光度

用基线法测定吸光度受仪器操作条件的影响,从一种型号仪器获得的数据不能运用到另一种型号的仪器上,它也不能反映出宽的和窄的谱带之间的吸收差异。对更精确的测定,可采用积分吸光度法

$$A = \int \lg \left(\frac{I_0}{I} \right)_v \mathrm{d}v \qquad (3-6)$$

即吸光度为线性波数条件下记录的吸收曲线所包含的面积。

2.定量分析测量和操作条件的选择

(1)定量谱带的选择
理想的定量谱带应是孤立的,吸收强度大,遵守吸收定律,不受溶剂和样品其他组分干扰,

尽量避免在水蒸气和 CO_2 的吸收峰位置测量。当对应不同定量组分而选择两条以上定量谱带时,谱带强度应尽量保持在相同数量级,对于固体样品,由于散射强度和波长有关,所以选择的谱带最好在较窄的波数范围内。

（2）溶剂的选择

所选溶剂应能很好溶解样品,与样品不发生反应,在测量范围内不产生吸收。为消除溶剂吸收带影响,可采用计算机差谱技术。

（3）选择合适的透光率区域

透光率应控制在 $20\%\sim65\%$ 范围之内。

（4）测量条件的选择

定量分析要求 FTIR 仪器的室温恒定,每次开机后均应检查仪器的光通量,保持相对恒定。定量分析前要对仪器的 100% 线、分辨率、波数精度等各项性能指标进行检查,先测参比光谱可减少 CO_2 和水的干扰。用 FTIR 仪进行定量分析,其光谱是把多次扫描的干涉图进行累加平均得到的,信噪比与累加次数的平方根成正比。

（5）吸收池厚度的测定

采用干涉条纹法测定吸收池厚度的具体做法是,将空液槽放于测量光路中,在一定的波数范围内进行扫描,得到干涉条纹,如图 3-14 所示,利用下式计算液槽厚度 L 为

$$L = \frac{n}{2(\sigma_2 - \sigma_1)} \qquad (3-7)$$

式中：n 为干涉条纹个数；$(\sigma_2 - \sigma_1)$ 为波数范围。

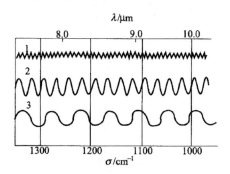

图 3-14　三个池的干涉波纹

3.红外光谱定量分析方法

（1）差示法

该法可用于测量样品中的微量杂质,例如有两组分 A 和 B 的混合物,微量组分 A 的谱带被主要组分 B 的谱带严重干扰或完全掩蔽,可用差示法来测量微量组分 A。很多红外光谱仪中都配有能进行差谱的计算机软件功能,对差谱前的光谱采用累加平均处理技术,对计算机差谱后所得的差谱图采用平滑处理和纵坐标扩展,可以得到十分优良的差谱图。

（2）标准曲线法

在固定液层厚度及入射光的波长和强度的情况下,测定一系列不同浓度标准溶液的吸光

度,以对应分析谱带的吸光度为纵坐标,标准溶液浓度为横坐标作图,得到一条通过原点的直线,该直线为标准曲线。在相同条件下测得试液的吸光度,从标准曲线上可查得试液的浓度。

（3）比例法

标准曲线法的样品和标准溶液都使用相同厚度的液体吸收池,且其厚度可准确测定。当其厚度不定或不易准确测定时,可采用比例法。它的优点在于不必考虑样品厚度对测量的影响,这在高分子物质的定量分析上应用较普遍。

比例法主要用于分析二元混合物中两个组分的相对含量。对于二元体系,若两组分定量谱带不重叠,则

$$R = \frac{A_1}{A_2} = \frac{a_1 b c_1}{a_2 b c_2} = \frac{a_1 c_1}{a_2 c_2} = K \frac{c_1}{c_2} \tag{3-8}$$

因 $c_1 + c_2 = 1$,故

$$c_1 = \frac{R}{K + R} , \quad c_2 = \frac{K}{K + R} \tag{3-9}$$

式中,$K = a_1 / a_2$,是两组分在各自分析波数处的吸收系数之比,可由标准样品测得;R 是被测样品二组分定量谱带峰值吸光度的比值,由此可计算出两组分的相对含量 c_1 和 c_2。

（4）联立方程法

在处理二元或三元混合体系时,由于吸收谱带之间相互重叠,特别是在使用极性溶剂时所产生的溶剂效应,使选择孤立的吸收谱带有困难,此时可采用解联立方程的方法求出各个组分的浓度。

第4章 原子光谱分析

4.1 概述

4.1.1 原子光谱法概述

自从1666年牛顿用棱镜观察到了太阳光谱以来,人类就开始通过对光谱的研究来揭示物质与光的相互作用,以及它们之间固有的关系。事实上,对微观世界的了解在很大程度上依靠了光谱学。比如,在建立原子结构理论的过程中,原子光谱研究的实验结果成为最直接、最具有说服力的依据。

科学家们还发现,不同的元素具有不同的原子结构,在与光相互作用之后,将会产生特定波长的光辐射。辐射的强度与该元素原子的数量有关。这就是原子光谱法定性、定量分析的依据。

光谱分析是利用物质的电磁辐射所形成的光谱来分析测定物质的组成,也是研究物质的原子、分子结构的有力工具和手段。由此发展起来的分析技术有原子光谱分析法和分子光谱分析法,并形成了各类光谱分析仪器。

原子光谱法是由原子外层或内层电子能级的变化产生的,它的表现形式为线光谱。属于这类分析方法的有原子发射光谱法(AES)、原子吸收光谱法(AAS),原子荧光光谱法(AFS)以及X射线荧光光谱法(XFS)等。

原子谱分析方法的主要特点是灵敏度高、检出限低、选择性好。可直接测定周期表中绝大多数金属元素,对于非金属元素有的可直接测定,有的可通过间接法测定。与强有力的分离技术,如气相色谱、液相色谱、毛细管电泳等联用,还可以获得元素以何种形态存在于样品中的信息。原子质谱法还可以分析元素同位素的含量。因此原子谱分析技术在材料科学、环境科学、生物医学、临床药理学、营养学、地矿冶金学等领域的研究与发展中发挥着重要的作用。

通常把原子核外电子在不同能级间跃迁而产生的光谱称之为原子光谱,它包括原子发射光谱、原子吸收光谱,原子荧光光谱以及X射线荧光光谱。从经典物理学得知,原子能级较为简单,电子在原子能级间的跃迁有以下两种类型。

(1)原子外层价电子的跃迁,基于这种跃迁而建立原子吸收、原子发射和原子荧光的光谱分析法。

(2)基于电子在原子内层跃迁而建立的X荧光分析法。

原子结构可以由量子理论来加以描述,通过对原子光谱的解析可以了解各种元素原子结构的特点,进而确定物质的组成。原子由核及核外电子组成,原子光谱是由最外层电子的跃迁所产生的,与原子的状态密切相关。在原子光谱中主要研究的是原子外层电子能级的跃迁,原子最外层只有一个电子时,其能级可由四个量子数决定:主量子数 n、角量子数 l、磁量子数 m、

自旋量子数 s。

主量子数 n 表示电子层,决定电子云的形态,n 越大,其电子层中运动电子能量越高。对于基态原子 $n=1\sim7$,对应电子层名称为 K、L、M、$\cdots$、Q。

轨道量子数 l 表示电子云的形态,$l=0$、1、2、3、$\cdots$,对应的电子云名称为 s、p、d、f、$\cdots$。

在同一电子层中能量顺序一般为 s<p<d<f。

轨道磁量子数 m 表示电子云在空间的伸展方向,$m=0$、±1、±2、$\cdots$、$\pm l$。

自旋量子数 s 表示电子的自旋,$s=\pm\dfrac{1}{2}$。核外电子的排布遵循能量最低原理,鲍利不相容原理和洪特规则。

对于含有多个外层电子的原子,则需考虑原子外层电子之间的相互作用,此时整个原子的运动状态,可用四个量子数决定:主量子数 n、总轨道角动量量子数 L、总自旋角动量量子数 M、总角动量量子数 J。

总轨道角动量量子数 L 是说明轨道间相互作用的参数。等于各个价电子角量子数 l 的矢量和,即 $\vec{L}=\Sigma\vec{l}$。其加和规则为:
$$L=|l_1+l_2|,|l_1+l_2-1|,\cdots,|l_1-l_2|,$$

即由两个角量子数 l_1 和 l_2 之和变到二者之差,间隔为 1,共有 $(2L+1)$ 个数值。L 的取值为 0、1、2、3、$\cdots$,对应的光谱符号为 S、P、D、F。

当四个量子数确定时,原子便处于某一确定的状态,即具有一定的能量;反之,任何一个量子数的改变,均会引起相应原子能量的变化。

4.1.2　原子光谱的产生

当原子未受外界能量作用的情况下,原子外层价电子一般都处于能级中最低的能量状态,该能量状态称为原子基态,对应的能级称为原子基态能级。按一定的量子规则,当原子接受能量后,电子跃迁到更高能量状态上,此能量状态称为原子激发态,对应的能级称为原子激发态能级。原子基态与原子激发态的能量差一般为 $\Delta E=1\sim20$ eV,与紫外光或可见光的光子能量相对应。

通常情况下,基态原子在热能或电能的作用下获得足够的能量后,价电子(或称外层电子)由基态(E_0)跃迁至较高能量的能级(E_i),成为激发态。处于激发态的原子是不稳定的,其寿命小于 10^{-8} s,所以外层电子将从较高能级向较低能级或基态跃迁。跃迁过程中所释放出的能量是以电磁辐射的形式发射出来的,由此产生了原子发射光谱。谱线波长与能及能量之间的关系是
$$\lambda=\frac{hc}{E_2-E_1}$$

式中:λ 表为波长,nm;h 为普朗克常数;c 为光速;E_2 和 E_1 为高能级与低能级的能量,eV。

原子对光的吸收和发射过程实际上是一个量子化过程。当原子接受到光子的相应能量后,电子由原子基态跃迁到原子激发态。这个光子的能量等于电子跃迁前处于某能级能量与跃迁后所处能级能量的差值 ΔE,吸收光谱分析时 $E_2>E_1$,发射光谱分析时 $E_2<E_1$。因此,在光谱分析中,负载分析信息的分析光(即原子吸收或原子发射)的光子能量 E,负载了原子中

这两个能级的能量之间能量差的特征信息。

原子的某一价电子由基态激发到高能级所需要的能量称为激发能,若能量大小以电子伏特(eV)表示,也称激发电位。原子光谱中每一条谱线的产生有其各自相应的激发电位,具有特征性。

原子若获得足够的能量还会发生电离,电离所需的能量称为电离能或电离电位。原子失去一个价电子称为一次电离,一次电离后的原子离子再失去一个电子称为二次电离,依此类推。

在一定条件下,一种原子的电子可能在多种能级间跃迁,能辐射出不同特征频率的光。利用分光仪将原子发射的特征性光按频率分成若干条线状光谱,这就是原子发射光谱。由于不同原子的核外电子能级结构不同,所发射的光谱频率也不同。测定时,根据某元素原子的特征频率的发射光谱线出现与否,对试样中该原子是否存在进行定性分析。试样中该原子的数目越多,则发射的特征光谱线也越强,将它与已知含量标样的谱线强度进行比较,即可对试样中该种原子的含量进行定量分析。

4.1.3 原子光谱法的特点

1. 原子吸收光谱法的特点

原子吸收光谱法是一种重要的成分分析方法,其特点如下。

(1)准确度高

测定微、痕量元素的相对误差可达 0.1%～0.5%,分析一个元素只需数十秒至数分钟,如用 P-E5000 型自动原子吸收光谱仪在 35 min 内,能连续测定 50 个试样中的 6 种元素。

(2)灵敏度高,检测限低

火焰原子吸收分光谱法测定大多数金属元素的相对灵敏度为 $1.0\times10^{-8}\sim1.0\times10^{-10}$ g·ml^{-1},非火焰原子吸收光谱法的绝对灵敏度为 $1.0\times10^{-12}\sim1.0\times10^{-14}$ g。

(3)选择性好

原子吸收光谱是元素的固有特征,这是其选择性好的根本原因。用原子吸收光谱法测定元素含量时,通常共存元素对待测元素干扰少,若实验条件合适一般可以在不分离共存元素的情况下直接测定。

(4)测量精密度好

由于温度的变化对测定影响较小,该法具有良好的稳定性和重现性,精密度好。一般仪器的相对标准偏差为 1%～2%,性能好的仪器可达 0.1%～0.5%。在通常条件下,火焰原子吸收光谱法测定结果的相对标准偏差可小于 1%,其测量精密度已接近于经典化学方法。石墨炉原子吸收光谱法的测量精度一般约为 3%～5%。

(5)应用范围广

适用分析的元素范围广,用直接原子吸收光谱法可以分析周期表中绝大多数的金属与准金属元素,间接原子吸收光谱法可用于非金属元素、有机化合物成分分析,采用联合技术可以进行元素的形态分析。应用范围遍及了各个学科领域和国民经济的各个部门。

原子吸收光谱法也有其局限性,它主要是用于单元素的定量分析,若要测定不同的元素,需改变分析条件和更换不同的光源灯。对某些元素如稀土、锆、钨、铀等的测定灵敏度低,难熔元素、非金属测定困难,目前还不能同时测定多种共存元素。对成分比较复杂的试样,干扰仍然比较严重。但这些情况正在不断地得到改进。

2.原子发射光谱的特点

原子光谱发射法具有以下特点。

(1)选择性好

每种元素因原子结构不同而发射出各自不同的特征光谱。这对于一些化学性质极为相似的元素测定具有特别重要的意义。如铌、钽、十几个稀土元素等用其他方法分析难度很大,若用发射光谱分析法却轻而易举地分别加以测定。

(2)分析速度快

不论是固体试样还是液体试样,不经过任何化学处理,利用光电直读光谱仪,均可在几分钟内同时测定出几十种元素含量。

(3)检出限低

一般检出限可达 $0.1 \sim 10\ \mu g \cdot g^{-1}$,绝对值可达 $0.1 \sim 1\ \mu g$。电感耦合高频等离子体检出限可达 $ng \cdot g^{-1}$ 级。

(4)同时检测多种元素

试样经前处理后,可同时测定一个样品中的多种元素,试样消耗少。

(5)准确度较高

一般光源相对误差为 $5\% \sim 10\%$,ICP 相对误差可达 1% 以下。

(6)线性范围宽

ICP 光源校准曲线线性范围宽,可达 $4 \sim 6$ 个数量级,可测定元素各种不同含量(高、中、低)。一个试样同时进行多元素分析时,又可测定各种元素的不同含量,这就是 ICP－AES 应用范围非常广泛的原因所在。

另外,原子发射光谱法也有自身的缺陷。目前,一般的光谱仪还无法测定一些非金属元素氧、硫、氮、卤素等谱线。在远紫外区,磷、硒、碲等激发电位低,灵敏度也较低。

4.2　原子光谱分析原理

4.2.1　原子吸收光谱分析原理

1.原子吸收光谱法的分析过程

原子吸收光谱法也称为原子吸收分光光度法。它是根据物质的基态原子蒸气对特征波长光的吸收,测定试样中待测元素含量的分析方法,简称原子吸收分析法。

近年来,随着计算机、微电子技术、自动化、人工智能技术和化学计量等的迅猛发展,各种新材料与元器件的出现,大大改善了仪器性能,使原子吸收分光光度计的精度和准确度及自动化程度有了极大提高,使原子吸收光谱法成为痕量元素分析灵敏且有效的方法之一,能够直接测定 70 多种元素,它已成为一种常规的分析测试手段,广泛地应用于各个领域。

原子吸收光谱法的分析过程如图 4-1 所示。试液喷射成细雾与燃气、助燃气混合后进入燃烧的火焰中,被测元素在火焰中转化为原子蒸气。气态的基态原子吸收从光源发射出的与被测元素吸收波长相同的特征谱线,使该谱线的强度减弱,再经分光系统分光后,由检测器接收。产生的电信号,经放大器放大,由显示系统显示吸光度或光谱图。

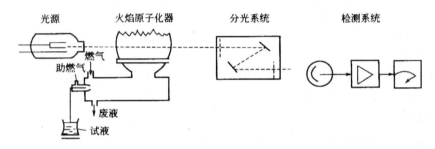

图 4-1　原子吸收光谱法的分析过程

原子吸收光谱法作为测定痕量和超痕量元素的有效方法之一,获得了广泛的应用,其应用范围遍及了各个学科领域和国民经济的各个部门。原子吸收光谱法获得如此迅速广泛的应用,虽同经济与科学技术的发展等客观条件有关,但主要是由其本身的特点所决定的。

2.共振线和吸收线

任何元素的原子都是由原子核和围绕原子核运动的电子组成的。这些电子按其能量的高低分层分布,而具有不同能级,因此一个原子可具有多种能级状态。在正常状态下,原子处于最低能态称为基态,处于基态的原子称基态原子。基态原子受到外界能量激发时,其外层电子吸收了一定能量而跃迁到不同高能态,因此原子可能有不同的激发态。当电子吸收一定能量从基态跃迁到能量最低的激发态时所产生的吸收谱线,称为共振吸收线,简称共振线。当电子从第一激发态跃回基态时,则发射出同样频率的光辐射,其对应的谱线称为共振发射线,也简称共振线。

由于不同元素的原子结构不同,因此其共振线也各有特征。由于原子的能态从基态到最低激发态的跃迁最容易发生,因此对大多数元素来说,共振线也是元素的最灵敏线。原子吸收光谱分析法就是利用处于基态的待测原子蒸气对从光源发射的共振发射线的吸收来进行分析的,因此元素的共振线又称分析线。

3.基态原子与激发态原子的分布

原子吸收光谱法是利用待测元素的原子蒸气中基态原子对该元素的共振线的吸收来进行测定的。但是,在原子化过程中,待测元素由分子离解成的原子,不可能全部都是基态原子,其中必有一部分为激发态原子。所以,原子蒸气中基态原子与待测元素原子总数之间有什么关系,其分布状况如何,是原子吸收光谱分析法中必须考虑的问题。

在一定温度下,当处于热力学平衡时,激发态原子数与基态原子数之比遵循玻耳兹曼分布定律:

$$\frac{N_j}{N_0} = \frac{g_j}{g_0} e^{-\frac{E_j - E_0}{kT}}$$

式中：N_j、N_0 为单位体积内激发态和基态原子的原子数；g_j、g_0 为原子激发态和基态的统计权重(表示能级的简并度，即相同能量能级的数目)；E_j、E_0 为激发态和基态的能量；k 为玻耳兹曼常数(1.38×10^{-23} J·K^{-1})；T 为热力学温度。

对共振线来说，电子从基态($E_0 = 0$)跃迁到第一激发态，因此可得到激发态原子数和基态原子数之比：

$$\frac{N_j}{N_0} = \frac{g_j}{g_0} e^{-\frac{E_j}{kT}} = \frac{g_j}{g_0} e^{-\frac{h\nu}{kT}}$$

在原子光谱中，对一定波长的谱线，g_j/g_0 和 E_j 都是已知的。因此只要火焰温度确定后，就可求得 N_j/N_0 值。温度越高，N_j/N_0 的值越大。在同一温度下，电子跃迁的能级 E_j 越小，共振线的波长越长，N_j/N_0 的值也越大。由于常用的火焰温度一般低于 3000 K，大多数共振线的波长小于 600 nm，因此，大多数元素的 N_j/N_0 的值很小，即原子蒸气中激发态原子数远小于基态原子数。也就是说，火焰中基态原子数占绝对多数，激发态原子数 N_j 可忽略不计，即可用基态原子数 N_0 代表吸收辐射的原子总数。

4. 吸收系数与吸收曲线

若将一束不同频率的光(强度为 I_0)通过原子蒸气时(图 4-2)，一部分光被吸收，透过光的强度 I_ν 与原子蒸气宽度 L 有关；若原子蒸气中原子密度一定，则透过光强度与原子蒸气宽度 L 成正比，符合光吸收定律，有

$$I_\nu = I_0 e^{K_\nu L}$$

$$A = \lg \frac{I_0}{I_\nu} = 0.434 K_\nu L$$

式中：K_ν 为原子蒸气中基态原子对频率为 ν 的光的吸收系数。

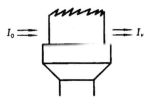

图 4-2　原子吸收示意图

由于基态原子对光的吸收有选择性，即原子对不同频率的光的吸收不尽相同，因此，透射光的强度 I_ν 随光的频率 ν 而变化，其变化规律如图 4-3 所示。

由图 4-3 可知，在频率 ν_0 处，透射的光最少，即吸收最大，也就是说，在特征频率 ν_0 处吸收线的强度最大。ν_0 称为谱线的中心频率或峰值频率。

若在各种频率 ν 下测定吸收系数 K_ν，并以 K_ν 对 ν 作图得一曲线，称为吸收曲线，如图 4-4 所示。

其中，曲线极大值相对应的频率 ν_0 称为中心频率，中心频率处的 K_0 称为峰值吸收系数。在峰值吸收系数一半($K_0/2$)处吸收线呈现的宽度称为半宽度，以 $\Delta\nu$ 表示。吸收曲线的形状

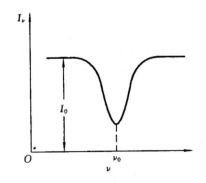

图 4-3　透光强度 I_ν 与频率 ν 的关系

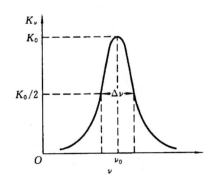

图 4-4　吸收线轮廓

就是谱线的轮廓。ν 和 $\Delta\nu$ 是表征谱线轮廓的两个重要参数,前者取决于原子能级的分布特征(不同能级间的能量差),后者除谱线本身具有的自然宽度外,还受多种因素的影响。

5.谱线变宽

下面讨论几种较为重要的谱线变宽因素。

(1)自然宽度

无外界影响时,谱线仍有一定的宽度,这种变宽称为自然变宽,以 $\Delta\nu_N$ 表示。它与原子发生能级间跃迁时激发态原子的寿命有关。不同的谱线有不同的自然宽度。在多数情况下 $\Delta\nu_N$ 约为 10^{-5} nm 数量级。由于自然宽度比其他因素引起的谱线变宽小得多,所以多数情况下可以忽略。

(2)碰撞变宽

蒸气中的吸光原子与其他原子或分子相互碰撞时,会发生能量交换而使激发态原子的寿命缩短,导致谱线变宽。当吸光原子与异种元素的原子或分子相碰撞时所引起的谱线变宽叫洛伦兹变宽,用 $\Delta\nu_L$ 表示。与此同时,还会引起谱线中心频率的频移和谱线的非对称化。$\Delta\nu_L$ 随着其他元素的原子或分子的蒸气浓度的增加而增大,当浓度很高时,$\Delta\nu_L$ 与 $\Delta\nu_D$ 具有相同的数量级。

当吸光原子与同种元素原子相碰撞时所引起的谱线变宽叫赫尔兹马克变宽,又称为压力变宽,以 $\Delta\nu_H$ 表示。$\Delta\nu_H$ 随试样原子蒸气浓度的增加而增加,在原子吸收测定的条件下,试样原子蒸气的浓度都比较小,所以 $\Delta\nu_H$ 完全可以忽略不计。

此外,蒸气外部的电场和磁场所引起的谱线变宽,分别称为斯塔克变宽和塞曼变宽,但这两种场变宽很小,通常不予考虑。当蒸气中异种元素原子或分子的浓度不高时,吸收线变宽主要由多普勒变宽决定。总的来说,原子吸收线的轮廓的半宽度为 $10^{-3}\sim10^{-2}$ nm。

(3)多普勒变宽

通常在原子吸收光谱法测定条件下,多普勒变宽是影响原子吸收光谱线宽度的主要因素。多普勒变宽是由于原子热运动引起的,又称为热变宽,以 $\Delta\nu_D$ 表示。从物理学中可知,无规则热运动的发光原子的运动方向背离检测器,则检测器接收到的光的频率较静止原子所发的光的频率低。反之,发光原子向着检测器运动,检测器接受光的频率较静止原子发的光频率高,于是谱线发生变宽。谱线的多普勒变宽可由下式决定:

$$\Delta\nu_D = \frac{2\nu_0}{c}\sqrt{\frac{2RT\ln2}{M}} = 7.16\times10^{-7}\nu_0\sqrt{\frac{T}{M}}$$

式中:R 为摩尔气体常数;c 为光速;M 为吸光质子的相对原子质量;T 为热力学温度,K;ν_0 为谱线的中心频率。

多普勒变宽与元素的相对原子质量、温度和谱线的频率有关。由于 $\Delta\nu_D$ 与 $T^{1/2}$ 成正比,所以在一定温度范围内,温度稍有变化,对谱线的宽度影响并不很大。但从式中可见,待测元素的相对原子质量 M 越小,温度 T 愈高,则 $\Delta\nu_D$ 越大。对多数谱线来说,通常 $\Delta\nu_D$ 为 $10^{-4}\sim10^{-3}$ nm。

6. 原子吸收光谱的测量

原子吸收光谱的测量可分为积分吸收和峰值吸收。

(1)积分吸收

原子蒸气层中的基态原子吸收共振线的全部能量称为积分吸收,它相当于如图 4-4 所示吸收线轮廓下面所包围的整个面积,以数学式表示为 $\int K_v \,dv$。理论证明谱线的积分吸收与基态原子数的关系为:

$$\int K_v \,dv = \frac{\pi e^2}{mc}fN_0$$

式中:e 为电子电荷;m 为电子质量;c 为光速;f 为振子强度,表示能被光源激发的每个原子的平均电子数,在一定条件下对一定元素,f 为定值;N_0 为单位体积原子蒸气中的基态原子数。

在火焰原子化法中,当火焰温度一定时,N_0 与喷雾速度、雾化效率以及试液浓度等因素有关,而当喷雾速度等实验条件恒定时,单位体积原子蒸气中的基态原子数 N_0 与试液浓度成正比,即 $N_0 \propto c$。对给定元素,在一定实验条件下,$\frac{\pi e^2}{mc}f$ 为常数。因此

$$\int K_v \,dv = kc$$

此式表明,在一定实验条件下,基态原子蒸气的积分吸收与试液中待测元素的浓度成正比。因此,如果能准确测量出积分吸收就可以求出试液浓度。然而要测出宽度只有 $10^{-3}\sim$

10^{-2} nm 吸收线的积分吸收,就需要采用高分辨率的单色器,这在目前的技术条件下还难以做到。所以原子吸收法无法通过测量积分吸收求出被测元素的浓度。

（2）峰值吸收

由于在原子吸收分析的条件下,吸收线宽度主要由多普勒变宽决定,经过严格的论理推导,可以得到了积分吸收和峰值吸收系数 K_0 的关系:

$$\int K_v \, \mathrm{d}v = \frac{1}{2}\sqrt{\frac{\pi}{\ln 2}} K_0 \Delta\nu_\mathrm{D} = \frac{\pi e^2}{mc} f N_0$$

于是

$$K_0 = \frac{2\sqrt{\pi\ln 2}}{\Delta\nu_\mathrm{D}} \cdot \frac{e^2}{mc} \cdot f N_0$$

而当原子化温度恒定时,多普勒变宽 $\Delta\nu_\mathrm{D}$ 为常数。将式中的所有常数合并为 a,则有

$$K_0 = a N_0$$

在一定条件下,单位体积原子蒸气中的基态原子数与峰值吸收系数成正比。这样就可以用峰值吸收的测量来代替积分吸收的测量,从而使原子吸收测定成为可能。

所谓峰值吸收是指在 K_0 附近很窄的频率范围内所产生的吸收,如图 4-5 所示的 ν_1 和 ν_2 所包围的面积。

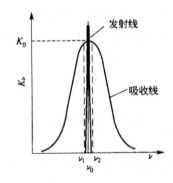

图 4-5　峰值吸收示意图

为了测得峰值吸收,光源必须满足以下条件。

①发射线和吸收线的中心频率相重合。

②发射线的半宽度比吸收线的窄得多（1/5～1/10）,如图 4-6 所示。

这种光源叫做锐线光源,空心阴极灯就是一种常用的锐线光源。它能发射出半宽度很窄的待测元素的特征谱线,该发射线与吸收线的中心频率正好重合,并且发射线的光谱区间正好位于峰值吸收系数所对应的中心频率两侧的一个狭小范围之内,这时测得的便是峰值吸收。

在实际工作中,并不需要直接求出 K_0。由于采用了锐线光源,故可用 K_0 代替 K_v,即有

$$A = 0.434 K_0 L$$

于是得

$$A = 0.434 a N_0 L$$

对于特定的仪器而言,原子蒸气的宽度 L 为确定值,故可令常数 $k = 0.434 a L$,由于在原子化的条件下,单位体积蒸气中待测原子总数 $N \approx N_0$,因此

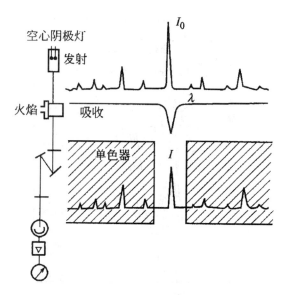

图 4-6 原子吸收的测量

$$A = kN$$

当原子化条件适当且稳定时,试样中待测元素的浓度 c 和 N 正比,这样,便能得到原子吸收分析的定量关系式

$$A = k'c$$

式中:k' 为在一定条件下的总常数。

在一定条件下,待测元素的浓度和其吸光度的关系符合比耳定律。因此只要用仪器测得试样的吸光度 A,就能求出其中待测元素的浓度。

4.2.2 原子发射光谱分析原理

1. 原子的能级与能级图

各种元素的原子的核外电子,都按一定的规律分布在电子轨道上,即分布在具有一定能量的电子能级上。原子处于很稳定的状态时,电子在能量最低的轨道能级上运动,这种状态称为基态。当原子受到外来能量如光、热、电等的作用时,原子中的最外层电子就会吸收能量被激发,而从基态跃迁到能量较高的能级,即激发态。处于激发态的原子或离子很不稳定,在极短的时间内,电子就要从激发态跃迁到基态或能量较低的激发态,其多余的能量将以电磁辐射的形式释放出来,这一现象称为原子发射或发光。

用图形表示一种元素的各种光谱项及光谱项的能量和可能产生的光谱线,称为能级图。在多数情况下,用简化的能级示意图来表示谱线的跃迁关系。图 4-7 是锂原子的能级图。水平线代表能级或光谱项,纵坐标表示能量,能量的单位是电子伏特(eV)或波数(cm^{-1}),它们之间的换算关系为

$$1eV = 8065cm^{-1}$$

根据量子力学原理,原子内电子的跃迁并非在任意两个能级间均可进行,有些跃迁是允许

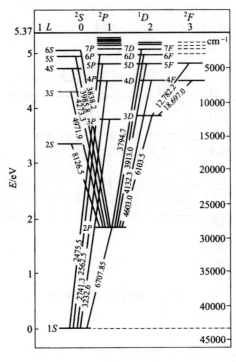

图 4-7　锂原子能级图

的,有些跃迁是禁止的,只能发生在一些确定的能级间,他们必须遵循一定的选择定则才能发生两光谱项之间的电子跃迁。其选择原则如下。

(1) $\Delta n=0$ 或任意正整数。

(2) $\Delta L=\pm 1$,跃迁只能允许在 S 与 P、P 与 S 或 D 与 P 之间跃迁等。

(3) $\Delta S=0$,不同多重性状态之间的跃迁是禁止的。

(4) $\Delta J=0$ 或 ± 1 的跃迁,当 $J=0$ 时,$\Delta J=0$ 的跃迁是禁止的。

凡由激发态向基态直接跃迁的谱线称为共振线,由第一激发态与基态直接跃迁的谱线称为第一共振线。那些不符合光谱选律的谱线,称为禁戒跃迁线。

原子在能级 j 和 i 之间的跃迁、发射或吸收辐射的频率与始末能级之间的能量差成正比。

$$\nu_{ji}=\frac{1}{h}(E_j-E_i)$$

式中:E_j 和 E_i 分别为跃迁的始末两个能级的能量;h 为普朗克常数。

如果 $E_j>E_i$,则为发射;如果 $E_j<E_i$,则为吸收。根据 $\lambda=\frac{c}{\nu}$,则从能级 j 到 i 跃迁的辐射波长可表示为

$$\lambda_{ji}=\frac{hc}{E_j-E_i}$$

2.基态与激发态

在一定的温度下,物质激发态的原子数与基态的原子数有一定的比值,并且服从波茨曼分

布定律

$$\frac{N_j}{N_0} = \frac{g_j}{g_0}\left(-\frac{E_j - E_0}{kT}\right)$$

式中：N_j、N_0 为基态和激发态原子数；g_j、g_0 为基态和激发态的统计权重，其值为 $(2J+1)$，J 为内量子数；E_j、E_0 为基态和激发态原子的能量；T 为热力学温度；k 为波茨曼常数，其值为 1.38054×4^{-23} J·K^{-1}。

对共振线来说，电子是从基态跃迁至第一激发态，因此可得

$$\frac{N_j}{N_0} = \frac{g_j}{g_0}e^{\left(-\frac{E_j}{kT}\right)} = \frac{g_j}{g_0}e^{\left(-\frac{h\nu}{kT}\right)}$$

在原子光谱中，对一定波长的谱线 $\frac{g_j}{g_0}$ 和 E_j 都是已知值。因此，只要温度 T 确定后，就可求得 $\frac{N_j}{N_0}$ 值。

基态原子数代表了吸收辐射中的原子总数，可方便地用于原子吸收测定。一些元素的共振线的激发态与基态原子数的比值见表 4-1。

表 4-1　几种原子共振线的激发态和基态原子数的比值

元素	共振线 /nm	$\frac{g_j}{g_0}$	激发能 /eV	$\frac{N_j}{N_0}$			
				2000 K	2500 K	3000 K	4000 K
Cs	852.11	2	1.455	4.31×10^{-4}	2.33×10^{-3}	7.19×10^{-3}	2.98×10^{-2}
K	766.49	2	1.617	1.68×10^{-4}	1.10×10^{-3}	3.84×10^{-3}	
Na	589.00	2	2.104	0.99×10^{-5}	1.14×10^{-4}	5.83×10^{-4}	4.44×10^{-3}
Ba	553.56	3	2.289	6.83×10^{-4}	3.19×10^{-5}	5.19×10^{-4}	
Ca	422.67	3	2.932	1.22×10^{-7}	3.67×10^{-6}	3.55×10^{-5}	6.03×10^{-4}
Fe	371.99	—	3.382	2.29×10^{0}	1.04×10^{-7}	1.31×10^{-6}	
Ag	328.07	2	3.778	6.03×10^{-10}	4.84×10^{-8}	8.99×10^{-7}	
Cu	324.75	2	3.817	4.82×10^{-10}	4.04×10^{-8}	6.65×10^{-7}	
Mg	285.21	3	4.346	3.35×10^{-11}	5.20×10^{-8}	1.50×10^{-7}	
Zn	213.86	3	5.795	7.45×10^{-15}	6.22×10^{-11}	5.50×10^{-10}	1.48×10^{-7}

3. 原子发射光谱的谱线

处于激发态的电子跃迁回到基态时，同时辐射一定能量，得到一条波长与辐射能量相对应的发射谱线。电子从高能量激发态可以直接回到基态，也可以回到为光谱定则所允许的各个能量较低的激发状态，从而发射出各种波长的谱线。一般元素的灵敏线是指主共振线。因为主共振线需要的激发能较低，易于被激发。当激发能量高于原子的离子能时，原子也可失去某个电子成为离子，离子同样也发射出相应的离子线，因此有时元素的灵敏线也可能是离子线。通常情况下，每种元素都有许多条发射谱线，例如结构最简单的氢原子，在紫外-可见区已经发

现的谱线有 54 条。对于结构比较复杂的原子,例如 Fe、W 等元素。已知它们的谱线有 5000 多条。

(1)谱线强度

原子的外层电子在 i、j 两个能级之间跃迁,其发射谱线强度 I_{ij} 为单位时间、单位体积内光子发射的总能量。

$$I_{ij} = N_i A_{ij} h\nu_{ij}$$

式中:N_i 为单位体积内处于激发态的原子数;A_{ij} 为两个能级之间的跃迁概率,即单位时间、单位体积内一个激发态原子产生跃迁的次数;$h\nu_{ij}$ 为一个激发态原子跃迁一次所发射出的能量。

可见,原子由激发态 i 向基态或较低能级跃迁的谱线强度与激发态原子数 N_i 成正比。

又根据麦克斯韦-波茨曼分布定律

$$N_i = N_0 \frac{g_i}{g_0} e^{\left(-\frac{E_i}{kT}\right)}$$

则发射谱线强度为

$$I = N_0 \frac{g_i}{g_0} e^{\left(-\frac{E_i}{kT}\right)} A h\nu$$

在光谱分析中,需要知道的是试样中某元素原子的浓度与谱线强度的关系,考虑到激发态原子数目远比基态原子数目少,可用基态原子数来表示总原子数。另外,考虑到辐射过程中,试样的蒸发、离解、激发、电离以及同种基态原子对谱线的自吸效应的影响,于是可得谱线强度与原子浓度有以下关系

$$I = A h\nu \frac{g_i}{g_0} e^{\left(-\frac{E_i}{kT}\right)} \frac{(1-x)\beta}{1-x(1-\beta)} \alpha\tau c^{bq}$$

式中:x 为气态原子的电离度;β 为气体分子的离解度;α 为样品蒸发的常数;τ 为原子在蒸气中平均停留时间;q 为与化学反应有关的常数,无化学反应时 $q=1$;b 为自吸系数,无自吸时 $b=1$。

在一定条件下,于是有

$$I = ac^b$$

式中:a、b 为与实验条件相关的常数。

在一定条件下,谱线强度只与试样中原子浓度有关,这一公式称为赛伯-罗马金公式,是原子发射光谱分析定量分析的根据。

从上述可以看出,谱线强度与基态原子数成正比,与发射谱线的频率成正比,同时与激发态能级、激发时的热力学温度等呈指数关系。

(2)谱线强度的影响因素

影响谱线强度的因素有以下几个方面。

①激发温度 T。

温度既影响原子的激发过程,又影响原子的电离过程,谱线强度与温度之间的关系比较复杂。温度开始升高时,气体中的各种粒子、电子等运动速度加快,增强了非弹性碰撞,原子被激发的程度增加,所以谱线强度增强。但超过某一温度之后,电离度增加,原子谱线强度渐渐降低,离子谱线强度继续增强。原子谱线强度随温度的升高,先是增强,到达极大值后又逐渐降

低。综合激发温度正反两方面的效应,要获得最大强度的谱线,应选择最适合的激发温度。图 4-8 所示为部分元素谱线强度与温度的关系。

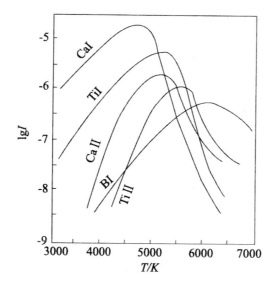

图 4-8 部分元素谱线强度与温度的关系

②基态原子数 N_0。

谱线强度与进入光源的基态原子数成正比,一般而言,试样中被测元素的含量越大,发出的谱线强度越强。

③激发态能级 E_i。

激发能级越高,其能量越大,谱线强度越小。随着激发态能级的增高,处于该激发态的原子数迅速减少,释放谱线的强度降低。激发能量最低的谱线往往是最强线。

④跃迁概率。

所谓跃迁概率是指电子在某两个能级之间每秒跃迁的可能性大小,它与激发态寿命成反比,即原子处于激发态的时间越长,跃迁概率越小,产生的谱线强度越弱。

⑤统计权重。

统计权重亦称简并度,指能级在外加磁场的作用下,可分裂成 $2J+1$ 个能级,谱线强度与统计权重成正比。当由两个不同 J 值的高能级向同一低能级跃迁时,产生的谱线强度也是不同的。

(3)谱线的自吸与自蚀

在光谱发射测定中,由于进行样品激发时的手段与条件不同,会使激发区域的温度和待测元素原子的浓度也产生差异,即温度与原子浓度在激发区域各部位的分布是不均匀的。中心区域的温度高,边缘部分的温度低;温度高的区域原子达到激发态和电离的原子数就高;温度低的区域达到激发态的原子数就低,大部分的原子可能只能达到基态,从而产生自吸效应。自吸效应可用朗伯-比耳定律表示:

$$I = I_0 e^{-ad}$$

式中,I 为射出弧层后的谱线强度;I_0 为弧焰中心发射的谱线强度;a 为吸收系数;d 为弧层厚度。从弧层越厚,弧焰中被测元素的原子浓度越大,自吸效应越严重。

在待测样品进行激发时,激发中心区域温度高,达到激发态的原子多,发射出的特征谱线强;而在激发中心区的周围边缘区域温度低,多数原子处于基态或低能级状态,释放特征谱线少。在测定时,某元素原子在激发的中心区域发射出的某一波长的电磁辐射,必须要通过边缘区域才能到达检测器,导致边缘区域处于基态的原子可能将该电磁辐射吸收,从而使检测到的谱线强度低于实际强度,这种因周围原子吸收而使谱线中心强度降低的现象称为自吸,自吸对谱线强度的影响可参考图4-9。

共振线是原子由激发态跃迁至基态而产生的。由于这种跃迁及激发所需的能量低,所以基态原子对共振线的吸收也最严重。当元素浓度很大时,共振线常呈现自蚀现象。自吸现象严重的谱线,往往具有一定的宽度,这是由于同类原子的相互碰撞而引起的,称为共振变宽。

由于自吸现象严重影响谱线强度,所以在光谱定量分析中,这是一个必须注意的问题。

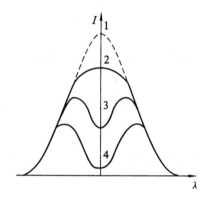

图 4-9 自吸与自蚀对谱线强度的影响

1—无自吸;2—有自吸;3—自蚀;4—严重自蚀

4.3 原子光谱仪

4.3.1 原子吸收分光光度计

进行原子吸收分析的仪器是原子吸收分光光度计。目前,国内外商品化的原子吸收分光光度计的种类繁多、型号各异,但基本构造原理却是相似的,都是由光源、原子化系统、分光系统和检测系统四个主要部分组成,如图4-10所示,下面分别进行讨论。

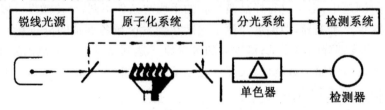

图 4-10 原子吸收分光光度计的结构原理图

1. 光源

光源的功能是发射被测元素的特征光谱,以供测量之用。如前所述为了测出待测元素的峰值吸收,必须使用锐线光源。为了获得较高的灵敏度和准确度,使用的光源应满足以下要求。

(1)发射线的波长范围必须足够窄,即发射线的半宽度明显小于吸收线的半宽度,以保证峰值吸收的测量。

(2)辐射的强度要足够大,以保证有足够的信噪比。

(3)辐射光强度要稳定且背景小,使用寿命长等。

目前使用的光源有空心阴极灯、无极放电灯和蒸气放电灯等,其中空心阴极灯是符合上述要求且应用最广的光源。

空心阴极灯是一种气体放电管,其基本结构如图 4-11 所示,它包括一个阳极(钨棒)和一个空心圆筒形阴极(由用以发射所需谱线的金属或合金,或铜、铁、镍等金属制成阴极衬套,空穴内再衬入或熔入所需金属)。两电极密封于充有低压惰性气体、带有石英窗的玻璃壳中。

图 4-11　空心阴极灯

当两极之间施加适当电压时,便产生辉光放电。在电场作用下,电子在飞向阳极的途中,与载气原子碰撞并使之电离,放出二次电子,使电子与正离子数目增加,以维持放电。正离子从电场获得动能。如果正离子的动能足以克服金属阴极表面的晶格能,当其撞击在阴极表面时,就可以将原子从晶格中溅射出来。除溅射作用外,阴极受热也会导致阴极表面元素的热蒸发。溅射与蒸发出来的原子进入空腔内,再与电子、原子、离子等发生第二类碰撞而受到激发,发射出相应元素的特征共振辐射。

空心阴极灯发射的光谱,主要是阴极元素光谱,因此用不同的待测元素作阴极材料,可制成各相应待测元素的空心阴极灯。若阴极物质只含一种元素,可制成单元素灯;阴极物质含多种元素,可制成多元素灯。为避免发生光谱干扰,在制灯时,必须用纯度较高的阴极材料和选择适当的内充气体,以使阴极元素的共振线附近没有内充气体或杂质元素的强谱线。

空心阴极灯在使用前一定要预热,使灯的发射强度达到温度,预热时间长短视灯的类型和元素而定,一般在 5~20 min 范围内。

空心阴极灯是性能优良的锐线光源。只有一个操作系数,发射的谱线稳定性好,强度高而宽度窄,并且容易更换。

2. 原子化系统

将试样中待测元素变成气态的基态原子的过程称为试样的原子化。完成试样的原子化所用的设备称为原子化器或原子化系统,它可以将试样中的待测元素转化为原子蒸气。试样中被测元素原子化的方法主要有火焰原子化法和非火焰原子化法两种。火焰原子化法利用火焰热能使试样转化为气态原子。非火焰原子化法利用电加热或化学还原等方式使试样转化为气态原子。

原子化系统在原子吸收分光光度计中是一个关键装置,它的质量对原子吸收光谱分析法的灵敏度和准确度有很大影响,甚至起到决定性的作用,也是分析误差最大的一个来源。

(1)非火焰原子化器

非火焰原子化器的原子化效率和灵敏度都比火焰原子化器高得多,应用最广的是石墨炉电热高温原子化器。

石墨炉电热高温原子化器的结构如图 4-12 所示,试样是在容积很小的石墨管内直接原子化,所以试样不像在预混合式火焰原子化器中那样受雾化效率的限制及被喷雾气体大量稀释,从而可大大提高光路中待测元素的原子浓度。

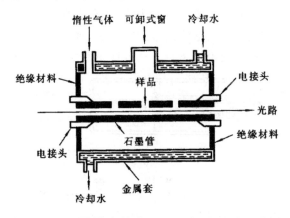

图 4-12　石墨炉电热高温原子化器结构示意图

实验时将试样从石墨管的中央小孔注入,为了防止试样及石墨管氧化,加热需要在惰性气氛中进行。测定时分干燥、灰化、原子化和除残四个阶段,如图 4-13 所示。

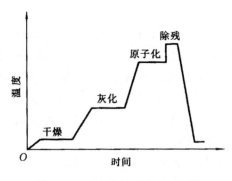

图 4-13　石墨炉升温示意图

干燥的目的是蒸发除去试液的溶剂或水分,干燥的温度一般高于溶剂的沸点,干燥时间可根据试样体积而定,通常为 20~60 s;灰化的作用是在不损失待测元素的前提下进一步除去有机物或低沸点无机物,以减少基体组分对待测元素的干扰;原子化就是使待测元素成为基态原子,原子化温度由待测元素的性质而定,时间 3～10 s,温度可达 2500℃～3000℃;除残是在试样测定完毕后,用比原子化阶段稍高的温度加热,除去石墨管中的试样残渣,净化石墨管。

石墨炉电热高温原子化器试样用量少,液体试样为 1～100 μl,固体为 0.1～10 mg;灵敏度高,检出限多为 1.0×10^{-10}～1.0×10^{-12},某些元素可达到 1.0×10^{-14},是一种微痕量分析技术;试样利用率高,原子化的原子在石墨炉中可以停留较长的时间,且原子化过程是在还原性气氛中进行的,原子化效率可达 90% 以上;可直接测定黏度较大的试样和固体试样;整个原子化过程是在一个密闭的配有冷却装置的系统中进行的,在操作时比火焰法安全;但其测定的精密度、重现性不如火焰法,装置和操作也较复杂,需增加设备费用。

(2)火焰原子化器

目前广泛使用的火焰原子化器是图 4-14 所示的预混合型火焰原子化器,它由雾化器、预混合室和燃烧器三部分组成。

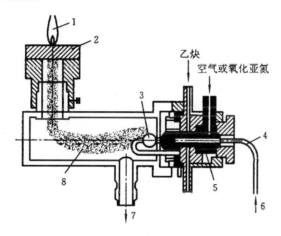

图 4-14　预混合型火焰原子化器

1—火焰;2—燃烧器;3—撞击球;4—毛细管;
5—雾化器;6—试液;7—废液;8—预混合室

①雾化器。

雾化器是火焰原子化器中是重要部件,它的作用是将试液变成细微的雾粒,以便在火焰中产生更多的待测元素的基态原子。如图 4-15 所示,雾化器由同轴喷管、节流管、撞击球、吸液毛细管等组成。

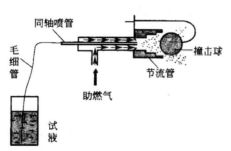

图 4-15　雾化器结果示意图

当助燃气体高速通过同轴喷管的外管与内管口构成的环形间隙时，根据伯努利原理，在此处形成了一个压力低于大气压的负压区。同轴喷管的内管与毛细管相连，毛细管的另一端插入试液，这时，大气压就会将试液压入毛细管内，提升至喷管嘴喷出，并被气流撕裂为细小液粒，经节流管后，冲向撞击球，被进一步分散成细微雾粒。节流管能限制气流膨胀，减慢流速的降低速度，改善雾粒分布面积，提高雾化率。调节撞击球的位置，也可在一定程度上提高雾化率。

雾化器的提升量是指单位时间进入雾化器的试液量。改变毛细管内径或调节助燃气流速均能改变提升量的大小，进而影响雾化效率。

单位时间进入火焰的雾粒量与提升量之比叫雾化率，提高雾化率可以提高原子化效率和分析灵敏度。雾化器的结构、试液的物理性质和组成、气体压力、温度等因素都会影响雾化率的大小。

国内研制的玻璃高效雾化器能明显提高仪器的雾化率、灵敏度和稳定性。

②预混合室。

试液雾化后进入预混合室（也称为雾化室，简称雾室），其作用是使雾珠进一步细化并得到一个平稳的火焰环境。雾室一般做成圆筒状，内壁具有一定锥度，下面开有一个废液管。原子化过程中，对预混合室的要求是：能使雾滴与燃气充分混合，"记忆"效应（即前测组分对后测组分测定的影响）小、噪声低和废液排出快。由于雾化器产生的雾珠有大有小，在雾室中，较大的雾珠由于重力作用重新在室内凝结成大液珠，沿内壁流入废液管排出；小雾珠与燃气在雾室内均匀混合，减少了它们进入火焰时引起的火焰扰动。

③燃烧器。

试液的细雾滴进入燃烧器，在火焰中经过干燥、熔化、蒸发和离解等过程后，产生大量的基态自由原子及少量的激发态原子、离子或分子。通常要求燃烧器原子化程度高、火焰稳定、吸收光程长、噪声小等。常用的预混合型燃烧器，可达到上述要求。

燃烧器中火焰的作用是使待测物质分解形成基态自由原子。按照燃气和助燃气的不同比例，可将火焰分为三类，即富燃火焰、中性火焰、贫燃火焰。不同元素测定要求不同的火焰状态。其中，贫燃性火焰呈蓝色，氧化性较强，是在助燃气气流量大、燃料气气流量小时形成的。富燃性火焰呈黄色，层次模糊，温度稍低，火焰的还原性较强，是助燃气气流量小或燃料气气流量大时产生的。中性火焰其性质介于上述二者之间。采用的火焰类型不同，测定的灵敏度也不同。

由于火焰中的反应是复杂的，火焰温度、燃料气、火焰中存在的各组分等因素对其都有不同程度的影响。所以，在进行分析时必须选择适宜条件才能获得准确的分析结果。

3.分光系统

分光系统的作用是把待测元素的共振线与其他干扰谱线分离开来，只让待测元素的共振线通过。分光系统（单色器）主要由色散元件（光栅或棱镜）、反射镜、狭缝等组成。图 4-16 是单光束型分光系统的示意图。由入射狭缝 S_1 投射出来的被待测试液的原子蒸气吸收后的透射光，经反射镜 M、色散元件光栅 G、出射狭缝 S_2，最后照射到光电检测器 PM 上，以备光电转换。

原子吸收法要求单色器有一定的分辨率和集光本领，这可通过选用适当的光谱通带来满

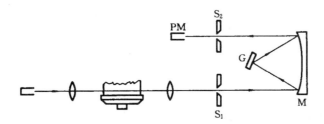

图 4-16　单光束型分光系统示意图

足。所谓光谱通带是通过单色器出射狭缝的光束的波长宽度,即光电检测器 PM 所接受到的光的波长范围,用 W 表示,它等于光栅的倒线色散率 D 与出射狭缝宽度 S 的乘积,即

$$W = DS$$

式中:W 为单色器的通带宽度,nm;D 为光栅的倒线色散率;S 为狭缝宽度,mm。

　　由于仪器中单色器采用的光栅一定,其倒线色散率 D 也为定值,因此单色器的分辨率和集光本领取决于狭缝宽度。调宽狭缝,使光谱通带加宽,单色器的集光本领加强,发射光强度增加;但同时发射光包含的波长范围也相应加宽,使光谱干扰与背景干扰增加,单色器的分辨率降低,导致测得的吸收值偏低,工作曲线弯曲,产生误差。反之,调窄狭缝,光谱通带变窄,实际分辨率提高,但出射光强度降低,相应地要求提高光源的工作电流或增加检测器增益,此时会产生谱线变宽和噪声增加的不利影响。实际工作中,应根据测定的需要调节合适的狭缝宽度。

　　4. 检测系统

　　检测系统是将分光系统的出射光信号转变为电信号,进而放大、显示的装置。它由检测器、放大器、对数变换器、显示装置等组成。

　　(1)检测器

　　检测器的作用是将单色器分出的光信号进行光电转换。应用光电池、光电管或光敏晶体管都可以实现光电转换。在原子吸收分光光度计中常用光电倍增管做检测器。光电倍增管的原理和连接线路如图 4-17 所示。光电倍增管中有一个光敏阴极 K、若干个倍增极和一个阳极 A。最后经过碰撞倍增了的电子射向阳极而形成电流。光电流通过光电倍增管负载电阻 R 而转换成电信号送入放大器。

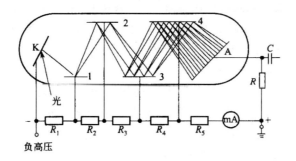

图 4-17　光电倍增管的原理和连接线路示意图

K—光敏阴极;A. 阳极;1~4. 打拿极;

$R,R_1 \sim R_5$. 电阻;C. 电容

（2）放大器

放大器的作用是将光电倍增管输出的电压信号进行放大。由于原子吸收测量中处理的信号波形接近方波，因此多采用同步检波放大器，以改善信噪比。由于蒸气吸收后的光强度并不直接与浓度呈直线关系，因此信号须经对数变换器进行变换处理后，才能提供给显示装置。

（3）对数变换器

原子吸收光谱法中吸收前后光强度的变化与试样中待测元素的浓度关系，在火焰宽度一定时是服从比耳定律的，吸收后的光强并不直接与浓度呈直线关系。因此，为了在指示仪表上显示出与试样浓度成正比例的数值，就必须进行信号的对数变换。

（4）显示装置

在显示装置里，信号可以转换成吸光度或透光率，也可以转换成浓度用数字显示器显示出来，还可以用记录仪记录吸收峰的峰高或峰面积。现代一些高级原子吸收分光光度计中还设有自动调零、自动校准、积分读数、曲线校正等装置，并可用微机绘制校准工作曲线以及高速处理大量测定数据等。

5.原子吸收分光光度计的类型

原子吸收分光光度计按光束形式可分为单光束和双光束两类；按波道数目又有单道、双道和多道之分。目前普遍使用的是单道单光束和单道双光束原子吸收分光光度计。

（1）单道单光束原子吸收分光光度计

单道单光束原子吸收分光光度计的基本结构如图 4-18 所示。

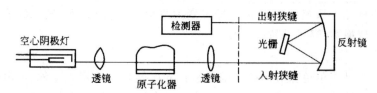

图 4-18　单道单光束原子吸收分光光度计

来自光源的特征辐射通过原子化器，部分辐射被基态原子吸收，透过部分经分光系统，使所需的辐射通向检测器，将光信号变成电信号并经放大而读出。

单道单光束原子吸收分光光度计仪器简单，体积较小，操作方便，价格低廉，能满足一般原子吸收的要求，是应用最广的仪器。其缺点是不能消除光源波动造成的影响，空心阴极灯要预热一段时间，待稳定后才能进行测定。

（2）单道双光束原子吸收分光光度计

单道双光束原子吸收分光光度计的基本结构如图 4-19 所示。仪器将来自光源的特征辐射经切光器分解成样品光束和参比光束，样品光束经原子化器被基态原子部分吸收，参比光束不通过原子化器，其光强不被减弱，两光束由半透明反射镜合为一束，经分光系统后进入检测器，然后在显示器或记录仪上给出两光束信号比。

单道双光束仪器在一定程度上消除了光源波动造成的影响，但由于参比光束不通过火焰，所以对火焰扰动、背景吸收等影响不能抵偿；双光束仪器的另一优点是空心阴极灯不需预热，点灯后即可开始测定；其缺点是光学系统复杂，入射光能量损失较大，约 50%。

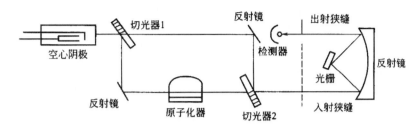

图 4-19　单道双光束原子吸收分光光度计

4.3.2　原子发射光谱仪

原子发射光谱分析仪一般有激发光源、分光系统和检测系统三部分组成。

1.激发光源

光源的作用是提供足够的能量,使试样蒸发、解离并激发,产生光谱。光源的特性在很大程度上影响分析方法的灵敏度、准确度及精密度。理想的光源应满足高灵敏度、高稳定性、背景小、线性范围宽、结构简单、操作方便、使用安全等要求。目前可用的激发光源有火焰、电弧、火花、等离子体、辉光、激光光源等。

(1)直流电弧

电弧是指一对电极在外加电压下,电极间依靠气体带电粒子(电子或离子)维持导电,产生弧光放电的现象。由直流电源维持电弧的放电称为直流电弧,其常用电压为 220 ~ 380 V,电流为 5 ~ 30 A。直流电弧基本电路如图 4-20 所示,其中 E 为直流电源,R 为镇流电阻,主要用来稳定和调节电流的大小。L 为电感,用来减小申流的波动,G 为分析间隙,由两个电极组成,上电极为碳电极(阴极),下电极为工作电极(阳极),试样一般装在下电极的凹孔内,上下两电极间留有一分析间隙。直流电弧通常用石墨或金属作为电极材料。

由于直流电不能击穿两电极,故应先进行点弧,即使电极间隙气体首先电离。为此可使分析间隙的两电极接触或用某种导体接触两电极使之通电。这时申极尖端被烧热,随后移动电极使其相距 4 ~ 6 mm,便得到电弧光源。此时从炽热的阴极尖端射出的热电子流通过分析间隙冲击阳极,产生高温,使加于阳极表面的试样物质蒸发为蒸气,蒸发的原子与电子碰撞,电离成正离子,并以告诉冲击阴极。由于电子、原子、离子在分析间隙互相碰撞,发生能量交换,引起试样原子激发,发射出特征谱线。

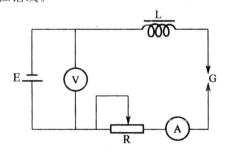

图 4-20　直流电弧电路

当采用电弧或火花光源时,需要将试样处理后装在电极上进行摄谱。当试样为导电性良好的固体金属或合金时可将样品表面进行处理,除去表面的氧化物或污物,加工成电极,与辅助电极配合,进行摄谱。这种用分析样品自身做成的电极称为自电极,而辅助电极则是配合自电极或支持电极产生放电效果的电极,通常用石墨作为电极材料,制成外径为 6 mm 的柱体。如果固体试样量少或者不导电时,可将其粉碎后装在支持电极上,与辅助电极配合摄谱。支持电极的材料为石墨,在电极头上钻有小孔,以盛放试样,常用的石墨电极如图 4-21 所示。

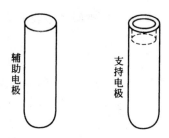

图 4-21　常用的石墨电极

直流电弧的弧焰温度与电极和试样的性质有关,在碳作电极的情况下,电弧柱温可达 4000～7000 K,可使 70 多种元素激发,所产生的谱线主要是原子谱线。

其主要优点是绝对灵敏度高,背景小。但直流电弧放电不稳定,弧柱在电极表面上反复无常地游动,导致取样与弧焰内组成随时间而变化,测定结果重现性较差,且其弧层较厚,自吸现象严重,故不适于高含量组分的定量分析。基于上述特性,直流电弧常用于定性分析及矿石、矿物等难熔物质中痕量组分的定量分析。

(2)低压交流电弧

低压交流电弧的工作电压为 110～220 V。采用高平引燃装置点燃电弧,在每一交流半周时引燃一次,保持电弧不灭,交流电弧发生器如图 4-22 所示。

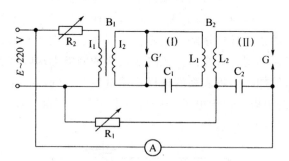

图 4-22　交流电弧发生器示意图

该电路是由小功率的高频高压引燃电路I与普通交流低频燃弧电路II借助于线圈 L_1、L_2 耦合而成的。电源经过调压电阻 R_2 适当降压后,由升压变压器 B_1 升压至 2500～3000 V,并向振荡电容器 C_1 充电,其充电速度由 R_2 调节,当充电的能量达到放电盘 G' 的击穿电压时,放电盘的空气绝缘被击穿而产生高频振荡。其振荡速度由放电盘的距离及充电速度控制,使其在交流电的每半周期内只振荡一次。振荡电压经 B_2 的次级线圈升压到 10 kV,通过电容器 C_2

将电极间隙 G 的空气击穿,产生高频振荡放电。当 G 被击穿时,电源的低压部分沿着已造成的电离气体通道,通过 G 进行电弧放电,在放电的短暂瞬间,电压降低直至电弧熄灭,在下半周高频再次点燃,重复进行。

交流电弧的电弧电流有脉冲性,它的电流密度比在直流电弧中要大,其激发能力较强,弧温较高,所以在获得的光谱中,出现的离子线要比在直流电弧中稍多些。但交流电弧的电极头温度较直流电弧的稍低一些,这是因为交流电弧放电的间隙性所致。

低压交流电弧光源的分析灵敏度接近于直流电弧,且其稳定性比直流电弧高,操作简便安全,因而广泛应用于金属、合金中低含量元素的定量分析。

(3)高压火花光源

火花光源的工作原理是在常压下,利用电容器的充放电作用在两电极间周期性的加上高电压,当施加于两个电极间的电压达到击穿电压时,在两极间尖端迅速放电产生电火花,电火花可分为高压火花和低压火花。高压火花电路与低压交流电弧的引燃电路相似,如图 4-23 所示,但高压火花电路放电功率较大。

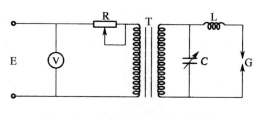

图 4-23　高压火花电路示意图

220V 交流电压经可调电阻 R、变压器 T 产生 10 kV 左右的高压,并向电容器 C 充电,当电容器两端的充电电压达到分析间隙的击穿电压时,G 被击穿产生火花放电。

高压火花光源的优点主要有:

①在放电一瞬间释放出很大的能量,放电间隙电流密度很高,因此温度很高,可达 10000 K 以上,具有很强的激发能力,一些难激发的元素可被激发,而且大多为离子线。

②适宜做较高含量的分析,同时间歇放电、放电通道窄有利于试样的导入,除了可以用碳做电极对外,待测样品自身也可做电极,如炼钢厂的钢铁分析。

③放电稳定性好,因此重现性好,适宜作定量分析,但是在放电瞬间完成,有明显的充电间歇,所以电极温度较低,放电通道窄,不利于样品蒸发和原子化,灵敏度较差。

(4)电感耦合等离子体

等离子体是指电离度大于 0.1% 的气体,它是由离子、电子及中性粒子组成的呈电中性的集合体,能够导电。电感耦合高频等离子体简称 ICP,ICP 光源是 20 世纪 60 年代出现的一种新型的光谱激发光源,也是目前原子光谱分析应用最广的新型光源。它是高频电能通过感应线圈耦合到等离子体所得到的外观上类似火焰的高频放电光源。

电感耦合高频等离子光源由高频发生器、等离子炬管以及雾化器三部分组成。等离子体炬管是一个三层同心石英玻璃管,外层通入氩气作为冷却气,保护石英管不被烧熔;中层通入氩气起维持等离子体的作用;内层通入氩气起载入试样气溶胶的作用。试样多为溶液,在进入内层石英管前,需经气动雾化器和超声雾化器雾化为气溶胶。图 4-24 所示为 ICP 光源示意图。

当高频发生器接通电源后,高频电流,通过感应线圈产生交变磁场。开始时,管内为氩气,不导电,需要用高压电火花触发,使少量气体电离后,在高频交流电场的作用下,带电粒子高速运动,碰撞气体原子,使之迅速、大量电离,形成"雪崩"式放电,产生等离子体气流,并在垂直于磁场方向的截面上产生感应电流(涡电流),其电阻很小,电流很大(数百安),所产生的高温又进一步将气体加热、电离,在管口形成稳定的等离子体焰炬。试样气溶胶在此获得足够能量,产生特征光谱。

使用 ICP 光源时,通常需要制成溶液后进样。可以通过气动雾化、超声雾化和电热蒸发的方式将试样引入 ICP 光源

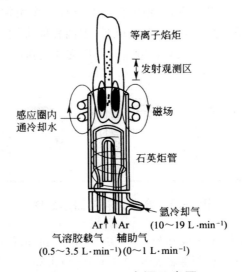

图 4-24　ICP 光源示意图

气动雾化器是将试样溶液通过高压气流转变成极细的单个雾状微粒(气溶胶),再由载气带入激发光源。图 4-25 所示为两种典型的气动雾化器示意图。

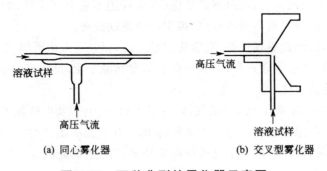

图 4-25　两种典型的雾化器示意图

超声雾化器是根据超声波振动的空化作用将溶液雾化成气溶胶,由载气带入激发光源。与气动雾化器相比,超声雾化器具有雾化效率高,产生的气溶胶密度高、颗粒细且均匀,不易堵塞等特点。其不足之处是结构复杂,价格高,记忆效应也较气动雾化器大。

ICP 光源温度高,有利于难激发元素的激发。试样气溶胶在等离子体中平均停留时间较长,可达 2 ～ 3 ms,比电弧和电火花光源都要长得多。由此可保证试样充分原子化,提高测定的灵敏度,消除化学干扰。

由于高频电流的趋肤效应(是指高频电流在导体表面的集聚现象),使等离子体炬形成一个环状的中心通道,因而气溶胶能顺利地进入到等离子体内,保证等离子体具有较高的稳定性,使分析的精密度和准确度都很高,可有效消除自吸现象,工作曲线线性范围变宽,可达4～6 个数量级。

此外,ICP 光源不用电极,避免了由电极污染带来的干扰;但 ICP 光源的不足之处是雾化效率低,对气体和卤素等非金属的测定的灵敏度还不令人满意,固体进样问题尚待解决,设备较复杂,氩气消耗量大,维持费用较高。

(5)直流等离子体喷焰

直流等离子体喷焰实际上是一种被气体压缩了的大电流直流电弧,其形状类似火焰。早起的直流等离子体喷焰由电极中间的喷口喷出来,得到等离子体喷燃,从切线方向通入氩气或氦气,将电弧压缩,以获得高电流密度。其示意图如图 4-26 所示。

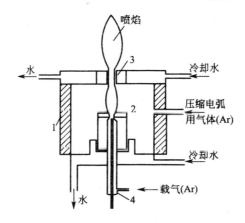

图 4-26　等离子体喷焰示意图

(6)辉光

辉光是一种在很低气压下的放电现象。有气体放电管、格里姆放电管及空心阴极放电管多种形式,其中空心阴极放电管应用比较多。一般是将样品放在空心阴极的空腔里或以样品作为阴极,放电时利用气体离子轰击阴极使样品溅射出来进入放电区域而被激发。

辉光光源的激发能力很强,可以激发一些很难激发的元素,如部分非金属元素、卤素和一些气体。产生谱线强度大,背景小,检出限低,稳定性好,分析的准确度高。但设备复杂,进样不便,操作繁琐。它主要用于超纯物质中杂质分析及难激发元素、气体样品、同位素的分析及谱线超精细结构研究。

以电火花为光源的原子发射光谱分析法被广泛应用于各种金属和合金的直接测定中,由于其分析速度快,精度高,特别适合在冶金及钢铁工业中应用。若将发射光谱仪的电火花光源部分安装在信号枪上,并与发射光谱仪的移动系统相连,可在现场进行分析。等离子体发射光谱仪(ICP－AES)适用于可配制成溶液的各类试样的分析,在金属与合金试样、矿石试样、环境试样、生物与医学临床试样、农业与食品试样、电子材料与高纯试剂试样等方面广泛应用,是非常重要的仪器分析方法。以电弧为光源的原子发射光谱分析法,主要用来测定金属中的痕量元素,其灵敏度高于 X 射线荧光光谱分析法,也可直接分析金属丝和粉末,不必进行试样前处理,方便快捷。

2.分光系统

分光系统的作用是将有激发光源发出的含有不同波长的复合光分解成按波序排列的单色光。常用的分光系统有棱镜分光系统、光栅分光系统和滤光片。

(1)滤光片

滤光片有吸收型和干涉型两类,前者比后者便宜,只用于可见光,后者则可在紫外、可见甚至红外光谱范围内使用,而且分光效果要比前者好得多。

干涉滤光片是利用光的干涉原理和薄膜技术来改变光的光谱成分的滤光片。由一透明介质和将其夹在中间的、内表面涂有半透明金属膜的两片玻璃片组成,要精心控制透明介质的厚度,透过辐射的波长由它决定。当一束准直辐射垂直地射到滤光片上时,一部分将透过第一层金属膜而其余的则被反射。当透过部分照到第二层金属膜时,会发生同样的情况,如果在第二次作用时所反射部分具有合适的波长,它就可在第一层内表面与新进入的相同波长的光在相同的相位反射,使该波长的光获得加强干涉,而大部分其他波长的光则由于相位不同而发生相消干涉,从而获得较窄的辐射通带。

吸收滤光片的有效带宽在 $80 \sim 260 \, \mu m$,性能特征都明显的差于干涉滤光片,但对于许多实际应用,已经完全适用了。吸收滤光片已经被广泛用于可见光区域的波长选择。图 4-27 所示为吸收和干涉滤光片的带宽示意图。

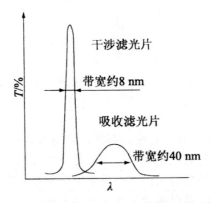

图 4-27 吸收和干涉滤光片的带宽示意图

(2)棱镜分光系统

棱镜分光系统示意图如图 4-28 所示,Q 为光源,K_I、K_{II}、K_{III} 为照明透镜,三个透镜组成了照明系统,将光源发出的光有效、均匀地照射到狭缝 S 上,然后准光镜 L_1 把由狭缝射出的光变成平行光束,投射到棱镜 P 上,不同波长的光有成像物镜 L_2 分别聚焦在面 FF′上,便得到按波长顺序展开的光谱。所获得的每一条谱线都是狭缝的像。

棱镜对光的色散基于光的折射现象,构成棱镜的光学材料对不同波长的光具有不同的折

射率,在紫外区和可见光区,折射率 n 与波长 λ 之间的关系可用科希公式来表示,

$$n = A + \frac{B}{\lambda^2} + \frac{C}{\lambda^4} + \cdots$$

可以看出,波长短的折射率大,波长长的光折射率小。因此平行光经过棱镜色散后,按波长顺序被分解成不同波长的光。

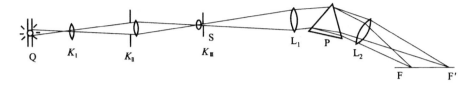

图 4-28　棱镜光谱仪光路示意图

棱镜光谱是零级光谱,可用色散率、分辨率来表征棱镜分光系统的光学特性。

①色散率。

色散率是指将不同波长的光分开的能力,有角色散率和线色散率之分。

·角色散率 D

角色散率是指两条波长相差 $\mathrm{d}\lambda$ 的谱线被分开的角度 $\mathrm{d}\theta$。

·线色散率 D_i

线色散率是指波长相差卧的两条谱线在焦面上被分开的距离 $\mathrm{d}l$。

$$D_i = \frac{f}{\sin\varepsilon}D = \frac{f}{\sin\varepsilon} \times \frac{\mathrm{d}\theta}{\mathrm{d}\lambda}$$

式中:f 为照相物镜 L_2 的焦距;ε 为焦面对波长为 λ 的主光线的倾斜角。

棱镜的线色散率随波长增加而减小,故也常用倒色散率 $\dfrac{\mathrm{d}\lambda}{\mathrm{d}l}$ 来表示其分光能力,倒色散率 $\dfrac{\mathrm{d}\lambda}{\mathrm{d}l}$ 的含义是焦面上单位长度内容纳的波长数。其数值越小,说明色散效果越好。

要增大色散能力,可通过增加棱镜数目、增大棱镜的顶角、改变棱镜材料及投影物镜焦距等手段来实现,但同时要考虑成本增加以及光强度减小等因素,一般棱镜数目不超过三个,棱镜顶角采用 60°。

②分辨率。

棱镜的理论分辨率可由下式计算:

$$R = \frac{\lambda}{\Delta\lambda}$$

式中:$\Delta\lambda$ 为根据瑞利准则恰能分辨的两条谱线的波长差;λ 为两条谱线的平均波长。

根据瑞利准则,"恰能分辨"是指等强度的两条谱线间,一条谱线的衍射最大强度落在另一条谱线的第一最小强度上。当棱镜位于最小偏向角位置时,对等腰棱镜有

$$R = m'b\frac{\mathrm{d}n}{\mathrm{d}\lambda}$$

式中:$\dfrac{\mathrm{d}n}{\mathrm{d}\lambda}$ 为棱镜材料的色散率;m' 为棱镜的数目;b 为棱镜的底边长。

R 值越大,分辨能力越强,一般光谱仪的分辨率在 5000~60000 之间。

(3)光栅分光系统

光栅分光系统采用光栅作为分光器件,光栅利用多狭缝干涉和单狭缝衍射的联合作用,将复合光色散为单色光;多狭缝干涉决定谱线的位置,单狭缝衍射决定谱线的强度分布。目前原子发射光谱仪中采用的光栅分光系统有三种类型:凹面光栅、平面反射光栅、中阶梯光栅。

平面反射光栅的分光系统主要应用于单道仪器,每次只能选择一条光谱线作为分析线,检测一种元素,示意图如图 4-29 所示。

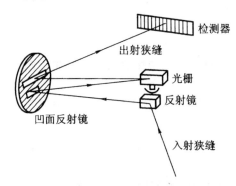

图 4-29　平面光栅分光系统示意图

凹面光栅的分光系统使发射光谱实现多道多元素同时检测,如图 4-30 所示。

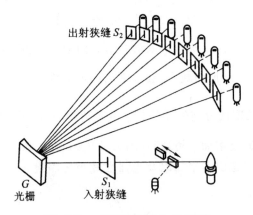

图 4-30　凹面光栅分光系统

光栅分光系统的光学特性通常用色散率、分辨率来表征。

①色散率。

角色散率 $\dfrac{\mathrm{d}\beta}{\mathrm{d}\lambda}$ 和线色散率 $\dfrac{\mathrm{d}l}{\mathrm{d}\lambda}$ 可用光栅公式求得

$$d(\sin i \pm \sin\beta) = m\lambda$$

微分分别求得角色散率和线色散率

$$\frac{\mathrm{d}\beta}{\mathrm{d}\lambda} = \frac{m}{d\cos\beta}$$

$$\frac{\mathrm{d}l}{\mathrm{d}\lambda} = \frac{mf}{d\cos\beta}$$

式中：d 为光栅常数；m 为光谱级次；i 为入射角；β 为衍射角；f 为焦距。

在光栅发现附近，$\cos\beta \approx 1$，记载同一级光谱中，色散率基本不随波长而改变，是均匀色散。色散率随光谱级次增大而增大。

②分辨率。

光栅光谱仪的理论分辨率 R 为

$$R = \frac{\lambda}{\Delta\lambda} = mN$$

式中：m 为光谱级次；N 为光栅总刻线数。

若要获得高分辨率，可采用大块的光栅，以增加总刻线数。

3. 检测系统

在原子发射光谱法中，常用的检测方法有摄谱法和光电直读法。

(1)摄谱法

用感光板来接收与记录光谱的方法称为摄谱法，而采用摄谱法记录光谱的原子发射光谱仪称为摄谱仪。将光谱感光板置于摄谱仪焦面上，接受被分析试样光谱的作用而感光，再经过显影、定影等过程后，制得光谱底片，其上有许许多多黑度不同的光谱线，然后用映谱仪观察谱线的位置和强度，进行光谱定性分析和半定量分析；也可采用测微光度计测量谱线的强度比，进行光谱定量分析。感光板的特性常用反衬度、灵敏度和分辨能力来表征。

感光板主要有片基和感光层组成。感光物质卤化银、支持剂明胶和增感剂构成了感光层，均匀涂布在片基上，片基的材料通常为玻璃或醋酸纤维。改变增感剂，则可制得不同感色范围及灵敏度的各种型号的感光板。

摄谱时，卤化银在不同波长光的作用下形成潜影中心。在显影剂的作用下，包含有潜影中心的卤化银晶体迅速还原成金属银，形成明晰的像，再利用定影剂除去未还原的卤化银，即可得到具有一定波长和黑度的光谱线。利用映谱仪将底片放大 20 倍，可进行定性分析；用测微光度计测定谱线黑度，可进行定量分析。

所谓黑度，是指感光板上谱线变黑的程度，将一束光照在谱板上，谱线处光透过率的倒数的对数即为黑度。

$$S = \lg\frac{1}{T} = \lg\frac{I_0}{I}$$

式中：S 为黑度；T 为谱线处光透过率；I_0 为透过未受光作用部分的光强度；I 为透过谱线处的光强度。

感光板上的谱线黑度与总曝光量有关，曝光量等于感光层所接受的照度和曝光时间的乘积。

$$H = Et$$

式中：H 为曝光量；E 为照度；t 为曝光时间。

黑度与曝光量之间的关系极为复杂。若以黑度为纵坐标，以曝光量的对数为横坐标，得到实际的乳剂特性曲线如图 4-31 所示，AB 是雾翳部分，此段与曝光量无关，BC 是曝光不足部分，CD 是曝光正常部分，黑度与曝光量的对数成直线关系 DE 是曝光过度部分，EF 是负感部分。

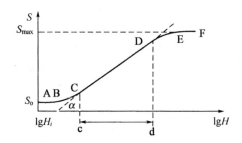

图 4-31 乳剂特性曲线

CD 段为直线,黑度 S 与曝光量的对数值 $\lg H$ 之间的关系可用下式表示

$$S = r(\lg H - \lg H_i)$$

式中:r 为 CD 段直线的斜率,称为感光板的反衬度,表示曝光量改变时黑度变化的快慢。CD 部分延长线在横坐标上的截距为 $\lg H_i$,H_i 称为感光板乳剂的惰延量,可用来表示感光板的灵敏度,H_i 越大,灵敏度越低。AB 段与纵轴交点处的黑度 S_0 称为雾翳黑度,CD 段在横轴上的投影 cd 称为感光板乳剂的展度,决定了可进行定量分析的浓度范围。

对于一定的感光板,$r\lg H_i$ 为一定值,用 i 表示,则

$$S = r\lg H - i$$

式中,i 为常数,r 代表乳剂特性曲线直线部分的斜率,称为反衬度。

由于曝光量 H 等于感光板上得到的照度 E 与曝光时间 t 的乘积,而照度 E 又与谱线强度 I 成正比,故有

$$S = r\lg It - i$$

(2)光电直读法

光电直读法是利用光电测量的方法直接测定谱线波长和强度。目前常用的光电转换元件包括光电倍增管和固体成像器件。光电倍增管工作原理如图 4-32 所示。

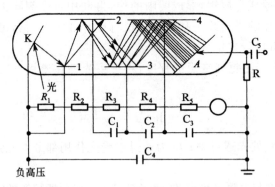

图 4-32 光电倍增管工作原理示意图

K—光敏阴极;1~4—打拿极;A—阳极;R—电阻;C—电容。

光电倍增管是利用次级电子发射原理放大光电流的光电管,由光电阴极、阳极及若干个打拿极组成,阴极电位最低,各打拿极电位依次升高,阳极最高。在光阴极和打拿极上都涂以光敏材料,阴极在光照下产生电子,电子在电场作用下,加速而撞击到第一打拿极上,产生 2~5

倍的次级电子,这些电子再与下一个打拿极撞击,产生更多的次级电子,经过多次放大,最后聚集在阳极上的电子数可达阴极发射电子数的 $10^5 \sim 10^8$ 倍。

4.4　原子光谱分析方法

4.4.1　原子吸收光谱的分析方法

原子吸收的定量分析方法,可采用一般仪器分析法常用的标准曲线法、标准加入法和内标法等。

1. 标准曲线法

标准曲线法是最常用的方法。这种方法的步骤如下:首先配制一组浓度合适的标准溶液(一般 5~7 个),在相同的实验条件下,以空白溶液调整零吸收,再按照浓度由低到高的顺序,依次喷入火焰,分别测定各种浓度标准溶液的吸光度。以测得的吸光度 A 为纵坐标,待测元素的含量或浓度为横坐标作图,绘制 $A-c$ 关系曲线(标准曲线),如图 4-33 所示。在同一条件下,喷入待测试液,根据测得的吸光度 A_x 值,在标准曲线上查出试样中待测元素相应的含量或浓度值。

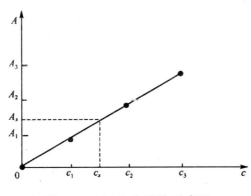

图 4-33　标准曲线法示意图

为了保证测定结果的准确度,标准试样的组成应尽可能接近待测试样的组成。在标准曲线法中,要求标准曲线必须是线性的。但是,在实际测试过程中,由于喷雾效率、雾粒分布、火焰状态、波长漂移以及各种其他干扰因素的影响,标准曲线有时在高浓度区向下弯曲,不成线性,故每次测定前必须用标准溶液对标准曲线进行检查和校正。

标准曲线法简便、快速,适合对大批量组成简单的试样进行分析。

2. 标准加入法

在一般情况下,待测试液的确切组成是未知的,这样欲配制与待测试液组成相似的标准溶液就很难进行。在这种情况下,应该采用标准加入法进行定量分析。

取相同体积的试样溶液两份,分别移入容量瓶 A 及 B 中,另取一定量的标准溶液加入 B

中,然后将两份溶液稀释至刻度,测出 A 及 B 两溶液的吸光度。设试样中待测元素(容量瓶 A 中)的浓度为 c_x,加入标准溶液(容量瓶 B 中)的浓度为 c_s,A 溶液的吸光度为 A_x,B 溶液的吸光度为 A_s,则可得

$$A_x = kc_x$$
$$A_s = k(c_s + c_x)$$

由上两式得

$$c_x = \frac{A_x}{A_s - A_x}c_s$$

实际测定中,都采用作图法:取若干份(至少 4 份)体积相同的试样溶液,从第二份开始按比例加入不同量待测元素的标准溶液,然后用溶剂稀释至一定体积(设试样中待测元素的浓度为 c_x,加入标准溶液后浓度分别为 c_x、c_x+c_s、c_x+2c_s、c_x+3c_s、c_x+4c_s 等),分别测得其吸光度(A_x、A_1、A_2、A_3、A_4 等),以吸光度 A 对加入标准溶液的浓度 c_s 作图,得如图 4-34 所示的直线,这时曲线并不通过原点。显然,相应的截距所反映的吸收值正是试样中待测元素所引起的效应。如果外延此曲线使与横坐标相交,相应于原点与交点的距离,即为所求试样中待测元素的浓度 c_x。

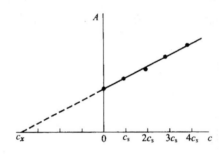

图 4-34　标准加入法示意图

使用标准加入法时应注意以下几点。

①本法能消除基体效应带来的影响,但不能消除背景吸收的影响,这是因为相同的信号,既加到试样测定值上,也加到增量后的试样测定值上,因此只有扣除了背景之后,才能得到待测元素的真实含量,否则将得到偏高结果。

②为了得到较为精确的外推结果,最少应采用 4 个点来作外推曲线,并且第一份加入的标准溶液与试样溶液的浓度之比应适当,这可通过试喷试样溶液和标准溶液,比较两者的吸光度来判断。增量值的大小可这样选择,使第一个加入量产生的吸收值约为试样原吸收值的一半。

③对于斜率太小的曲线,灵敏度差,容易引进较大的误差。

④待测元素的浓度与其相应的吸光度应呈直线关系。

3.内标法

在标准溶液和试样溶液中分别加入一定量的试样中不存在的内标元素,同时测定这两种元素的吸光度,并以吸光度的比值对待测元素含量绘制标准曲线。再根据试液中待测元素和内标元素的吸光度比值,从标准曲线中求得试样中待测元素的浓度。

内标元素与待测元素在原子化过程中应具有相似的化学性质和火焰特性。内标法的优点是可以消除在原子化过程中由于实验条件,如气体流量、进样量、火焰条件、基体组成、表面张力等因素的变化所引起的误差,提高了测定的精密度和准确度。但内标法只适用于双通道原子吸收光谱仪,因而在使用上受到了仪器的限制。

4.4.2　原子发射光谱的分析方法

根据所用仪器设备和检测手段的不同,常用的原子发射光谱分析方法有以下几种。

1. 火焰光度法

火焰光度法是以普通火焰作为激发源的原子发射光谱法,由于火焰的温度较低,只能激发碱金属和碱土金属等激发能较低、谱线简单的元素。主要用于钾、钠等元素的测定,方法简便快速,仪器结构简单,在土壤、植物以及血液分析测定中应用广泛。

2. 等离子体原子发射光谱法

等离子体原子发射光谱法是 20 世纪 60 年代发展起来的一种新型光谱分析法,它是以等离子体作为激发光源并用光电倍增管作为检测器的原子发射光谱分析法,该方法具有多元素同时分析的能力,其测定元素范围广,检出限低,线性范围宽,精密度高,因此应用范围得到了迅速扩大。

3. 摄谱分析法

摄谱分析法采用摄谱仪照相记录光谱,然后将拍摄的光谱在映谱仪和测微光度计上进行定性和定量分析。该方法可以同时测定多种元素,灵敏度和准确度高,应用波长范围广。但该方法需经过摄谱、暗室洗相及谱线测量多种程序,使得分析速度受到限制。

4. 看谱分析法

看谱分析法是利用看谱仪以眼睛观测光谱进行光谱定性及半定量分析。观测的光谱范围仅限于可见光区,因此应用范围有限,并且准确度较低,但操作简便,分析快速,设备简单,适用于现场分析。

5. 光电直读光谱法

光电直读法将元素特征谱线强度通过光电转换元件转换为电信号,直接测量待测元素含量。该法分析速度快,可同时测定多种元素含量。

4.5　灵敏度与检测限

4.5.1　灵敏度与最佳范围

原子吸收分析的灵敏度,通常用能在水溶液中产生 1% 吸收(或吸光度为 0.0044)时待测

元素的浓度表示相对灵敏度,也称为百分灵敏度,计算式如下:

$$S = \frac{c}{A} \times 0.0044$$

式中:S 为百分灵敏度,$\mu g \cdot ml^{-1} \cdot 1\%$;$c$ 为试液的浓度,$\mu g \cdot ml^{-1}$;A 为试液的吸光度。

在非火焰原子吸收法中,常用绝对灵敏度表示。其定义为:在给定实验条件下,某元素能产生 1% 吸收时的质量,以 g/1% 表示,计算式为

$$S = \frac{cV \times 0.0044}{A} = \frac{m \times 0.0044}{A}$$

式中:c 为试液浓度,$g \cdot ml^{-1}$;V 为体积,ml;A 为吸光度;m 为待测元素的质量,g。

原子吸收的最佳分析范围是使其产生的吸光度落在 $0.1 \sim 0.5$,这时测量的准确度较高。根据灵敏度的定义,当吸光度 $A = 0.1 \sim 0.5$ 时,其浓度为灵敏度的 $25 \sim 125$ 倍。由于各种元素的灵敏度不同,所以其最适宜的测定浓度也不同,应根据实验确定。

4.5.2 检出限与灵敏度间的关系

检出限比灵敏度更具有明确的意义,它指明了测定的可靠程度。仪器的灵敏度越高,噪声越低,是降低检出限、提高信躁比的有效手段。检出限是指待测元素能产生 3 倍于标准偏差时的浓度,用 $1 \mu g \cdot ml^{-1}$ 表示,计算式为

$$D = \frac{3S}{\overline{A}} \times c$$

式中:c 为测试溶液的浓度,$\mu g \cdot ml^{-1}$;D 为待测元素的检出限,$\mu g \cdot ml^{-1}$;$\overline{A}$ 为测试溶液的平均吸光度;S 为吸光度的标准偏差,由接近于空白的标准溶液进行至少 10 次以上平行测定而求得。

$$S = \sqrt{\frac{\sum_{i=1}^{n} (A_i - \overline{A})^2}{n-1}}$$

其中,测定次数 $n \geqslant 10$;A 是单次测定的吸光度。也可用空白溶液测定 S。

检出限与待测元素的性质有关,也与仪器的工作情况和质量有关。检出限与灵敏度相关,一般说来,检出限越低,灵敏度越高。但它们是完全不同的两个概念,灵敏度与仪器的工作稳定性或测量的重现性没有相关性,只有高的灵敏度,没有好的稳定性或精密度,则检出限也不会低。所以,低的检出限必定要求高的灵敏度和好的精密度,这就是它们之间的关系。精密度可用标准偏差 S 或相对标准偏差 RSD(%)表示。

4.6 原子光谱的应用

4.6.1 原子吸收光谱法的应用

原子吸收光谱法的测定灵敏度高,检出限低,干扰少,操作简单快速,可测定的元素达 70 多种,其中已有不少原子吸收光谱法被列入行业和国家的标准分析方法。多年来,在石油化工、生物医药、环境保护等各个领域内获得了广泛的应用。

1.元素的测定

(1)碱金属

碱金属是原子吸收光谱法中具有很高测定灵敏度的一类元素。碱金属元素的电离电势和激发电势低,易于电离,测定时需要加入消电离剂,宜用低温火焰测定。

(2)碱土金属

所有碱土金属在火焰中易生成氧化物和小量的 MOH 型化合物。原子化效率强烈地依赖于火焰组成和火焰高度。因此,必须仔细地控制燃气与助燃气的比例,恰当地调节燃烧器的高度。为了完全分解和防止氧化物的形成,应使用富燃火焰。在空气-乙炔火焰中,碱土金属有一定程度的电离,加入碱金属可抑制电离干扰。镁是原子吸收光谱法测定的最灵敏的元素之一,测定镁、钙、锶和钡的灵敏度依次下降。

(3)有色金属

有色金属元素包括 Fe、Co、Ni、Cr、Mo、Mn 等。这组元素的一个明显的特点是它们的光谱都很复杂。因此,应用高强度空心阴极灯光源和窄的光谱通带进行测定是有利的。Fe、Co、Ni、Mn 用贫燃乙炔-空气火焰进行测定。Cr、Mo 用富燃乙炔-空气火焰进行测定。

(4)贵金属

Ag、Au、Pd 等的化合物易实现原子化,用原子吸收光谱法测定时显示出很高灵敏度,宜用贫燃乙炔-空气火焰,Ag、Pd 要选用较窄的光谱通带。

(5)非金属

原子吸收光谱法除了可以测定金属元素的含量外,还可间接测定非金属的含量。如 SO_4^{2-} 的测定,先用已知过量的钡盐和 SO_4^{2-} 沉淀,再测定过量 Ba^{2+} 含量,从而间接得出 SO_4^{2-} 含量。

2.在生物医药中的应用

在制药行业中,原子吸收光谱法的应用也十分广泛。原料药中原料的选取,对药品中有害重金属铅汞的测定,含金属的盐或络合物通过测定金属的含量,可间接得出物质的纯度。

3.在石油化工中的应用

原子吸收光谱法在石油化工中,用于原油中催化剂毒物和蒸馏残留物的测定,如测定油槽中的镍、铜、铁,对于测定润滑油中的添加剂钡、钙、锌,汽油添加剂中的铅等已有较广泛的应用。

4.在环境保护中的应用

环境保护中对大气、水、土壤中污染物的环境监测,原子吸收光谱法也发挥了很大的作用。

4.6.2　原子发射光谱法的应用

1.原子发射光谱定性分析

元素的原子结构不同,在光源的激发作用下,试样中每种元素都发射自己的特征光谱。

（1）元素的分析线

复杂元素的谱线可能多达数千条,检测时只能选择其中的几条特征谱线,称其为分析线。当试样的浓度逐渐减小时,谱线强度减小直至消失,最后消失的谱线称为最后线。每种元素都有一条或几条最强的谱线,也即产生最强谱线的能级间的跃迁最易发生,这样的谱线称为灵敏线,最后线也是最灵敏线。共振线是指由第一激发态跃迁回到基态所产生的谱线,通常也是最灵敏线、最后线。

（2）定性分析

元素的发射光谱具有特征性和唯一性,这是定性的依据,但元素一般都有许多条特征谱线,分析时不必将所有谱线全部检出,只要检出该元素的两条以上的灵敏线或最后线,就可以确定该元素的存在。

①铁光谱比较法。

标准光谱图是在相同条件下,将试样与铁标准样品并列摄谱于同一光谱感光板上,然后将试样光谱与铁光谱标准谱图对照,以铁谱线为波长标尺,逐一检查待分析元素的灵敏线。若试样光谱中的元素谱线与标准谱图中标明的某一元素谱线出现的波长位置相同时,即为该元素谱线。判断某一元素是否存在,必须由其灵敏线来决定。铁光谱比较法可同时进行多元素定性鉴定。对于复杂组分的样品,进行全定性测定时应用铁光谱比较法更为简便准确。

图 4-35 所示为铁标准谱。

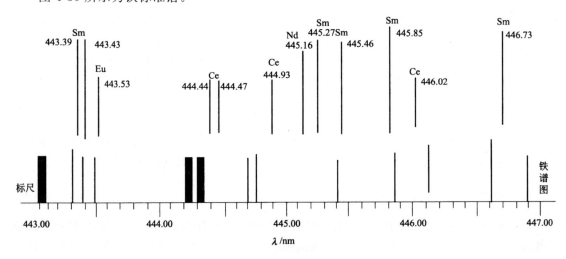

图 4-35　铁标准谱

②标准试样光谱比较法。

若只需检定少数几种元素,且这几种元素的纯物质比较容易得到,可以采用标准试样光谱比较法。将待测元素的纯物质或纯化合物与试样在相同条件下同时并列摄谱于同一感光板上,然后在映谱仪上进行光谱比较,如试样光谱中出现与纯物质光谱相同波长的特征谱线,则表明样品中有与纯物质相同的元素存在。

2.原子发射光谱定量分析

光谱定量分析就是根据样品中被测元素的谱线强度来确定该元素的准确含量。

元素的谱线强度与元素含量的关系是光谱定量分析的依据。各种元素的特征谱线强度与其浓度之间,在一定条件下都存在确定关系,即赛伯－罗马金公式。

$$I = ac^b$$

对上式取对数,得

$$\lg I = b\lg c + \lg a$$

这就是光谱定量分析的基本关系式。

自吸常数 b 随试样浓度 c 增加而减小,当试样浓度很小时,自吸消失,$b=1$。以 $\lg I$ 对 $\lg c$ 作图,在一定的浓度范围内为直线。在光谱分析中,试样的蒸发和激发条件、组成、稳定性等都会影响谱线的强度,要完全控制这些条件困难较大,故用测量谱线绝对强度的方法来进行定量分析难以获得准确的结果,实际工作中一般采用以下几种方法。

(1)内标法

内标法由盖拉赫提出,此方法克服了工作条件不稳定等因素的影响,使光谱分析可以进行比较准确的定量计算。方法原理是:首先在被测元素的谱线中选一条分析线,其强度为 I_1,然后在内标元素的谱线中选一条与分析线匀称的谱线作为内标线,其强度为 I_2,这两条谱线组成分析线对。在选择适当实验条件后,分析线与内标线的强度比不受工作条件变化的影响,只随样品中元素含量不同而变化。分析线与内标线强度分别为

$$I_1 = a_1 c_1^{b_1}$$
$$I_2 = a_2 c_2^{b_2}$$

分析线对比值 R 为

$$R = \frac{I_1}{I_2} = \frac{a_1}{a_2} \times \frac{c_1^{b_1}}{c_2^{b_2}}$$

由于样品中内标元素浓度是一定的,所以 $c_2^{b_2}$ 可认为是常数,

令

$$A = \frac{a_1}{a_2} \times \frac{1}{c_2^{b_2}}$$

则有

$$R = Ac^b$$
$$\lg R = b\lg c + \lg A$$

此式即为内标法定量的基本关系式。以 $\lg R$ 对应 $\lg c$ 作图,绘制标准曲线,在相同条件下,测定试样中待测元素的 $\lg R$,在标准曲线上即可求得未知试样的 $\lg c$。

内标元素与分析线对的选择:

①内标元素可以选择基体元素,或另外加入,其含量固定。

②内标元素与待测元素具有相近的蒸发特性。

③分析线对应匹配,同为原子线或离子线,且激发电位相近,形成匀称线对。

④强度相差不大,尤相邻谱线干扰,无自吸或自吸小。

(2)标准加入法

当测定低含量元素,且找不到合适的基体来配制标准试样时,一般采用标准加入法。设试

样中被测元素含量为 c_x，在几份试样中分别加入不同浓度 c_1、c_2、c_3…的被测元素；在同一实验条件下，激发光谱，然后测量试样与不同加入量样品分析线对的强度比 R。在被测元素浓度低时，自吸系数 $b=1$，谱线强度与浓度呈线性关系，将绘制的标准直线外推，与横坐标相交截距的绝对值即为试样中待测元素含量 c_x，如图 4-36 所示。

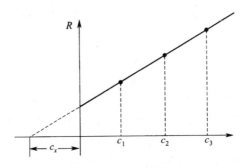

图 4-36　标准加入法

标准加入法可用来检查基体的纯度，估计系统误差、提高测定灵敏度等。可以较好地消除因为基体组成不同给测定带来的影响，得到较为准确的分析结果。但在应用标准加入法时应特别注意加入的分析元素应与原试样中该元素的化合物状态一致或十分接近，同时分析线应无自吸收现象，才能保证测定准确，否则将会产生较大的误差。

3.原子发射光谱半定量分析

光谱半定量分析是一种粗略的定量方法，可以估计样品中元素大概含量，在样品数量较大时，剔除没有仔细定量测定的样品时有重大意义。常用方法有以下几种。

（1）显线法

利用某元素出现谱线数目的多少来估计元素含量。

（2）比较光谱法

依据样品中元素含量越高，谱线黑度越大的原理，将一系列不同含量的标准品与样品在相同条件下摄谱，比较谱线的黑度，与样品黑度相等的标准品的含量即为样品中元素含量。

（3）均称线对法

选用一条或数条分析线与一些内标线组成若干个均称线组，在一定分析条件下对样品摄谱，观察所得光谱中分析线和内标线的黑度，找出黑度相等的均称线对来确定样品中分析元素的含量。

4.7　原子荧光分析法

气态自由原子吸收来自光源特征波长的光辐射后，原子的外层电子从基态或低电子能级跃迁到较高的电子能级，然后又跃迁至基态或低电子能级，同时发射出与原激发波长相同或不同的光辐射，这种现象称为原子荧光。以原子荧光谱线的波长和强度为基础，对待测物质进行定性和定量的分析方法称为原子荧光光谱分析法（AFS），简称原子荧光分析法。

4.7.1　原子荧光的类型

原子荧光分为共振荧光、非共振荧光、敏化荧光和多光子荧光,如图 4-37 所示。

1.共振荧光

气态原子吸收共振线后,发射出与吸收的共振线相同波长的光称为共振荧光。共振荧光在激发和去激发过程中涉及相同的基态和激发态,如图 4-37(a)所示。

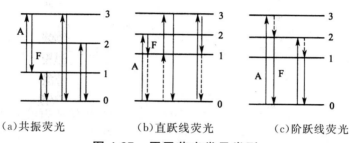

(a)共振荧光　　　(b)直跃线荧光　　　(c)阶跃线荧光

图 4-37　原子荧光常见类型

2.非共振荧光

基态原子核外层电子吸收的光辐射与发射的荧光频率不相同时,产生非共振荧光。

(1)直跃线荧光

当涉及激发和发射的上能级相同而下能级不同时,会发生直跃线荧光,如图 4-37(b)所示,如果 $\lambda_{激发}<\lambda_{荧光}$,称为斯托克斯直跃线荧光,如果 $\lambda_{激发}>\lambda_{荧光}$,称为反斯托克斯直跃线荧光。

(2)阶跃线荧光

当涉及激发和发射的上能级不同时,会发生阶跃线荧光,如图 4-37(c)所示,如果 $\lambda_{激发}<\lambda_{荧光}$,称为斯托克斯阶跃线荧光,如果 $\lambda_{激发}>\lambda_{荧光}$,称为反斯托克斯阶跃线荧光。

3.多光子荧光

两个以上的光子使原子成为激发态,然后再发射出荧光,称这种荧光为多光子荧光。若高能态和低能态均属激发态,由这种过程产生的荧光称为激发态荧光。若激发过程先涉及辐射激发,随后再热激发,由这种过程产生的荧光称为热助荧光。

4.敏化荧光

给予体 D 吸收辐射成为激发态 D*,D* 与接受体 A 相碰撞将能量转给 A,使 A 成为激发态 A*,然后 A* 去激发,从而发射出原子荧光,这种荧光称为敏化荧光。

4.7.2　原子荧光分析基本原理

产生荧光的过程有多种类型,同时也存在着非辐射去激发的现象。当受激发原子与其他原子碰撞,能量以热或其他非荧光发射方式给出后回到基态,发生无辐射的去激发过程,使荧光减弱或完全不发生的现象称为荧光猝灭。荧光猝灭的程度与原子化气氛有关,氩气气氛中

荧光猝灭程度最小,因此,存在着如何衡量荧光效率的问题,通常定义为荧光量子效率为

$$\varphi = \frac{F_f}{F_a}$$

式中:F_f 为发射荧光的光量子数;F_a 为吸收荧光的光量子数。

受光激发的原子,可能发射共振荧光,也可能发射非共振荧光,还可能无辐射跃迁至低能级,所以量子效率通常小于 1。

原子荧光强度 I_F 与基态原子对某一频率激发光的吸收强度 I_A 成正比,有

$$I_F = \varphi I_A$$

式中:φ 为荧光量子效率,它表示发射荧光光量子数与吸收激发光量子数之比。

若在稳定的激发光源照射下,忽略自吸,则基态原子对光的吸收强度 I_A 可用吸收定律表示为

$$I_A = I_0 A (1 - e^{-\varepsilon l N})$$

式中:I_0 为原子化器内单位面积上接受的光源强度;A 为受光源照射的检测系统中观察到的有效面积;l 为吸收光程长;ε 为峰值吸收系数;N 为单位体积内的基态原子数。

于是可得

$$I_F = \varphi I_0 A (1 - e^{-\varepsilon l N})$$

将上式括号内展开,考虑原子浓度很低时,忽略高次项进行整理后,可得

$$I_F = \varphi I_0 A \varepsilon l N$$

当仪器及操作条件一定时,除 N 外,其他为常数,而 N 与试样中被测元素浓度 c 成正比,这样可得

$$I_F = Kc$$

此式为原子荧光定量分析的理论基础。

4.7.3 原子荧光分析法的特点与定量分析

1.原子荧光分析法特点

原子荧光分析法主要有以下特点。
(1)线性范围宽
校准曲线的线性范围宽,可达 3~7 个数量级。
(2)灵敏度较高
大多数元素的检出限比 AAS 测得的低 2~3 个数量级。
(3)谱线较简单
AFS 的光谱干扰相对较小,多元素分析的能力优于原子吸收光谱法(AAS)。
(4)散射光影响严重
散射光影响较严重,在一定程度上限制了该法的普及和发展。
(5)可同时进行多元素分析
原子荧光能同时向四周辐射,为制造多通道仪器,同时对样品进行多元素测定提供了便利条件。

（6）测定元素不多

目前,该法主要用于 As、Bi、Cd、Hg、Pb、Se、Sb、Te、Sn、Zn、Ge 等 11 种元素的测定。氢化物发生技术能使可产生氢化物的被测元素与基体元素很好地分离,进行富集、提纯,氢化物发生技术与原子荧光结合,不但能获得很低的检出限,还可以对包括上述 11 种元素以及 Au、Ag、Cu 共 14 种元素进行痕量分析。

（7）仪器昂贵

由于原子荧光法具有上述特点,已在卫生防疫、药品检验、食品卫生检验、环境监测、食品质量监测、农产品与饲料监测等领域得到了应用。

2. 原子荧光定量分析

原子荧光定量分析常采用标准加入法和标准曲线法。

（1）标准加入法

当试样基体比较复杂,无法配制与试样基体组成相同的标准时,则采用标准加入法。取等体积的同一试液两份分别置于容量瓶 A 和 B 中,B 瓶中加入一定量的标准溶液,分别定容为相同体积。在完全相同的条件下测定,除了测定信号不同之外,其操作方法与原子吸收法完全相同。并按下式计算:

$$c_x = \frac{\Delta c}{I_{fs} - I_{fx}} \cdot I_{fx}$$

式中:I_{fs} 为 B 瓶中加标后试液的原子荧光强度;I_{fx} 为 A 瓶试液的原子荧光强度;Δc 为加入标准溶液后,B 瓶中被测元素浓度的增加量,可根据实际操作进行计算,为已知值。

然后根据取样量和具体操作计算样品中被测元素的含量。

影响原子荧光分析的主要因素如下。

①增加吸收光程 L 和激发光的相对强度 I_0,可提高原子荧光分析的灵敏度。

②量子效率 φ 因火焰的种类、组成和温度的不同而变化,所以必须严格进行控制。

③高浓度时易产生自吸收,故该法特别适用于痕量元素的测定。

④使用乙炔等烃类火焰,易产生荧光猝灭现象,降低了方法的灵敏度。若用 Ar 气稀释过的氢-氧火焰,可以避免或减弱荧光猝灭现象。选用较强的激发光可以弥补荧光猝灭的损失。

（2）标准曲线法

标准曲线法是最常用的定量分析方法,通常用于大批量样品的测定。与 AAS 相似,配制含有试样基体的标准系列溶液,其基体含量、组成与被测试液尽可能接近,在相同的仪器操作条件下依次喷入火焰测定原子荧光相对强度 I_f,绘制浓度 c 与 I_f 关系的标准曲线,再在相同条件下测定试液的原子荧光相对强度,由标准曲线上查得试液的浓度并根据称取样品质量和处理方法计算出样品中被测元素的相对含量。

4.7.4　原子荧光光度计

原子荧光分析法所用的仪器称为原子荧光光度计或原子荧光光谱仪,原子荧光光度计分为非色散型和色散型两类,它们的结构基本相似,只是单色器不同。两类仪器的光路图如图 4-38 所示。原子荧光光度计与原子吸收分光光度计相似,但光源与其他部件不在一条直线上,而是成 90°角,以避免激发光源发射的辐射对原子荧光检测信号的影响。

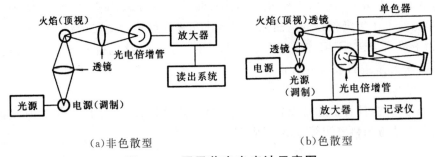

(a)非色散型   (b)色散型

图 4-38 原子荧光光度计示意图

1.激发光源

激发光源用来激发原子使其产生荧光,可用连续光源或锐线光源。连续光源稳定,操作简便,寿命长,能用于多元素同时分析,但检出限较差;常用的连续光源是氙灯。锐线光源辐射强度高,稳定,可得到更好的检出限;常用的锐线光源是高强度空心阴极灯、无极放电灯、激光等。

2.原子化器

原子化器的作用是将被测元素转化为原子蒸气,是原子荧光光谱仪的主要部件。与 AAS 法基本相同,有火焰原子荧光分析、电热原子荧光分析、还有 ICP 焰矩原子荧光分析。由于火焰具有荧光效率高、稳定和简便的优点,因此原子荧光分析中常采用火焰原子化器。

3.光学系统

光学系统用于充分利用激发光源的能量和接收有用的荧光信号,减少和除去杂散光。色散系统对分辨能力要求不高,但要求有较大的集光本领,常用的色散元件是光栅。非色散型仪器的滤光器用来分离分析线和邻近谱线,降低背景。非色散型仪器的优点是照明立体角大,光谱通带宽,集光本领大,荧光信号强度大,仪器结构简单,操作方便。缺点是散射光的影响大。

4.检测器

常用光电倍增管做检测器。非色散型仪器多用日盲光电倍增管,其光阴极为 Cs－Te 材料,对 160～280 nm 的光有很高的灵敏度,但对大于 320 nm 的光响应不太灵敏。

第5章 核磁共振波谱分析

5.1 概述

5.1.1 核磁共振波谱基本概念

核磁共振波谱(NMR)与紫外-可见光谱及红外光谱的主要不同点是由于照射波长不同而引起的跃迁类型不同,其次是测定方法不同。

用无线电波照射分子时,只能引起原子核自旋能级的跃迁。原子核在磁场中吸收一定频率的无线电波,而发生核自旋能级跃迁的现象,称为核磁共振(NMR)。核磁共振信号强度对照射频率(或磁场强度)作图,所得图谱称为核磁共振波谱。利用核磁共振波谱进行结构测定、定性及定量分析的方法称为核磁共振波谱法或称核磁共振光谱法,缩写为 NMR。称为"波谱"是因为照射电磁波为无线电波,波长超出了光波的范围,习惯上也称为核磁共振光谱,是因为它属于吸收光谱范畴。

20 世纪 70 年代 NMR 在技术与应用上都迅速发展,多种型号的 FT-NMR 仪器商品供应市场。20 世纪 70 年代后期起,NMR 与计算机的理论和技术日趋成熟,NMR 的重大进展也分为下面四个方向。

①为提高灵敏度与分辨率,仪器向更高磁场仪器发展。一般磁铁的磁场强度上限约为2.5 T(100 MHz 仪器),要想提高场强必须采用超导磁体(励磁线圈需放在液氦中冷却),最高可达 14 T(约 600 MHz 仪器)。

②二维核磁共振谱(2D-NMR)的出现,可以了解核间相关与偶合关系,如 C—H 与 H—H 相关谱等。

③可进行多核研究,原则上具备了测定各种磁性核 NMR 的条件。

④NMR 成像技术实现与完善,使 NMR 可以用于医疗诊断。

核磁共振谱的应用极为广泛。可概括为定性、定量、测定结构、物理化学研究、生物活性测定、药理研究及医疗诊断等方法。

5.1.2 核磁共振波谱新型技术

近年来,核磁共振波谱不断出现新兴技术,如异核直接检测技术、多维 NMR 技术和超极化增强灵敏度技术。

1. 异核直接检测技术

目前,以 ^1H 监测为主的异核相关谱技术最常用的蛋白质的结构解析技术,通常被称为逆检测技术。^1H 的旋磁比较大,灵敏度高,但是其偶极-偶极作用较强,弛豫速率较快,受到顺磁

109

或者交换等效应的影响也大。因此,非质子检测技术受到越来越多的关注,特别是随着新探头技术的发展,如^{13}C直接检测探头能够将^{13}C灵敏度提高约1个量级,所以异核直接检测特别是^{13}C直接检测技术受到越来越多的关注。

另外,^{13}C直接检测能够提供更好的分辨率,特别是在顺磁、非折叠或者超大分子质量蛋白质研究中。因为随着分子质量的增大,或者由于顺磁中心的存在,或者慢交换现象的存在,使得^{1}H线宽增加,以致难以观测。而^{13}C却有着较窄的线宽,其直接检测可能提供更丰富的信息。

此外,由于质子的化学位移分散度较低,于是很容易出现较大重叠,特别是非折叠蛋白质。而^{13}C却有着非常大的化学位移分散度,是表征以上系统的较为理想的工具。因此,异核^{13}C直接检测是^{1}H检测技术的一个非常有效的补充或者替代技术,能够用在非折叠蛋白质、顺磁蛋白,甚至大分子质量蛋白质研究中。例如,^{13}C—^{13}C NOESY可提供几十万道尔顿蛋白质的信息。另外,这一技术虽然检测灵敏度低,但是可同快速NMR方法相结合,提高实验效率。

2. 多维NMR技术

新的NMR实验方法的不断创新也极大地推动了核磁共振技术的发展,多维核磁共振和极化转移技术的实现,以及FT技术的引入,促进了现代NMR实验技术的飞速发展。其中,多维核磁共振可以把原子核之间的相互联系散开在多维空间内,大大提高了谱的分辨率,同时还能提供更多结构和动力学的信息。多维谱技术不断发展变化也反映了NMR技术的发展和壮大。最初的是一些基本的2D NMR技术,如COSY、TOCSY、NOESY和ROESY等,这些基本的2D ^{1}H—^{1}H NMR同核谱相关技术,可以解析分子质量小于10 kDa的蛋白质结构。

对于分子质量大于5 kDa的蛋白质,其NMR信号重叠严重。蛋白质的^{1}H谱信号众多,且绝大多数信号处在10 ppm左右的谱宽范围之内,因此以^{1}H谱为基础的2D实验已经难以实现大分子质量蛋白质各个谱峰的完整辨识,于是出现了异核多共振NMR技术。由于异核^{13}C和^{15}N谱线的分散程度远远大于^{1}H谱,且多维谱维数的增加能够使不同的谱峰信号更好地分散于不同的轴上,所以这些异核多共振实验大大提高了NMR谱线的分辨率。

多数结构解析的基本NMR实验主要依靠标量J耦合作用进行极化转移。为了保证信号的传递效率,极化转移的时间通常需要在1/2时间范围。但$^1J_{H,H}$非常小,导致基于^{1}H—^{1}H同核耦合的多维谱的极化转移时间通常非常大,在此期间由于横向弛豫所造成的信号衰减也会非常严重,造成了此类^{1}H—^{1}H同核相关实验的信噪比随着所解析蛋白质的分子质量增大而迅速降低。而异核或者同核之间的标量耦合常数远远大于$^1J_{H,H}$耦合常数。因此,异核实验的有效的极化转移时间大大减小,弛豫所造成的信号损失降低。目前,基于以上几种核的异核三共振实验是结构解析的主要技术。

3. 超极化增强灵敏度技术

可用光抽运技术、仲氢引发的极化增强(PHIP)和动态核极化(DNP)等技术来增强核极化,并可以使NMR灵敏度提高数个数量级。但是,由于超极化的一些条件要求较为苛刻,所以应用受限,发展较为缓慢。例如,光抽运惰性气体,如^{129}Xe等,可用于活体MRI检测,但是仅局限于惰性气体同位素。PHIP技术也需要依靠研究分子的双键或叁键反应才能在目标分子内进行不对称加氢反应,插入仲氢进行超极化。

　　DNP 技术采用孤对电子的自旋极化核自旋,可使相应核的 NMR 信号灵敏度增加约 4～5 个数量级。在同样的磁场和温度条件下,电子的自旋磁矩远远大于核的自旋磁矩,因此其极化率远大于核。DNP 便是采用相应的技术将高磁化率的电子自旋转移到核自旋以提高 NMR 信号的灵敏度。虽然这一现象和其物理机制很早就已经被揭示,但是其具体应用随着仪器和技术的发展在最近几年才受到越来越多的关注。DNP 主要被用于固体样品,采用适当的装置迅速将固体样品溶解在溶液中,产生超极化溶液分子。这一技术可使^{13}C 信号增强 44400 倍,^{15}N 信号增强 23500 倍。

5.2　核磁共振原理

5.2.1　原子核的自旋和磁矩

　　原子核是由质子和中子组成的带有正电荷的粒子,某些原子核有自旋现象,因而核具有自旋角动量(P),又由于原子核是由质子和中子组成的(直径不大于 10^{-12} cm 带正电荷的粒子),所以自旋时会产生磁。自旋核就像一个小磁体,其磁矩用 μ 表示。各种原子核自旋时产生的磁矩是不同的($\mu_H = 2.79270\beta, \mu_C = 0.70216\beta$),磁矩的大小是由核本身性质决定的。自旋角动量与核磁矩都是矢量,其方向是平行的,如图 5-1 所示。

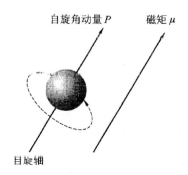

自旋角动量 P　　磁矩 μ

自旋轴

图 5-1　原子核的角动量和磁矩

　　原子核的自旋角动量(P)是量化的,它与核的自旋量子数(I)的关系为:

$$P = \frac{h}{2\pi} \sqrt{I(I+1)}$$

式中:h 为普朗克常数。

　　一种原子核有无自旋现象,可按经验规则用自旋量子数 I 判断。对于指定的原子核 $^a_z X$。

　　① 凡是质量数 a 与原子序数 z(核电荷数)为偶数的核,其自旋量子数 $I = 0$,没有自旋,如 $^{12}_6$C,$^{16}_8$O 和 $^{32}_{16}$S 等原子核没有核磁共振现象。

　　② 质量数 a 是奇数,原子序数 z 是偶数或奇数,如 $^1_1$H,$^{13}_6$C,$^{19}_9$F,$^{15}_7$N 和 $^{31}_{15}$P 等,原子核 $I = 1/2$,还有一些核,如 $^{11}_5$B,$^{35}_{17}$Cl,$^{37}_{17}$Cl 和 $^{79}_{35}$Br 等,$I = 3/2$,都有自旋现象。

　　③ $^2_1$H,$^{14}_7$N 核质量数 a 是偶数,原子序数 z 是奇数,它们的 $I = 1$,这类核也存在自旋现象。

由此可见，$I=0$ 的原子核无自旋；质量数是奇数，自旋量子数 I 是半整数；质量数是偶数，则自旋量子数 J 是整数或零。凡 $I>0$ 的核都有自旋，都可以发生核磁共振，但是由于 $I \geqslant 1$ 的原子核的电荷分布不是球形对称的，都具有四极矩，电四极矩可使弛豫加快，反映不出偶合分裂，因此核磁共振不研究这些核，而主要研究 $I=1/2$ 的核，它们的电荷分布是球形对称的，无电四极矩，谱图中能够反映出它们相互影响产生的偶合裂分。

$I=0$ 的核的 $P=0$，无自旋运动，无自旋磁矩。$I \neq 0$ 的核有自旋运动，所产生的自旋磁矩（卢）与自旋角动量（P）的关系为：

$$\mu = \gamma P$$

自旋磁矩与自旋角动量都是矢量，并且方向重合。γ 叫做磁旋比，它是核的特征常数。像 ^{1}H、^{13}C 之类的 $I=1/2$ 的核，其核磁共振谱线较窄，适宜于核磁共振检测，是核磁共振研究的主要对象。

5.2.2 核在外磁场中的自旋取向

根据量子力学理论，$I \neq 0$ 的磁性核在恒定的外磁场 B_0 中，会发生自旋能级的分裂，即产生不同的自旋取向。自旋取向是量子化的，共有 $(2I+1)$ 种取向，每一种自旋取向代表了原子核的某一特定的自旋能量状态，可用磁量子数 m 来表示。、$m=1/2, -1/2, \cdots, (-I+1), -I$。例如，^{1}H 核的 $I=1/2$，只能有两种自旋取向，即 $m=+1/2, -1/2$，这说明在外磁的作用下，^{1}H 核的自旋能级一分为二。^{14}N 核的 $I=1$，在外磁场中有三种自旋取向，即 $m=+1、0、-1$，如图 5-2 所示。

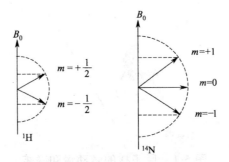

图 5-2　核在外磁场中的自旋取向

^{1}H 核的每种自旋状态（自旋取向）都具有特定的能量，当自旋取向与外磁场 B_0 一致时（$m=1/2$），^{1}H 核处于低能态，$E_1=-\mu B_0$（μ 是 ^{1}H 核的磁矩），当自旋取向与外磁场相反时（$m=-1/2$），则 ^{1}H 核处于高能态，$E_2=+\mu B_0$，通常处于低能态（E_1）的核比高能态（E_2）核多，因为处于低能态的核较稳定。两种取向间的能级差用 ΔE 表示，即

$$\Delta E = E_2 - E_1 = \mu B_0 - (-\mu B_0) = 2\mu B_0$$

此式表明，核自旋能级在外磁场 B_0 中分裂后的能级差，随 B_0 强度的增大而增大，发生跃迁时所需要的能量也相应增大，如图 5-3 所示。

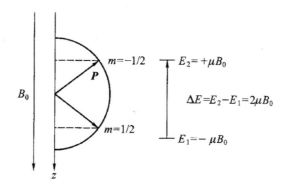

图 5-3　静磁场(B_0)中 ^{1}H 核磁矩的取向和能级

同理,对于 $I=1/2$ 的不同的原子核,因为它们的磁矩(μ)不同,即使在同一外磁场强度下,发生跃迁时所需的能量也是不同的,例如在一磁场 B_0 中,$^{13}_{6}$C 核与 ^{1}H 核由于磁矩不同,因此发生跃迁时 ΔE 就不一样。所以原子核发生跃迁时所需的能量既与外磁场 B_0 有关,又与核本身的性质 μ 有关。

由于 ^{1}H 核的自旋轴与外加磁场 B_0 的方向成一定的角度,$\theta=54°24'$,因此外磁场就要使它取向于外磁场的方向,实际上夹角 θ 并不减小,自旋核由于受到这种力矩作用后,它的自旋轴就会产生旋进运动即拉莫尔进动,而旋进运动轴与 B_0 一致,如图 5-4 所示。这种现象在日常生活中也能看到,如陀螺的旋转,当陀螺的旋转轴与其重力作用方向不平行时,陀螺就产生摇头运动,即本身既自旋又有旋进运动,这与质子在外磁场中的运动相仿。

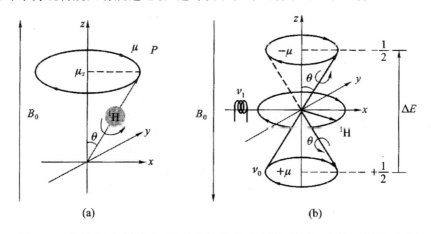

图 5-4　自旋核在静磁场(B_0)中的拉莫尔进动和 $I=1/2$ 时核磁能级

拉莫尔进动的频率:

$$v_0 = \frac{1}{2\pi}\gamma B_0$$

式中:γ 为旋磁比,$\gamma=\mu/P$。

对相同的核,γ 是常数,γ 代表核本身的一种属性,不同的原子核就有不同的旋磁比,例如 $\gamma_H=2.68\times10^8 \ \mathrm{rad \cdot T^{-1} \cdot s^{-1}}$,$\gamma_C=0.67\times10^8 \ \mathrm{rad \cdot T^{-1} \cdot s^{-1}}$。一般把磁矩在 z 轴上的最

大分量叫做原子核的磁矩,即

$$\mu = \frac{1}{2\pi}\gamma I$$

式中:h 为普朗克常量。

可见频率 v_0 与磁感应强度 B_0 成正比,即磁感应强度 B_0 越大,拉莫尔进动频率(v_0)越大,且 γ 越大 v_0 也越大。

5.2.3 核磁共振

如果将 ^1H 或 ^{13}C 等磁性核置于外磁场 B_0 中,其自旋能级将裂分低能级自旋状态和高能级自旋状态。若在与外磁场 B_0 垂直的方向上施加一个频率为 ν 的交变射频场 B_1,当 ν 的能量($h\nu$)与二自旋能级能量差(ΔE)。相等时,自旋核就会吸收交变场的能量,由低能级的自旋状态跃迁至高能级的自旋状态,产生所谓核自旋的倒转。这种现象叫核磁共振,如图 5-5 所示。也就是说,欲实现核磁共振必须满足条件 $h\nu = \Delta E = \gamma hB_0/2\pi$。因此,实现核磁共振的条件为

$$\nu = \frac{\gamma B_0}{2\pi}$$

对于同一种核来说,磁旋比 γ 为一常数,当 B_0 增大时,其共振频率 ν 也相应增加。例如,当 $B_0 = 1.4$ T 时,^1H 的共振频率 $\nu = 60$ MHz;当 $B_0 = 2.3$ T 时,^1H 的共振频率 $\nu = 100$ MHz。

由于不同核的 γ 不同,因此,对于不同的核,当 B_0 相同时,它们的共振频率也不相同。

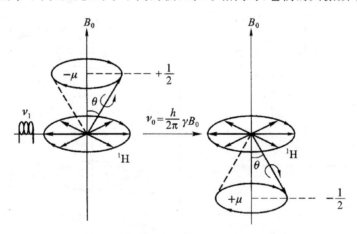

图 5-5　$I = 1/2$ 时核磁共振现象

共振频率 v 与磁感应强度 B_0 的关系为

$$v = \frac{\gamma}{2\pi}B_0$$

由以上数据可见,对 ^1H 核而言,它的共振频率随磁感应强度 B_0 增加而增大,而同在 2.35 T 的外磁场中 ^1H 核、^{13}C 核、^{19}F 核的共振频率各异,则是由于它们的 γ 值不同所致。

5.2.4 弛豫过程

$I = 1/2$ 的原子核,如 ^1H 与 ^{13}C 核,在外磁场 B_0 的作用下,其自旋能级裂分为二,室温时处于低能态的核数比处于高能态的核数大约只多十万分之二左右,即低能态的核仅占微弱多数。因此当用适当频率的射频照射时,便能测得从低能态向高能态跃迁所产生的核磁共振信号。但是,如果随着共振吸收的产生,高能态的核数逐渐增多,直到跃迁至高能态和以辐射方式跌落至低能态的概率相等时,就不再能观察到核磁共振现象,这种状态叫做饱和。要想维持核磁共振吸收而不至于饱和,就必须让高能态的核以非辐射方式释放出能量重新回到低能态,这一过程叫做弛豫过程。弛豫过程包括自旋-晶格弛豫和自旋-自旋弛豫。

(1)自旋-晶格弛豫

这种弛豫是一些高能态的核将其能量转移到周围介质(非同类原子核如溶剂分子)而返回到低能态,实际上是自旋体系与环境之间进行能量交换的过程。通常把溶剂、添加物或其他种类的核统称为晶格,即激发态的核自旋通过能量交换,把多余的能量转给晶格而回到基态。纵向弛豫机制能够保持过剩的低能态的核的数目,从而维持核磁共振吸收。

(2)自旋-自旋弛豫

自旋-自旋弛豫又叫横向弛豫,它是自旋核之间的能量交换过程。在此过程中,高能态的自旋核将能量传递给相邻的自旋核,二者能态转换,但体系中各种能态核的总数目不变,总能量不变。横向弛豫时间用 T_2 表示,液体样品的 T_2 约为 1 s,固体或高分子样品的 T_2 较小。

弛豫时间 T_1、T_2 中的较小者,决定了自旋核在某一高能态停留的平均时间。通常,吸收谱线宽度与弛豫时间成反比,而谱线太宽,于分析不利。选择适当的共振条件,可以得到满足要求的共振吸收谱线。比如,固体样品的 T_2 很小,故谱线很宽,可将其制成溶液测定;黏度大的液体 T_2 较小,需适当稀释后测定等。

5.2.5 核磁共振的宏观理论

以上讨论了单个原子核(例如 ^1H 核)的磁性质及其在磁场中的运动规律。实际上试样总是包含了大量的原子核,因此,核磁共振研究的是大量原子核的磁性质及其在磁场中的运动规律。布洛赫提出了"原子核磁化强度矢量(M)"的概念来描述原子核系统的宏观特性。

磁化强度矢量的物理意义可以这样来理解,一群原子核(原子核系统)处于外磁场 B_0 中,磁场对磁矩发生了定向作用即每一个核磁矩都要围绕磁场方向进行拉莫尔进动,那么单位体积试样分子内各个核磁矩的矢量和称为磁化强度矢量,用 M 表示。

磁化强度矢量 M 就是描述一群原子核(原子核系统)被磁化程度的量。

核磁矩的进动频率与外磁场 B_0 有关,但外磁场 B_0 并不能确定每一个核磁矩的进动相位。对一群原子核而言,每一个核磁矩的进动相位是杂乱无章的,但根据统计规律原子核系统相位分布的磁矩的矢量和是均匀的。对于自旋量子数 I 为 1/2 的 ^1H 核来讲(图 5-6),外磁场 B_0 是沿 z 轴方向的,又是磁化强度矢量 M 的方向。处于低能态的原子核其进动轴与 B_0 同向,核磁矩矢量和是 M_+;而处于高能态的原子核其进动轴与 B_0 反向,核磁矩矢量和是 M_-。由于原子核在两个能级上的分布服从玻耳兹曼分布,总是处于低能级上的核多于高能级上的核数,所以 $M_+ > M_-$ 磁化强度矢量 M 等于这两个矢量之和,$M = M_+ + M_-$。

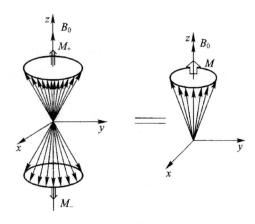

图 5-6　$I=1/2$ 时磁化强度矢量 M

　　处于外磁场 B_0 中的原子核系统,磁化强度处于平衡状态时,其纵向分量 $M_z=M_0$,横向分量 $M_\perp=0$。当受到射频场 H_1 的作用时,处于低能态的原子核就会吸收能量发生核磁共振跃迁,即核的磁化强度矢量就会偏离平衡位置,这时磁化强度矢量的纵向分量 $M_z\neq M_0$,横向分量 $M_\perp\neq 0$。当射频场 H_1 作用停止时,系统自动地向平衡状态恢复。一群原子核(原子核系统)从不平衡状态向平衡状态恢复的过程即为弛豫过程,如图 5-7 所示。

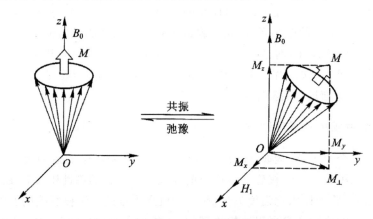

图 5-7　共振时磁化强度矢量 M 的变化

　　在实验中观察到的核磁共振的信号,实际上是磁化强度矢量 M 的横向分量($M_\perp$)的两个分量 $Mx=u$(色散信号)和 $My=v$(吸收信号)。

5.3　氢核的化学位移

5.3.1　电子屏蔽效应

　　在外磁场 B_0 中,氢核外围电子在与外磁场垂直的平面上绕核旋转时,将产生一个与外磁场相对抗的感生磁场,其结果对于氢核来说,相当于产生了一种减弱外磁场的屏蔽,如图 5-8

所示。这种现象叫电子屏蔽效应。

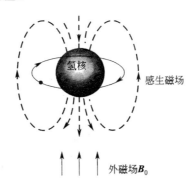

图 5-8　氢核的电子屏蔽效应示意图

感生磁场的大小与外磁场的强度成正比,用 σB_0 表示。其中 σ 叫做屏蔽常数,它反映了屏蔽效应的大小,其数值取决于氢核周围电子云密度的大小,而电子云密度的大小又和氢核的化学环境,即与之相邻的原子或原子团的亲电能力、化学键的类型等因素有关。氢核外围电子云密度越大,σ 就越大,σB_0 也越大,氢核实际感受到的有效磁场 B_{eff} 就越弱,即有

$$B_{\text{eff}} = B_0 - \sigma B_0 = (1 - \sigma)B_0$$

如果考虑屏蔽效应的影响,欲实现核磁共振,则有

$$\nu = \frac{\gamma B_{\text{eff}}}{2\pi} = \frac{\gamma B_0 (1 - \sigma)}{2\pi}$$

所以实现核磁共振的条件应为

$$B_0 = \frac{2\pi\nu}{\gamma(1 - \sigma)}$$

通常采用固定射频 ν,并缓慢改变外磁场 B_0 强度的方法来满足上式。此时 ν、γ 均为常数,所以产生共振吸收的场强 B_0 的大小仅仅取决于 σ 大小。化合物中各种类型氢核的化学环境不同,核外电子云密度就不同,屏蔽常数 σ 也将不同,在同一频率 ν 的照射下,引起共振所需要的外磁场强度也是不同的。这样一来,不同化学环境中氢核的共振吸收峰将出现在 NMR 波谱的不同磁场强度的位置上。

如上所述,当用同一射频照射样品时,样品分子中处于不同化学环境的同种原子的磁性核所产生的共振峰将出现在不同磁场强度的区域,这种共振峰位置的差异叫做化学位移。

在实际工作中,要精确测定磁场强度比较麻烦,因此常将待测磁性核共振峰所在的场强 B_s 和某标准物质磁性核共振峰所在的场强 B_r 进行比较,用这个相对距离表示化学位移,并用 δ 代表

$$\delta = \frac{B_s - B_r}{B_r}$$

由于磁场强度与射频频率成正比,而测定和表示磁性核的吸收频率比较方便,故有

$$\delta = \frac{\nu_s - \nu_r}{\nu_r}$$

在 NMR 中,射频一般固定,如 240 MHz、600 MHz 等,样品和标准氢核的吸收频率虽然

有差异,但都在射频频率 ν 附近变化,相差仅约 5 万分之一。为了使 δ 的数值易于读写,可改写为

$$\delta = \frac{\nu_s - \nu_r}{\nu} \times 10^6$$

通常在核磁测定时,要在试样溶液中加入一些四甲基硅 $(CH_3)_4Si(TMS)$ 作为内标准物。选 TMS 作内标的优点如下。

①化学性能稳定。

②$(CH_3)_4Si$ 分子中有 12 个 H 原子,它们的地位完全一样,所以 12 个 $^1H_1$ 核只有一个共振频率,即化学位移是一样的,谱图中只产生一个峰。

③它的 ^1H 核共振频率处于高场,比大多数有机化合物中的 ^1H 核都高,因此不会与试样峰相重叠,氢谱和碳谱中都规定 $\delta_{TMS} = 0$。

④它与溶剂和试样均溶解。

假如在 60 MHz 的仪器上,某一氢核共振频率与标准物 TMS 差为 60 Hz,则化学位移为

$$\delta = \frac{\upsilon_{样品} - \upsilon_{标准}}{\upsilon_{仪器}} \times 10^6 = \frac{60}{60 \times 10^6} \times 10^6 = 1$$

还是上述那种 ^1H 核,如果用 100 MHz 的仪器来测定,那么其信号将出现在与标准物共振频率相差 60 Hz 处,其化学位移为

$$\delta = \frac{\upsilon_{样品} - \upsilon_{标准}}{\upsilon_{仪器}} \times 10^6 = \frac{100}{100 \times 10^6} \times 10^6 = 1$$

由此可见,用不同的仪器测得的化学位移 δ 值是一样的,只是它们的分辨率不同,100 MHz 的仪器分辨得好一些。

化学位移是无量纲因子,用 δ 来表示。以 TMS 作标准物,大多数有机化合物的 ^1H 核都在比 TMS 低场处共振,化学位移规定为正值。

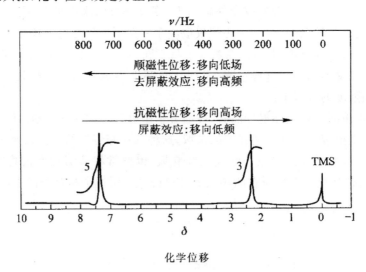

图 5-9　甲苯的 ^1H NMR 谱图(100 MHz)及常用术语

在图 5-9 最右侧的一个小峰是标准物 TMS 的峰,规定它的化学位移 $\delta_{TMS} = 0$,甲苯的

^{1}H NMR 谱出现二个峰,它们的化学位移(δ)分别是 2.25 和 7.2,表明该化合物有两种不同化学环境的氢原子。根据谱图不但可知有几种不同化学环境的 ^{1}H 核,而且还可以知道每种质子的数目。每一种质子的数目与相应峰的面积成正比。峰面积可用积分仪测定,也可以由仪器画出的积分曲线的阶梯高度来表示。积分曲线的阶梯高度与峰面积成正比,也就代表了氢原子的数目。谱图中积分曲线的高度比为 5:3,即两种氢原子的个数比。在 ^{1}H NMR 谱图中靠右边是高场,化学位移 δ 值小,靠左边是低场,化学位移 δ 值大。屏蔽增大(屏蔽效应)时,^{1}H 核共振频率移向高场(抗磁性位移),屏蔽减少时(去屏蔽效应)^{1}H 核共振移向低场(顺磁性位移)。

5.3.2　影响氢核化学位移的因素

影响化学位移的因素很多,主要有诱导效应、共轭效应、磁各向异性效应、范德华效应、氢键效应和溶剂效应等。

1.诱导效应

与氢核相邻的电负性取代基的诱导效应使氢核外围的电子云密度降低,屏蔽效应减弱,共振吸收峰移向低场,δ 增大。

诱导效应是通过成键电子传递的,随着与电负性取代基的距离的增大,其影响逐渐减弱,当 H 原子与电负性基团相隔 3 个以上的碳原子时,其影响基本上可忽略不计。

2.共轭效应

在共轭效应的影响中,通常推电子基使 δ 减小,吸电子基使 δ 增大。例如,若苯环上的氢被推电子基$-OCH_3$ 取代后,O 原子上的孤对电子与苯环 $p-\pi$ 共轭,使苯环电子云密度增大,δ 减小;而被吸电子基$-NO_2$ 取代后,由于 $\pi-\pi$ 共轭,使苯环电子云密度有所降低,δ 增大。

严格地说,上述各 H 核 δ 的改变,是共轭效应和诱导效应共同作用的总和。

3.磁各向异性效应

比较烷烃、烯烃、炔烃及芳烃的化学位移值,芳烃、烯烃的 δ 大,如果是由于 π 电子的屏蔽效应,那么 δ 值应当小,又如何解释 $CH\equiv CH$ 的 δ 又小于 $CH_2=CH_2$ 呢? 这就是因为 π 电子的屏蔽具有磁各向异性效应。

由图 5-10 可见,芳环上的 π 电子在分子平面上下形成了 π 电子云,在外磁场的作用下产生环流,并产生一个与外磁场方向相反的感应磁场。可以看出,苯环上的 H 原子周围的感应磁场的方向与外磁场方向相同。所以这些 ^{1}H 核处于去屏蔽区,即 π 电子对苯环上连接的 ^{1}H 核起去屏蔽作用。而在苯环平面的上下两侧感应磁场的方向与外磁场的方向相反。因此,若在某化合物中有处于苯平面上下两侧的 H 原子,则它们处于屏蔽区,即 π 电子对环平面上下的 ^{1}H 核起屏蔽作用。这样就可以解释苯环上的 H 原子化学位移 δ 值大(7.2),因为它处于去屏蔽区,^{1}H 核在低场共振。

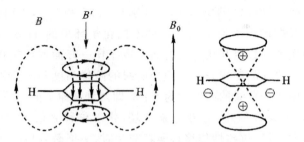

图 5-10 苯环的磁各向异性效应

在磁场中双键的 π 电子形成环流也产生感应磁场,由图 5-11 可见处于乙烯平面上的 H 原子它周围的感应磁场方向与外磁场一致,是处于去屏蔽区,所以^{1}H 核在低场共振,化学位移位大($\delta = 5.84$);在乙烯平面上下两侧的感应磁场的方向与外磁场方向相反,因此,若在某化合物中有处于乙烯平面上下两侧的 H 原子,则它们处于屏蔽区,^{1}H 在高场共振。

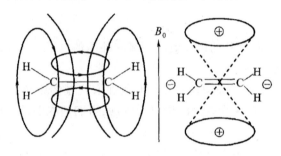

图 5-11 双键的磁各向异性效应

羰基 C=O 的 π 电子云产生的屏蔽作用和双键一样,以醛为例,醛基上的氢处于 C=O 的去屏蔽区,所以它在低场共振,化学位移值很大,$\delta \approx 9$(很特征)。

炔键 C≡C 中有一个 σ 键,还有两个 p 电子组成的 π 键,其电子云是柱状的。由图 5-12 可见,乙炔上的氢原子它与乙烯中的氢原子以及苯环上的氢原子是不一样的,它处于屏蔽区,所以 H 核在高场共振,化学位移小些,$\delta = 2.88$。

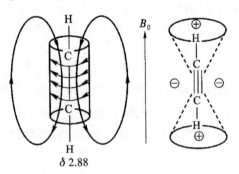

δ 2.88

图 5-12 三键的磁各向异性效应

单键的磁各向异性效应与三键相反,沿键轴方向为去屏蔽效应(图 5-13)。链烃中

$\delta_{CH} > \delta_{CH_2} > \delta_{CH_3}$,甲基上的氢被碳取代后去屏蔽效应增大而使共振频率移向低场。

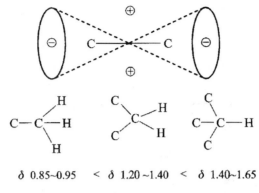

$$\delta\ 0.85{\sim}0.95\quad <\quad \delta\ 1.20{\sim}1.40\quad <\quad \delta\ 1.40{\sim}1.65$$

图 5-13　单键的磁各向异性效应

4. 范德华效应

当化合物中两个氢原子的空间距离很近时,其核外电子云相互排斥,使得它们周围的电子云密度相对降低,屏蔽作用减弱,共振峰移向低场,δ 增大,这一现象称为范德华效应。

5. 氢键缔合的影响

当分子形成氢键后,氢核周围的电子云密度因电负性强的原子的吸引而减小,产生了去屏蔽效应,从而导致氢核化学位移向低场移动,δ 增大;形成的氢键愈强,δ 增大愈显著;氢键缔合程度愈大,δ 增大愈多。通常在溶液中的氢键缔合与未缔合的游离态之间会建立快速平衡,其结果便得共振峰表现为一个单峰。对于分子间氢键而言,增加样品浓度有利于氢键的形成,使氢核的 δ 变大;而升高温度则会导致氢键缔合减弱,δ 减小。对于分子内氢键来说,其强度基本上不受浓度、温度和溶剂等的影响,此时氢核的 δ 一般大于 10 ppm,例如多酚可达 10.5～16 ppm,烯醇则高达 15～19 ppm。

6. 质子交换的影响

与氧、硫、氮原子直接相连的氢原子较易电离,称为酸性氢核,这类化合物之间可能发生质子交换反应:

$$ROH_a + R'OH_b \rightleftharpoons ROH_b + R'OH_a$$

酸性氢核的化学位移值是不稳定的,它取决于是否进行了质子交换和交换速度的大小,通常会在它们单独存在时的共振峰之间产生一个新峰。质子交换速度的快慢还会影响吸收峰的形状。通常,加入酸、碱或加热时,可使质子交换速度大大加快。因此有助于判断化合物分子中是否存在能进行质子交换的酸性氢核。

7. 溶剂效应

由于溶剂的影响而使溶质的化学位移改变的现象叫溶剂效应。NMR 法一般需要将样品溶解于溶剂中测定,因此溶剂的极性、磁化率、磁各向异性等性质,都会影响待测氢核的化学位移,使之改变。进行 $^1H \sim NMR$ 谱分析时所用溶剂最好不含 ^1H,比如可用 CCl_4、$CDCl_3$、CD_3COCD_3、CD_3SOCD_3、D_2O 等氘代试剂。

8.温度的影响

当温度的改变要引起分子结构的变化时,就会使其 NMR 谱图发生相应的改变。比如活泼氢的活泼性、互变异构、环的翻转、受阻旋转等都与温度密切相关,当温度改变时,它们的谱图都会产生某些变化。

5.4 自旋偶合与自旋系统

化合物 $CH_3CH_2COCH_3$ 的 ^1H NMR 如图 5-14 所示,图中有三组峰,分别代表了其分子中三种类型的氢核。上部的阶梯式曲线叫积分曲线,它的每个阶梯的垂直高度的简比等于相应的每组峰所含的氢核数目之比。因此占 2.47 ppm 处的 4 重峰,为亚甲基的两个 H 产生,$\delta 2.13$ ppm 处的孤峰为与羰基相连的甲基的 3 个 H 产生,$\delta 1.05$ ppm 处的三重峰为与亚甲基相连的甲基的 3 个 H 所产生。由于 CH_3 与 CH_2 中的 H 核产生了自旋偶合作用,于是直接相连的甲基和亚甲基的共振吸收峰会产生裂分。

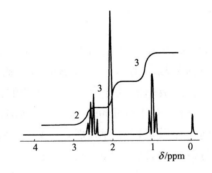

图 5-14　$CH_3CH_2COCH_3$ 的 ^1H NMR 谱图

1.自旋偶合的产生

分子中自旋核与自旋核之间的相互作用叫自旋偶合或自旋干扰,其结果会引起共振峰的裂分。自旋偶合的机理比较复杂,一种假设是自旋核在外磁场作用下产生不同的局部磁场通过空间传递而相互干扰;另一种假设是自旋核通过成键电子传递相互的干扰作用,也可能是自旋核磁矩与成键电子运动的磁场共同作用的结果。

由自旋偶合引起的裂分小峰间的距离叫偶合常数(J),其单位为 Hz,绝大多数 ^1H 核之间的 $J \leqslant 20$ Hz。J 的大小反映了自旋偶合核之间相互干扰的强度。J 与外磁场强度无关,与干扰核之间的键数和键的性质有关,也与取代基的电负性、立体结构、极化作用等有关,因此它是一个重要的结构参数。对于相互偶合的核来说,它们的偶合常数必然相等。

分子中若有一组自旋核,它们的化学位移相同,并且它们对组外任何一个磁性核的偶合常数相同,则这组核为磁等价核。从几何关系上看,若分子中有一组自旋核对其他组中的每个自旋核的键距和键角都相同,则这组核对其他组核的偶合常数相同,这组核即为磁等价核,否则为磁不等价核。

符合下列任一条件的氢核都是磁不等价核。

①化学环境不同的氢核。

②与 C_{abc} 相连的 CH_2 的两个 H 核。

③取代烯的同碳氢核。

④构象固定在环上的 CH_2 的两个氢核。

⑤邻位或对位二取代苯的芳氢核。

⑥单键旋转受阻时,会使原先的快速旋转磁等价核变为磁不等价核。

2. 产生自旋干扰的条件

核与核之间产生自旋干扰的条件如下。

①$I=0$ 的核不会对氢核产生自旋干扰作用。

②自旋量子数 $I>0$ 的核对相邻氢核可能产生自旋干扰和峰的裂分。

③^{35}Cl、^{79}Br、^{127}I 等 $I>0$ 的原子,对相邻氢核具有自旋去偶作用,故不会产生对氢核的自旋干扰和峰的裂分现象。

④磁等价核之间不会产生自旋干扰作用。

⑤相隔单键数大于 3 的氢核之间一般不会产生自旋干扰和峰的裂分。

⑥相隔单键数不大于 3 的磁不等价氢核之间会产生自旋干扰和峰的裂分。

3. 自旋偶合产生的裂分小峰数目和面积比

(1)裂分小峰数目的计算

通常,若有 n 个自旋量子数为 I 的磁等价的自旋核,在外磁场中会产生 $2nI+1$ 种不同的自旋取向组合,使与其偶合的自旋核的共振峰分裂为 $2nI+1$ 个小峰。氢核的 $I=1/2$,故某组 n 个磁等价 H 核会使另一组磁等价 H 核产生 $N=n+1$ 个裂分小峰,这就是"$n+1$ 规律"。

当某组磁等价 H 核分别与另两组个数为 n 和 n' 的磁等价 H 核偶合时,若它们的偶合常数不相等,则其裂分小峰数 $N=(n+1)(n'+1)$,例如 $CH_3CH_2CHCl_2$ 分子中 CH_2 氢核,被 CH_3 的三个氢核干扰,裂分为四重峰,再与 CH 的一个氢核偶合,每一小峰再被裂分为两个小峰,于是裂分小峰总数 $N=(3+1)(1+1)=8$。在实际测量时,由于峰的重叠或仪器分辨率的限制等原因,有时裂分小峰数目可能小于理论值。

(2)裂分小峰面积比的计算

当氢核只与孢个磁等价氢核偶合时,它所产生的裂分小峰的面积比近似地等于二项式 $(a+b)^n$ 挖展开式的各项系数比。

4. 自旋系统的分类

分子中相互偶合的核所组成的孤立体系叫做自旋系统。其特点是系统内部的偶合核不与系统外部的任何核偶合;但在系统内部,某个核不一定与其他每一个核都偶合。一个分子中可能存在几个自旋系统。在自旋系统内,偶合核作用的强弱可以由它们的化学位移差和偶合常数的大小反映。

（1）低级偶合系统

如果自旋系统中偶合核的 $\frac{\Delta\nu}{J}>10$，表明二者干扰作用较弱，这种偶合系统叫做低级偶合系统，其谱图叫做一级谱图，它具有以下特征。

①偶合产生的裂分小峰数符合"$n+1$"规律。

②裂分小峰面积比大致符合二项展开式的系数比，通常内侧峰偏高，外侧峰偏低。

③谱线以化学位移为中心，左右对称。

④相互偶合的 H 核的偶合常数相等。

⑤由谱图可直接读出 δ 和 J 的大小。

（2）高级偶合系统

若相互偶合的 H 核的 $\frac{\Delta\nu}{J}<10$ 时，则它们的干扰作用比较强烈，这种偶合系统叫做高级偶合系统，其谱图叫做二级谱图。高级偶合中涉及的 H 核通常用字母表上邻近的字母来表示，如 AB、ABC、XY、A_2B_2、$AA'BB'$ 等。

在二级谱图中，一级谱图的特征均不复存在，其特征为

①裂分小峰数不符合"$n+1$"规律，通常有更多的裂分小峰。

②裂分小峰的强度关系复杂，不符合二项展开式系数比规律。

③裂分小峰间距不相等，δ 与 J 值均不能直接从图上读出，但可通过现代 NMR 系统软件包内的计算机程序求出。

二级谱图比一级谱图复杂，解析难度大，可采取以下简化谱图的措施。

①使用高频 NMR 仪。

②采用双照射自旋去偶技术。

③对活泼氢进行重氢交换。

④加入位移试剂等。

5. 偶合常数与分子结构的关系

（1）远程偶合

远程偶合是指超过三个键的偶合作用，其中往往会有 π 键体系，其偶合常数一般都很小（0～3 Hz），不易观察到。但有远程偶合作用时，相应的共振峰要变得宽、矮一些。

例如，取代苯芳氢的间位、对位偶合，芳 H 与侧链的偶合，烯丙体系的跨过三个单键和一个双键的偶合，高烯丙体系的跨越四个单键和一个双键的偶合等，都属于远程偶合。此外，多炔和累积双烯体系甚至可以形成 9 键偶合（^9J 约 0.4 Hz）；当 4 个单键在同一平面中构成 W 型时，其 ^4J 为 1～2 Hz；折线型共轭体系中的 ^5J 为 0.4～2 Hz。

（2）偕偶、邻偶和芳氢偶合

偶合常数与分子结构直接相关，在推导化合物的结构时，常常借助于偶合常数。按照相互偶合的 H 核之间键数的多少，可将偶合作用分为偕偶、邻偶及远程偶合三类。

偕偶为同一碳原子上的两个氢核之间的偶合，亦为经过两个单键传递的偶合，故可用 ^2J

表示。^2J 一般为负值,随取代基的不同,其值变化较大。通常双键碳上的两个氢的 ^2J 主要受取代基的电子效应和键角等因素的影响。

邻偶是分别位于相邻的两个碳原子上的两个(或两组)的 H 核之间的偶合,它通过三个键而传递,故也叫 $J_邻$ 或 ^3J。^3J 一般为正值,其大小与化合物类型有关,也随键角和取代基的电负性不同而不同。

5.5　核磁共振波谱仪

按工作方式,可把核磁共振波谱仪分为连续波(CW)核磁共振波谱仪和脉冲傅里叶变换(PFT)核磁共振波谱仪。

5.5.1　连续波核磁共振波谱仪

核磁共振波谱仪主要由磁铁、射频振荡器、射频接受器等组成,如图 2-15 所示。

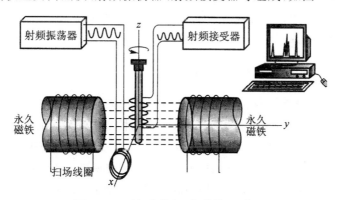

图 5-15　核磁共振波谱仪示意图

1—磁铁;2—扫场线圈;3—射频发射器;

4—射频接受器及放大器;5—样品管;6—记录仪或示波器

1.磁铁

用磁铁产生一个外加磁场。磁铁可分为永久磁铁、电磁铁和超导磁铁三种。永久磁铁的磁感应强度最高为 2.35 T,用它制作的波谱仪最高频率只能为 100 MHz,永久磁铁场强稳定,耗电少,但温度变化敏感,需长时间才达到稳定。电磁铁的磁感应强度最高为 2.35 T,对温度不敏感,能很快达到稳定,但功耗大,需冷却。超导磁铁的最大优点是可达到很高的磁感应强度,可以制作 200 MHz 以上的波谱仪。已早有 900 MHz 的波谱仪,但由超导磁铁制成的波谱仪,运行需消耗液氮和液氦,维护费用较高。

2.射频发射器

射频发射器用于产生射频辐射,此射频的频率与外磁场磁感应强度相匹配。如对于测 ^{1}H 的波谱仪,超导磁铁产生 7.0463 T 的磁感应强度,则所用的射频发射器产生 300 MHz 的射频辐射,因此射频发生器的作用相当于紫外-可见或者红外吸收光谱仪中的光源。

3.射频接受器

产生 NMR 时,射频接受器通过接受线圈接受到的射频辐射信号,经放大后记录下 NMR 信号,射频接受器相当于紫外-可见或红外吸收光谱仪中的检测器。

4.探头

探头主要由样品管座、射频发射线圈、射频接受线圈组成。发射线圈和接受线圈分别与射频发射器和射频接受器相连,并使发射线圈轴、接受线圈轴与磁场方向三者互相垂直。样品管座用于承放样品。

5.扫描单元

核磁共振波谱仪的扫描方式有两种,一种是保持频率恒定,线形地改变磁场的磁感应强度,称为扫场;另一种是保持磁场的磁感应强度恒定,线形地改变频率,称为扫频。但大部分用扫场方式。如图 5-15 的扫描线圈通直流电,可产生一附加磁场,连续改变电流大小,即连续改变磁场强度,就可进行扫场。

5.5.2 脉冲傅里叶变换核磁共振波谱仪

仪器结构与前面连续波谱仪相同,但不是扫场或扫频,而是加一个强而短的射频脉冲,其射频频率包括同类核(如 ^1H)的所有共振频率,所有的核都被激发,而后再到平衡态,射频接受器接受到一个随时间衰减的信号,称为自由感应衰减信号(FID)。FID 信号虽然包含所有激发核的信息,但这种随时间而变的信号(时间域信号)很难识别。而根据 FID 随时间的变化曲线,经傅里叶变换(FT)转换成常规的信号(频率域信号),即 FID 随频率而变化的曲线,也就是我们熟悉的 NMR 谱图,如图 5-16 所示。

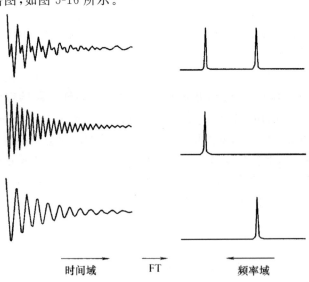

时间域　　FT　　频率域

图 5-16　FID 信号经 FT 变换产生频率示意图

与 CW-NMR 相比, RFT-NMR 的特点是如下。

①采用重复扫描, 累加一系列 FID 信号, 提高信噪比。因为信号 (S) 与扫描次数 (n) 成正比, 而噪声 (N) 与 $\sqrt{n}$ 成正比, 所以 $\dfrac{S}{N}$ 与 $\sqrt{n}$ 成正比。对于 PFT-NMR, 使用脉冲波, 脉冲宽度为 $1\sim50~\mu s$, 时间间隔为 x s, 速度快, 可增加扫描次数。而对于 CW-NMR, 若 250 s 纪录一张谱图, 要使 $\dfrac{S}{N}$ 提高 10 倍, 需 $250\times100=25000$ s, 所以很难增加扫描次数。

②由于 PFT-NMR 灵敏度高于 CW-NMR, 对于 ^{1}H NMR, 使用 PFT-NMR 时, 样品可从几十毫克降到 1 mg, 甚至更少。

③用 FT-NMR 可以测 ^{13}C 的信号, 而不能用 CW-NMR, 用 PFT-NMR 时, 测 ^{13}C 谱需样品约几毫克到几十毫克。

第6章 毛细管电泳分析

6.1 概述

6.1.1 电泳

电泳(EP)是指在一定条件下,带电颗粒在电场的作用下向着与其电性相反的电极发生定向移动的现象。利用电泳现象对某些化学或生物物质进行分离分析的方法和技术叫电泳法或电泳技术。

1.电泳的基本原理

许多重要的生物分子,如氨基酸、多肽、蛋白质、核苷酸、核酸等都具有可解离基团,它们在某个特定的 pH 下可以带正电荷或负电荷。在电场的作用下,这些带电分子会向着与其所带电荷极性相反的电极方向移动。电泳技术就是利用在电场的作用下,由于待分离试样中各种分子带电性质以及分子本身大小、形状等性质的差异,使带电分子产生不同的迁移速度,从而对试样进行分离、鉴定或提纯的技术。

电泳过程必须在一种支持介质中进行。经实验研究,由于自由界面电泳因为没有固定支持介质,所以扩散和对流都比较强,影响分离效果,于是出现了固定支持介质的电泳。试样在固定支持介质中进行的电泳过程,减少了扩散和对流等干扰作用。在很长一段时间里,小分子物质,如氨基酸、多肽、糖等,通常用滤纸或纤维素、硅胶薄层平板为介质的电泳进行分离、分析,但目前一般则使用更灵敏的技术来进行分析。但这些介质适合于分离小分子物质,操作简单、方便,对于复杂的生物大分子则分离效果较差。

凝胶作为支持介质的引入,大大促进了电泳技术的发展,使电泳技术成为分析蛋白质、核酸等生物大分子的重要手段之一。最初使用的凝胶是淀粉凝胶,现在使用得最多的是琼脂糖凝胶和聚丙烯酰胺凝胶。

2.电泳的分类

电泳按其分离原理的不同可以分为以下几种。

(1)区带电泳

电泳过程中,待分离的各组分分子在支持介质中被分离成许多条明显的区带,这是目前应用最为广泛的电泳技术。

按支持介质的不同,区带电泳可分为:纸电泳、醋酸纤维薄膜电泳、琼脂糖凝胶电泳、聚丙烯酰胺凝胶电泳(PAGE)和 SDS－聚丙烯酰胺凝胶电泳(SDS－PAGE)等。

按支持物的装置形式不同,区带电泳可分为:水平板式电泳,即支持物水平放置,最常用;

垂直板式电泳,聚丙烯酰胺凝胶可做成垂直板式电泳;垂直柱式电泳。

（2）等电聚焦电泳

由两性电解质在电场通电后形成一定的 pH 梯度。被分离的蛋白质停留在各自的等电点而形成分离的区带。

（3）自由界面电泳

这是瑞典 Uppsala 大学的著名科学家 Tiselius 最早建立的电泳技术,是在 U 形管中进行电泳,无支持介质,因而分离效果差,现已被其他电泳技术所取代。

（4）等速电泳

需使用专用电泳仪,当电泳达到平衡后,各电泳区带分成清晰的界面,并以等速向前运动。

6.1.2　毛细管电泳定义与特点

毛细管电泳（CE）又称高效毛细管电泳法（HPCE）,是 20 世纪 80 年代初在全世界范围内迅速发展起来的一种分离分析技术。这是一类以毛细管为分离通道、以高压直流电场为驱动力,依据淌度的差异从而分离的一种全新的分离分析技术。高效毛细管电泳法在生物技术、生命科学、医药卫生和环境保护等领域中显示了其重要的应用前景,也被认为是人类进入纳米技术时代的一种富有重要潜在价值的手段之一。

电泳是指带电粒子在电场作用下,以不同速度做定向移动的现象。利用这种技术对物质进行分离分析的方法称为电泳法。电泳作为一种技术或分离工具已有近百年的历史,但经典电泳技术的缺点是操作繁琐、效率较低、重现性差。特别是为了提高分离效率要加大电场强度,使因电流作用产生的内热（称为焦耳热）也随而加大,导致谱带加宽,柱效明显降低。目前,毛细管电泳可与气相色谱法、高效液相色谱法相媲美,成为现代分离科学的重要组成部分。

毛细管电泳是经典电泳技术和现代微柱分离相结合的产物。它具有以下优点。

（1）仪器简单

只需要一个高压电源、一个检测器和一截毛细管就可组成一台简单的 CE 仪器,由于操作参数少,方法开发也较为简单。

（2）分离模式多

目前已经有毛细管区带电泳（CZE）、电动毛细管色谱（EKCC）、毛细管凝胶电泳（CGE）、毛细管等速电泳（CITP）、毛细管等电聚焦（CIEF）和毛细管电色谱（CEC）6 种模式,而且容易实现各模式之间的切换。

（3）分离效率高

CE 采用 $25\sim100\ \mu m$ 内径的熔融石英毛细管柱,限制了电流的产生和管内发热,并采用柱上检测,大大消除了柱外效应。在 $100\sim500\ V\cdot m^{-1}$ 的电场强度下,可以达到每米几十万到上百万理论塔板数的柱效。

（4）最小检测限低

虽然采用 $25\sim100\ \mu m$ 内径的毛细管,光学检测器的光程有限,用一般光吸收检测器时,以浓度表示的灵敏度尚不及 HPLC 高,但以样品绝对量表示的最小检测限却很低。迄今,分离分析领域的最低检测限是 CE 采用激光诱导荧光检测器获得的,这也为单分子的检测提供了可能。

（5）环境友好

因为分离介质多为水相，且产生的废液量很少，故对环境的影响很小。这符合绿色化学的要求。

（6）分析成本低

原因一是毛细管本身成本低，且易于清洗。另外，溶剂和试剂消耗量少，废液处理成本低。此外，样品用量少，仅为纳升级，这对那些珍贵的样品尤其有利。

（7）应用范围广

CE 既能分析有机和无机小分子，又能分析多肽和蛋白质等生物大分子；既能用于带电离子的分离，又能用于中性分子的测定；非常适用于复杂混合物的分离分析和药物对映异构体的纯度测定。

6.1.3　毛细管电泳的应用

毛细管电泳的分离模式多样化，毛细管内壁的修饰方法不同、流动的缓冲液中的添加剂不同以及新型检测技术的发展，使得毛细管电泳在分析化学、药物学、临床检测、食品科学以及农学等领域有着广泛的应用。

1. 离子分析

与离子色谱相比，毛细管电泳在无机金属离子分离分析上具有许多优势，它能在数分钟内分离出四五十个离子组分，并且不需要复杂的操作程序。利用高效毛细管电泳法分离无机离子最关键的问题是检测，基本检测方式分为直接检测和间接检测。

少数无机离子在合适价态下有紫外吸收，能够直接检测出，但绝大多数无机离子不能直接利用紫外吸收检测。此时，可以在具有紫外吸收离子的介质中进行电泳，可以测得无吸收同符号离子的负峰或者倒峰。背景试剂可选择淌度较大的芳胺或胺等。芳胺的有效淌度随 pH 下降而增加，因而改变 pH 可以改善峰形和分离度。采用胺类背景时，多选择酸性分离条件。如咪唑、吡啶及其衍生物等杂环化合物也是一类很好的背景试剂。

2. 肽和蛋白质分析

CE 广泛用于蛋白纯度、含量、等电点、相对分子质量、氨基酸序列等结构表征的研究。CE 是最有效的纯度检测手段，可以检测出多肽链上单个氨基酸的差异。用 CIEF 测定等电点，分辨程度可达 0.01pH 单位。尤其是肽谱用 CE-MS 联用进行分析，可推断蛋白的分子结构。用 CE 进行蛋白结合或降解反应、酶动力学、受体-配体反应动力学等方面的研究是热点问题。

3. DNA 分析

DNA 分析包括碱基、核苷、核苷酸、寡核苷酸、引物、探针、单链 DNA、双链 DNA 分析及 DNA 序列测定。CZE 和 MECC 通常用来分离碱基、核苷及简单的核苷酸。CGE 则用于较大的寡核苷酸、单链 DNA、双链 DNA 及 DNA 序列分析。采用芯片毛细管电泳测序，350 bp 的 DNA 序列测定可在 7 min 内完成，最小分离度为 0.5，不仅大幅提高测序速率，还可减少试剂消耗，降低成本。

4.临床检测

随着人类基因组项目的开展,迅速推动人类疾病的 DNA 诊断及基因治疗的研究迎来了基因作为药物的时代。人类基因的研究,大大加快了医学基因鉴定,发现疾病基因的速度迅速增长。人类某些常见致命的多发病如癌、心脏病、动脉粥样硬化、心肌梗死、糖尿病及痴呆病的基因研究已取得了巨大的进展。人类疾病的 DNA 诊断,对 DNA 序列的检测已有几种多聚酶链放大反应(PCR)技术。

近年来,毛细管电泳已迅速发展为 PCR 产物分析的重要方法。在人类疾病的高效 DNA 诊断中,毛细管电泳可对致病基因做快速及精密的鉴定。采用毛细管电泳自动化分析,可获得高精密度,且所需样品少,速度快,为法医科学和案件审判提高了效率及减少费用。毛细管电泳在生物大分子蛋白和肽的研究可用来检测纯度,如可以检测出多肽链上的单个氨基酸的差异;若与质谱联用,可以推断蛋白质的分子结构。如果采用最新技术,甚至能检测单细胞、单分子,如监测钠离子和钾离子在胚胎组织膜内外的传送。

6.2　毛细管电泳的原理

6.2.1　双电层

在液固两相的界面上,固体分子会发生解离而产生离子,并被吸附在固体表面上。为了达到电荷平衡,固体表面离子通过静电力又会吸附溶液中的相反电荷的离子,从而形成双电层。实验表明,石英毛细管表面在 pH>3 时,就会发生明显的解离,使毛细管的内壁带有 SiO^- 负电荷,于是溶液中的正离子就会聚集在表面形成双电层,如图 6-1 所示。这样,双电层与管壁间会产生一个电位差,称为 Zeta(ξ)电势。Zeta 电势可用下式表达

$$\xi = 4\pi\delta e/\varepsilon$$

式中:δ 为双电层外扩散层的厚度,离子浓度越高,其值越小;e 为单位面积上的过剩电荷;ε 为溶液的介电常数。

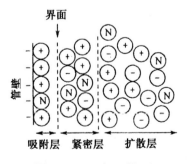

图 6-1　双电层模型

6.2.2 电泳淌度

电泳的移动速度 u_{ep} 由下式决定

$$u_{ep} = \mu_{ep}E$$

式中：u_{ep} 为带电粒子的电泳速度，$cm \cdot s^{-1}$，（电泳表示符号为 ep）；E 为电场强度，$V \cdot cm^{-1}$；μ_{ep} 为带电粒子的电泳淌度，$cm \cdot V^{-1} \cdot s^{-1}$。

电泳淌度是指带电粒子在毛细管中单位时间和单位电场强度下移动的距离，也就是单位电场强度下带电粒子的平均迁移速度，简称淌度，表示为

$$\mu_{ep} = \frac{u_{ep}}{E}$$

淌度与带电粒子的有效电荷、形状、大小以及介质黏度有关，对于给定的介质，带电粒子的淌度是该物质的特征常数。因此，电泳中常用淌度来描述带电粒子的电泳行为。

带电粒子在电场中的迁移速度取决于该粒子的淌度和电场强度的乘积。在同一电场中，由于带电粒子淌度的差异，致使它们在电场中的迁移速度不同，而导致彼此分离，因此淌度不同是电泳分离的内因。电泳分离的基础是各分离组分有淌度的差异。

带电粒子在无限稀释溶液中的淌度叫做绝对淌度，它表示一种离子在没有其他离子影响下的电泳能力，用 μ_{ab} 表示。在实际工作中，人们不可能使用无限稀释溶液进行电泳，某种离子在溶液中不是孤立的，必然会受到其他离子的影响，使其形状、大小、所带电荷、离解度等发生变化，所表现的淌度会小于 μ_{ab}，这时的淌度称为有效淌度，即物质在实际溶液中的淌度，用 u_{ef} 表示。

$$\mu_{ef} = \sum a_i \mu_i$$

式中：a_i 为物质 i 的离解度；u_i 为物质 i 在离解状态下的绝对淌度。

物质的离解度与溶液的 pH 值有关，而 pH 值对不同物质的离解度影响不同。因此，可以通过调节溶液 pH 值来加大溶质质间 u_{ef} 的差异，以提高电泳分离效果。

6.2.3 电渗与电渗流

目前，毛细管电泳中所用的毛细管绝大多数是石英材料。当石英毛细管中充入 pH ≥ 3 的电解质溶液时，管壁的硅羟基（—SiOH）便部分解离成—SiO—，使管壁带负电荷，由于静电引力，—SiO 将把电解质溶液中的阳离子吸引到管壁附近，并在一定距离内形成阳离子相对过剩的扩散双电层，这样，就像在带负电荷的毛细管内壁形成了一个圆形的阳离子鞘。

在外电场作用下，带正电荷的溶液表面及扩散层的阳离子向阴极移动。由于这些阳离子实际上是溶剂化的或者说是水化的，当它们带着毛细管中的液体一起向阴极移动，这形成了毛细管电泳中最重要的物理现象——电渗现象。在电渗力驱动下毛细管中整个液体的流动，叫做毛细管电泳中的电渗流（EOF），如图 6-2 所示。电渗流的大小直接影响分离情况和分析结果的精密度和准确度。

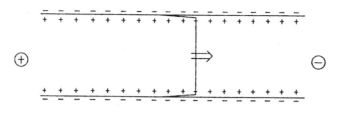

图 6-2　由毛细管壁引起的电渗流

电渗流的大小 u_{eo} 可以表示为

$$u_{eo} = \mu_{ep} E$$

式中：μ_{ep} 为电渗淌度；E 为电场强度。

μ_{ep} 取决于电泳介质及双电层的 ζ 电势，即

$$\mu_{ep} = \frac{(\varepsilon_0 \varepsilon \zeta)}{\eta}$$

则有

$$u_{eo} = \frac{\varepsilon_0 \varepsilon \zeta}{\eta} E$$

式中：ε_0 为真空介电常数；ε 为电泳介质的介电常数；ζ 近似等于扩散层与吸附层界面上的电位。

由于电渗流的大小与 Zeta 电势呈正比关系，因此影响 Zeta 电势的因素都会影响电渗流。Zeta 电势 ξ 的大小主要取决于毛细管内壁扩散层单位面积的过剩电荷数 e 及扩散层的厚 δ。而 δ 大小与溶液的组成、离子强度有关。溶液的离子强度越大，扩散层的厚度越薄。电渗流的方向决定于毛细管内壁表面电荷的性质。一般情况下，在 pH＞3 时，石英毛细管内壁表面带负电荷，电渗流的方向由阳极到阴极。但如果将毛细管内壁表面改性，比如在壁表面涂渍或键合一层阳离子表面活性剂，或者在内充液中加入大量的阳离子表面活性剂，将使石英毛细管内壁表面带正电荷。壁表面的正电荷因静电力吸引溶液中阴离子，使双电层 Zeta 电势的极性发生了反转，最后可使电渗流的方向发生变化，即电渗流的方向由阴极到阳极。

在毛细管电泳法中，粒子在溶液中除了随电渗流动外，还会因所带电荷类型的不同而出现向不同方向的电泳运动，为了描述粒子在两种作用下的合运动，可用合淌度来表示粒子的实际运动情况。对于中性粒子，不发生电泳运动；对于带正电荷粒子，电泳方向与电渗方向相同；对于带负荷电粒子，电泳方向与电渗方向相反。在以石英为材质的毛细管电泳中，电渗淌度通常比电泳淌度大一个数量级，因此样品中所有组分均沿着电渗方向相同的方向运动，在电泳运动的作用下，带不同电荷的粒子的出峰顺序依次是正粒子、中性粒子和负粒子。对于含有多种中性粒子的待测样品，由于中性粒子的运动速度均等于电渗速度，因此相互之间不能分离。由此观之，无论是阳离子、阴离子，还是中性组分，电渗淌度对于所有组分都是相同的。因而，不同组分的分离并不是电渗的作用，而是电泳作用的结果。

6.2.4　毛细管的基本参数

CE 中的分析参数可以用色谱中类似的参数来描述，比如与色谱保留时间相对应的有迁移时间(t)，定义为一种物质从进样口迁移到检测点所用的时间，迁移距离(l)为被分析物质从

进样口迁移到检测点所经过的距离,又称毛细管的有效长度。迁移速率(v)则为迁移距离(l)与迁移时间(t)之比

$$\nu = \frac{l}{t}$$

因为电场强度等于施加电压(U)与毛细管长度(L)之比

$$E = \frac{U}{L}$$

就 CE 的最简单的模式——毛细管区带电泳(CZE)而言,有

$$\mu_a = \frac{l}{tE} = \frac{lL}{tU}$$

在毛细管区带电泳(CZE)条件下测得的淌度是电泳淌度与电渗流淌度的矢量和,我们称之为表观淌度 μ_a,即

$$\mu_a = \mu_e + \mu_{EOF}$$

实验中可以采用一种中性化合物,如二甲亚砜或丙酮等,来单独测定电渗流淌度,然后求得被分析物的有效淌度 μ_e。例如,图 6-3 是一个混合物的分离结果,其中三个峰分别为阳离子($t = 39.5$ s)、中性化合物($t = 66.4$ s)和阴离子($t = 132.3$ s)。实验用毛细管总长度为 48.5 cm,有效长度为 40 cm,施加电压为 20 kV。根据上述公式,我们便可以计算出电渗淌度以及不同离子的表观淌度和有效淌度。

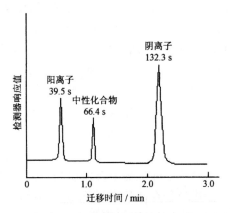

图 6-3 阳离子、中性化合物和阴离子的 CE 分离图

电渗淌度:

$$\mu_{EOF} = \frac{40 \times 48.5}{20000 \times 66.4} = 1.46 \times 10^{-3} \text{ cm}^2 \cdot V^{-1} \cdot s^{-1}$$

阳离子:

$$\mu_a = \frac{40 \times 48.5}{20000 \times 39.5} = 2.46 \times 10^{-3} \text{ cm}^2 \cdot V^{-1} \cdot s^{-1}$$

$$\mu_e = \mu_a - \mu_{EOF} = 1 \times 10^{-3} \text{ cm}^2 \cdot V^{-1} \cdot s^{-1}$$

阴离子:

$$\mu_a = \frac{40 \times 48.5}{20000 \times 132.3} = 7.33 \times 10^{-4} \text{ cm}^2 \cdot V^{-1} \cdot s^{-1}$$

$$\mu_e = \mu_a - \mu_{EOF} = -7.27 \times 10^{-4} \ cm^2 \cdot V^{-1} \cdot s^{-1}$$

注意,阴离子的有效淌度为负值,因为其电泳淌度与电渗淌度的方向相反。

6.2.5　选择性与柱效应的影响因素

1.影响选择性的因素

(1)被分离组分的电离度

被分离组分的电离度影响迁移速率。电泳时,所用溶剂常常是一种缓冲溶液,它的 pH 值是一定的。在此 pH 值下,对 pK_a 不同的组分,离子形式与分子形式所占的比例不会相同,它们在电场下的迁移速率也就不同。

(2)离子的迁移率

离子迁移率(U)决定于离子的电荷。通常,电荷相同的两种离子 A 和 B 的分离距离 Δd 可表示为:

$$\Delta d = d_A - d_B = (U_A - U_B)\frac{tV}{L}$$

式中:V 为加在长度为 L 的毛细管两端的电压;t 为迁移时间。

为了得到良好分离,离子的迁移率差别要大,电压梯度要大,迁移时间要长。显然,溶剂的黏度低会有利于迁移速率的增加和分离时间缩短。电解质浓度越高,离子强度越大,离子迁移率变小。离子电荷增加,半径减小,其迁移率增大。

2.影响柱效应的因素

由于在高效毛细管电泳中,没有固定相,消除了来自涡流扩散和固定相的传质阻力,而且很细的管径,也使流动相传质阻力降至次要地位。因此,纵向分子扩散成了制约提高柱效的主要因素,相应关系式为:

$$n = \frac{L^2}{\sigma^2}$$

与高效液相色谱不同,高效毛细管电泳中的液流是在电场作用下的整体移动,界面滞留现象很小,即以塞式移动(平流),而高效液相色谱中则是以抛物线形状流动(层流),如图 6-4 所示,故高效毛细管电泳中的峰展宽很小,柱效要高得多。

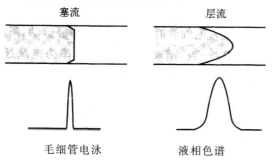

图 6-4　高效毛细管电泳与高效液相色谱液流的流动形式对比

若只考虑纵向分子扩散,由此引起的方差可表示为

$$\sigma = \sqrt{2Dt}$$

式中：D 为组分的扩散系数；t 为从组分注入到检测器的组分迁移时间,它又可表示为

$$t = \frac{L^2}{U_{app}V}$$

式中：L 为样品注入口到检测器的毛细管长度；U_{app} 为组分的表观迁移率,即组分的电泳迁移率与电渗流迁移率之和；V 为外加电压。

由以上三式可得

$$n = \frac{U_{app}V}{2D}$$

可见,高电压可获得高柱效。在恒定的高电压下,柱效与柱长无关,但是,使用长柱有利施加高电压。但所加电压的极限值又受毛细管热效应的限制。

在毛细管电泳中,采用较低电流,可使毛细管内产生的焦耳热大大减小。焦耳热正比于 I^2R,I 为通过毛细管的电流,R 为溶液电阻。所产生焦耳热可通过窄径毛细管壁迅速传递给周围空气或用来冷却的液体介质,因此有的毛细管加有冷却套管。如果毛细管的表面积与体积之比不足够大,散热就不够良好。由于管壁与管中心的温差,使溶液黏度改变,使正常的电渗流流型受到扰动,而向流体动力学流型转变,使峰展宽如图 6-5 所示。

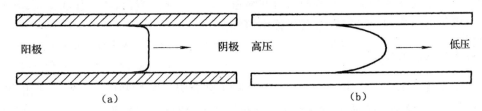

图 6-5　电渗流速率流型和流体动力学速度流型

在毛细管电泳中,还有一些其他因素使峰展宽,如所加入样品的初始带宽,组分在管壁上的吸附效应,组分与缓冲剂离子的迁移率以及样品浓度与电解质浓度的不相匹配而偏离理想的电泳电行为等。

6.3　分离模式

6.3.1　毛细管电泳的分离模式

目前,毛细管电泳有六种分离模式:胶束电动毛细管色谱、毛细管区电泳、毛细管凝胶电泳、毛细管电色谱、亲和毛细管电泳和毛细管等电聚焦电泳。

1.胶束电动毛细管色谱

胶束电动毛细管色谱法(MECC 或者 MEKC)是将电泳技术和色谱技术很好地结合在一起的一种分离模式,以胶束为准固定相,是毛细管电泳中既能够分离带电组分又能够分离中性

化合物的分离模式,大大拓宽了电泳技术的应用范围。在背景电解质中加入超过临界胶束浓度的表面活性剂使之在溶液中形成胶束,比如十二烷基硫酸钠。当溶液中表面活性剂浓度超过临界胶束浓度时,它们就会聚集形成具有三维结构的胶束,疏水性烷基聚在一起指向胶束中心,带电荷的一端朝向缓冲溶液。在电泳中,这些胶束按其所带电荷的不同朝着与 EOF 相同或相反的方向迁移,作为一种"准固定相",使试样组分中的中性粒子在随电渗流移动时,能够像色谱分离一样,如图 6-6 所示。在电解质溶液和"准固定相",两相间进行多次分配,依据其分配行为的不同而获得分离。在胶束电动毛细管色谱模式下,"准固定相"作为独立相对分离有重要作用。分离选择性会随着准固定相的种类的改变而改变。

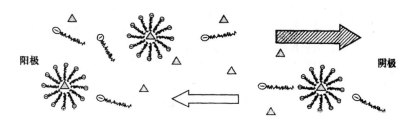

△ 溶质;　 表面活性剂;　 电泳;　 电渗流;

图 6-6　MECC 的分离原理

由于毛细管电泳分离及其检测等方面的限制,在实际工作中可选的表面活性剂数量相当少,目前比较常用的几种表面活性剂有:十二烷基硫酸钠、十二烷基磺酸钠、十二烷基三(甲基)氯化铵、十二烷基三(甲基)溴化铵、十四烷基硫酸钠、十四烷基三(甲基)溴化铵、癸烷磺酸钠等阴离子表面活性剂;十六烷基三(甲基)溴化铵等阳离子表面活性剂;胆酰胺丙基二(甲基)氨基丙磺酸、胆酰胺丙基二(甲基)氨基-2-羟基丙磺酸等两性离子表面活性剂等。

2.毛细管区带电泳

毛细管区带电泳(CZE)是毛细管电泳中最简单、最基本也是应用最广的一种分离模式,是其他分离模式的基础。CZE 可以分离小分子,也可以分蛋白质、肽、糖等生物大分子;毛细管经过改性处理之后,甚至可以分离阴离子。CZE 所采用的背景电解质是缓冲溶液,分离是基于试样中各个组分间荷质比的差异,依靠试样中的不同离子组分在外加电场作用下电泳淌度的不同而实现分离,有时需在缓冲溶液中加入一定的添加剂,以提高分离选择性,改变电渗流的大小和方向,或抑制毛细管壁的吸附等。CZE 模式下,电中性物质的淌度差为零,所以不用于分离中性物质。

CZE 的应用范围很广,分析对象包括氨基酸、多肽、蛋白质、无机离子和有机酸等。图 6-7 所示为 CZE 分离阴离子的实例。

此外,在药物对映异构体的分离分析方面,CZE 已经成为强有力的手段。一般是在缓冲液中加入手性选择剂,如环糊精、冠醚、大环抗生素或蛋白质,根据手性选择剂与不同旋光异构体的作用力差异实现分离。对于可解离的药物,多采用中性手性选择剂;而对于中性药物,则需要用带电的手性选择剂。

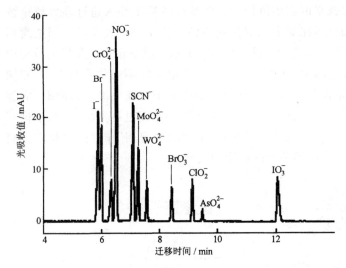

分析条件：

毛细管：内径 50 μm，总长度 64.5 cm，有效长度 56 cm，内壁涂渍聚乙二醇

缓冲液：20 mmol·L⁻¹ 磷酸缓冲液，pH 8.0

压力进样：2×10⁴ Pa·s

分析电压：15 kV

温度：20 ℃

紫外吸收检测：200 nm

样品：每种离子 100 mg·L⁻¹

图 6-7　CZE 分离阴离子

有些被分析物在水中溶解度非常低，需要用有机溶剂作为分离介质，这就是非水介质 CZE。图 6-8 是采用非水介质的 CZE 分离 N-苯甲酰基-苯丙氨酸甲酯对映异构体的结果。

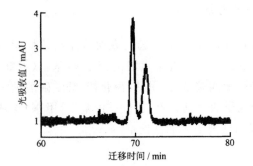

分析条件：

毛细管：内径 50 μm，总长度 50 cm，有效长度 41.5 cm

背景电解质溶液：0.1 mol·L⁻¹ β-环糊精，0.06 mol·L⁻¹ NaCl 的甲酰胺溶液，含 10%乙酸

压力进样：5000 Pa×5 s

分析电压：30 kV

检测波长：260 nm

温度：25 ℃

图 6-8　N-苯甲酰基-苯丙氨酸甲酯对映异构体的非水介质 CZE 手性分离

3.毛细管凝胶电泳

毛细管凝胶电泳（GGE）是各种分离模式中柱效最高的一种分离模式，它用凝胶物质或者其他筛分介质作为支撑物进行分离的区带电泳。由于毛细管内填充有凝胶，试样组分在分离中不仅受电场力的作用，同时还受到凝胶的尺寸排阻效应的作用，使得毛细管凝胶电泳结合了毛细管电泳和平板凝胶电泳的特点。

CGE 主要用于蛋白质和核酸等生物大分子的分离，如 DNA 测序。因为 DNA 和被 SDS 饱和的蛋白质的质荷比与其分子大小无关，DNA 链每增加一个核苷酸，就增加一个相同的质量和电荷单位。如果没有凝胶，用 CZE 是不可能分离的。正是因为有了能够快速测定 DNA 序列的阵列毛细管凝胶电泳技术，人类基因组计划才提前完成。

CGE 采用的毛细管具有很好的抗对流作用，可以施加比板电泳高的电场强度，能够获得上百万的理论塔板数。但是，CGE 用于制备分离时由于样品容量有限而影响了制备效率。

常用的 CGE 凝胶介质有交联聚丙烯酰胺、线性聚丙烯酰胺、纤维素、糊精和琼脂凝胶等。图 6-9 是一个标准 DNA 样品的 CGE 分离结果,可见不同碱基对数目的 DNA 得到了很好的分离。

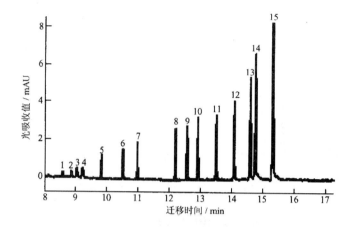

分析条件:

毛细管:聚丙烯酰胺凝胶填充石英管,内径 75 μm,总长度 48.5 cm,有效长度 40 cm

样品:pGEM DNA 标准样品,1 μg·μL^{-1}

缓冲液:DNA 缓冲液

电动进样:-5 kV,4 s

分离电压:-16.5 kV

毛细管温度:25 ℃

检测:DAD 260 nm

图 6-9　标准 DNA 样品的 CGE 分离结果

每个峰对应的碱基对数:1—36 bp;2—51 bp;3—65 bp;4—75 bp;5—126 bp;6—179 bp;7—222 bp;8—350 bp;9—396 bp;10—460 bp;11—517 bp;12—676 bp;13—1198 bp;14—1605 bp;15—2645 bp

4.毛细管电色谱

毛细管电色谱(CEC)在色谱分离机制的基础上,进行分离的电泳技术,它为了使被分离组分在固定相载体上进行保留和分配,在毛细管中填充了类似于液相色谱用的固定相载体,它与液相色谱法的区别在于用电场驱动溶液流动。因此,CEC 将液相色谱的高选择剥和 CE 的高柱效有机地结合在一起,是一种很有发展前景的微柱分离技术。对中性化合物,其分离过程和 HPLC 相似,即通过溶质在固定相和流动相之间的分配差异而获得分离;当被分析物在流动相中带电荷时,除了和中性化合物一样的分配机理外,自身电泳淌度的差异对物质的分离也起相当的作用。

采用电渗流驱动流动相,一方面大大降低了柱压降,使得采用 1.5 μm 或更小粒径的填料成为可能;另一方面,"塞子"状的平面流型抑制了样品谱带的展宽,因而使 CEC 的柱效明显高于液相色谱。就应用范围而言,CEC 可以同液相色谱一样广泛。CEC 可以采用液相色谱的各种模式,分析有机和无机化合物。目前,由于柱容量较小,CEC 的检测灵敏度尚不及液相色谱。图 6-10 是 CEC 分离苯系物和多环芳烃的典型色谱图。

5.亲和毛细管电泳

亲和毛细管电泳是利用配体与受体之间存在特异性相互作用,可以形成具有不同荷质比的配合物而达到分离目的。通过测定配合物迁移时间与缓冲液中配体浓度之间的关系,可以求算出结合常数。

ACE 有两种研究方法:

①将配体(或受体)加入缓冲液中或涂布在毛细管壁上,将受体(或配体)作为样品进行电

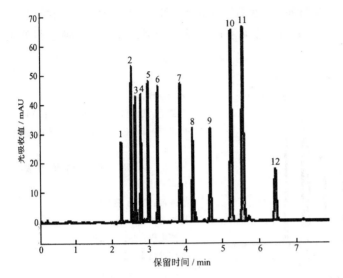

分析条件：

色谱柱：CEC Hypersil C_{18}，粒径 3 μm，内径 0.1 mm，总长度 350 mm，有效长度 250 mm

流动相：80%乙腈，20%MES 缓冲液，25 mmol · L^{-1}MES，pH 6

分析电压：25 kV

电动进样：5 kV，3 s

柱两端加气压：1 MPa

柱温：20 ℃

理论塔板数：65 000～80 000

对称性因子：0.93～0.98

图 6-10　CEC 分离苯系物和多环芳烃的典型色谱图

色谱峰：1—硫脲；2—对羟基苯甲酸甲酯；3—对羟基苯甲酸乙酯；4—对羟基苯甲酸丙酯；
5—对羟基苯甲酸丁酯；6—对羟基苯甲酸戊酯；7—萘；8—联苯；9—芴；10—菲；11—蒽；12—荧蒽

泳分离。

②将相互作用的一组反应物事先混合后进行分离，以研究某种反应物发挥或不发挥作用时的情况，可用于蛋白质构型与功能之间关系的研究、特异性相互作用研究等。

随着缓冲液中试剂的变化，配合物电泳峰的面积可能增加或位置发生规律移动。图 6-11 为 4 ng 微白蛋白的亲和毛细管电泳分离图谱。当 Ca^{2+} 存在时，蛋白峰为单峰；当 Ca^{2+} 被 EDTA 配合后，对应的峰后移，并表现出多峰性。

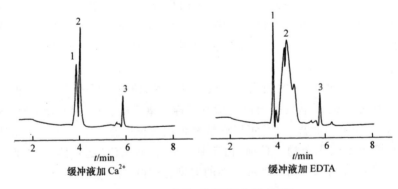

缓冲液加 Ca^{2+}　　　　　　　　缓冲液加 EDTA

图 6-11　亲和毛细管电泳分离

1—电渗峰；2—蛋白峰；3—未知组分

6.毛细管等电聚焦电泳

毛细管等电聚焦电泳（CIEF）是根据试样组分的等电点不同而实现分离的一种分离分析技术。

分子中既有酸性基团又有碱性基团的化合物称为两性化合物。多肽、蛋白质等两性物质的荷电状况与介质的 pH 有关。当介质的 pH 正好是两性物质的等电点时,它们在电场中不移动;高于等电点的 pH 时,它们失去质子带负电荷,在电场作用下向正极移动;低于等电点 pH 时,移向负极。

在 CIEF 中,首先要用两性电解质在毛细管内建立 pH 梯度。在毛细管内充满溶质混合物和两性电解质,在两个电极槽中,阴极装稀氢氧化钠,阳极装稀磷酸。当施加直流电压(6~8 V)时,毛细管内将建立一个由阳极到阴极逐步升高的 pH 梯度。具有不同等电点的生物试样在电场力的作用下迁移,分别到达满足其等电点 pH 的位置时,呈电中性。停止移动时,形成明显区带而相互分离。聚焦后,用压力或改变检测器末端电极槽储液的 pH 使溶质通过检测器。

由于电渗会使两性电解质在溶质聚焦完成之前流出毛细管,因此必须通过毛细管内壁涂层改性,使电渗流减到最小。

毛细管等电聚焦电泳有三个基本步骤,即进样、聚焦和迁移。

(1)进样

由于溶质与两性电解质一起注入毛细管内,CIEF 的试样处理量比其他大多数模式大。但是高浓度的蛋白质在区带内聚焦时会发生沉淀,这一点限制了 CIEF 的载样量。

(2)聚焦

在聚焦阶段,先施加高压 3~5 min,电场强度通常为 500~700 V·cm,直到电流降到很低的值。在这一过程中,在毛细管中产生 pH 梯度,两性电介质载体中各蛋白质组分分别停留在和自身等电点对应的位置上,形成明显区带。通过等电聚焦,将混合物中不同物质浓缩在各自的等电点处。

(3)迁移

聚焦完成后使区带移动,通过检测器检测。这种移动可以通过从毛细管一端施加压力或在一个电极槽中加入盐类来实现。一般的做法是将氯化钠加入阴极槽中,再施加高压,这时氯离子进入毛细管,在近阴极端引起 pH 降低,使聚焦的蛋白质像队列一样通过检测器,在这一过程中电流上升。

毛细管等电聚焦电泳技术已成功地用于蛋白质等电点的测定及异构体的分离等方面。

7.非水毛细管电泳

非水毛细管电泳(NACE)是毛细管电泳的又一分支,主要是指以有机溶剂完全代替以水作电解液溶剂的电泳技术。

用于非水毛细管电泳的有机溶剂应具备如下条件。

①具有良好的溶解性,能溶解分离使用的电解质和分析物。

②不易燃烧,无毒性和无反应活性。

③溶剂的价格低廉。

④与检测方法兼容。由于有机溶剂通常在紫外区有强的吸收。如果用 UV 检测,则所使用的有机溶剂应在紫外区无吸收。在非水毛细管电泳中,甲醇、乙腈、甲酰胺、四氢呋喃等是常用的有机溶剂,其中甲醇和乙腈以及它们的混合物应用最多。

⑤相对介电常数高,黏度低。因为介电常数体现溶剂中离间的相互作用强度,它是非水毛细管电泳一个重要的参数。非水毛细管电泳中使用的溶剂的介电常数通常应大于或等于30,这样电解质才能全部或部分分离。为了确保溶剂化的分析物具有高的迁移率,在一个合适的时间范围内得到分离,这就要求有机溶剂的动力学黏度低。

与水介质中的毛细管电泳相比,非水毛细管电泳有如下优点。

①许多分析物在非水介质中更稳定,选择非水毛细管电泳也减少了分析物在毛细管壁上的吸附。

②有机溶剂的参数,直接影响分离选择性和柱效能。因此,只要改变有机溶剂的种类或配比即可改变选择性。

③与水介质相比,非水溶剂的易挥发性使其易于与MS联用,MS是NACE非常理想的一种检测器。

④NACE可用于分离难溶于水的分析物,也能分离在水介质中电泳迁移率十分接近的分析物。

⑤非水体系可以承受更高的操作电压产生的高电场,高电场强度可以提高分离效率。

⑥分析物、添加剂和选择剂在有机溶剂中的溶解度增大,这样就可以分析在水介质中不能分离或者检测信号太弱的分析物。

在有关非水毛细管电泳的应用实例中,应用最多的是对生物样本与药物代谢产物的分析,中草药中结构相似成分的分析,化学合成药物的分析及手性药物的分离分析。

8.毛细管等速电泳

毛细管等速聚焦电泳(CITP)是依据在被分离组分与电解质一起向前移动时电泳淌度不同,进行聚焦分离的电泳方法。同等电聚焦电泳一样,等速聚焦电泳在毛细管中的电渗流为零,缓冲液系统由前后两种不同淌度的电解质组成。

在分离时,毛细管内首先导入前导电解质,其电泳淌度要高于各被分离组分,含有比所有组分电泳淌度都大的前导离子;然后进样,随后再导入尾随电解质,含有比所有组分电泳淌度都小的尾随离子。在强电场作用下,各被分离组分在前导电解质与尾随电解质之间的空隙中发生聚焦分离。当达到电泳稳定时,各组分按照其淌度大小一次排列,并都以前导离子相同的速率移动,因此称为等速电泳。

6.3.2 影响分离的因素

在CE中仍然可以采用色谱中的塔板和速率理论描述分离过程。若以电泳峰的标准偏差或方差(σ)表示理论塔板数(n),则有

$$n = \left(\frac{l}{\sigma}\right)^2$$

与色谱分离类似,造成CE分离过程中谱带或区带展宽的因素主要有扩散(σ_{dif}^2)、进样(σ_{imj}^2)、温度梯度(σ_{temp}^2)、吸附作用(σ_{ads}^2)、检测器(σ_{det}^2)和电分散(σ_{ed}^2)等等。可以用下面的总方差(σ_T^2)公式表示:

$$\sigma_T^2 = \sigma_{dif}^2 + \sigma_{imj}^2 + \sigma_{temp}^2 + \sigma_{ads}^2 + \sigma_{det}^2 + \sigma_{ed}^2 + \cdots$$

（1）毛细管壁的吸附

被分析物与毛细管内壁的相互作用对分离是不利的，轻则造成峰拖尾，重则引起不可逆吸附。造成吸附的主要原因是阳离子与毛细管表面负电荷的静电相互作用，以及疏水相互作用。细毛细管具有的大比表面积对散热有利，但却增加了吸附作用，特别是在分离碱性蛋白质和多肽时，因为这些物质具有较多的电荷和疏水性基团。抑制或消除吸附的方法一般有三种，一是在毛细管内壁涂敷抗吸附涂层，如聚乙二醇；二是采用极端 pH 条件，如极低的 pH 可以抑制硅羟基的解离；三是在分离介质中加入两性离子添加剂。

（2）扩散

与色谱分离类似，扩散是造成 CE 分离中区带展宽的重要因素。不同的是，由于电渗流驱动的平面流型，径向扩散对峰展宽的影响非常小。纵向扩散决定着分离的理论极限效率，因此，被分离物的分子扩散系数越小，区带越窄，分离效率越高。

（3）检测器的死体积

采用柱上检测时不存在这个问题，但对于柱后检测（如质谱检测器）则应当考虑到检测池死体积的影响。因为毛细管很细，很小的死体积就会造成区带的展宽。

（4）进样体积

因为毛细管很细，较大的进样体积会在管内形成较长的样品区带。如果进样长度比扩散控制的区带宽度还大，分离就会变差。CE 进样量一般为纳升级，这对检测灵敏度的提高是一个限制。

（5）电分散作用

电分散作用是指毛细管中样品区带的电导与分离介质（缓冲液）的电导不匹配而造成的区带展宽现象。如果样品溶液的电导较缓冲液低，样品区带的电场强度就大，离子在样品区带的迁移速率就高，当进入分离介质时，速率就会减慢，因而在样品区带与分离介质之间的界面上形成样品堆积，结果有可能造成前伸峰。反之，如果样品溶液的电导较缓冲液高，结果很可能造成峰拖尾。鉴于此，CE 分析中样品溶液的离子强度应当接近于分离介质的离子强度。另一方面，电分散所造成的样品堆积常常是提高检测灵敏度的有效方法。操作条件选择适当的话，检测灵敏度可以提高 2～3 个数量级。

（6）焦耳热

因电流通过而产生的热称为焦耳热，在传统的电泳技术中，焦耳热是限制分析速度和分离效率的主要因素，因为焦耳热可导致不均匀的温度梯度和局部的黏度变化，严重时可造成层流甚至湍流，从而引起区带展宽。在 CE 中，细内径的毛细管抗对流性能好，比表面积大，有效地限制了热效应。故可以采用高的电场强度，以提高分离效率。理论推导也证明，尽量高的电场强度对分离是有利的。然而，电场强度的升高最终要受到焦耳热的限制。

6.4　毛细管电泳仪

毛细管电泳仪通常是由高压电源、毛细管柱、缓冲液池、检测器和记录/数据处理等部分组成，如图 6-12 所示。

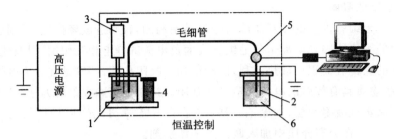

图 6-12　毛细管电泳仪的基本结构流程图

1—高压电极槽与缓冲溶液;2—铂丝电极;3—填灌清洗装置;
4—进样装置;5—检测器;6—低压电极槽与缓冲溶液

毛细管即分离通道的两端分别插在缓冲液槽中,毛细管内充满相同的缓冲溶液。两个缓冲液池液面保持在同一水平面,柱子两端插入液面下同一深度。毛细管柱一段为进样端,另一端连接检测器,高压电源、电极、缓冲液、毛细管一起组成回路,并且在毛细管中形成高压电场。高压电源供给 5~30 kV 电压,被测试样在电场作用下电泳分离。

1.高压电源

高压电源通常采用 0~30 kV 连续可调的直流高压电源,具有恒压、恒流和恒功率输出,电流为 0~200 μA。为保证迁移时间的重现性,电源极性容易转换,输出电压应稳定在 ±0.1% 以内。一般来讲,工作电压越大,柱效越高,分析时间越短。但升高电压的同时,柱内产生的焦耳热也增大,引起谱带展宽,使分离度下降。为了尽可能使用高电压而不产生过多的焦耳热,可通过实验,在确定的分离体系中,改变外加电压测对应的电流,做欧姆定律曲线,取线性关系中的最大电压——最佳工作电压。

2.毛细管柱

毛细管是分离通道,理想的毛细管柱应是化学和电惰性的,能透过可见光和紫外光,强度高,柔韧性好,耐用且便宜。毛细管的材质可以是玻璃、石英、聚乙烯等。目前采用的毛细管柱大多为圆管形弹性熔融石英毛细管,因为石英材质的毛细管透光性好,有利于紫外检测,并呈化学惰性,柱外涂敷一层聚酰亚胺以大幅度增加其柔韧性。降低毛细管内径有利于减少焦耳热,却不利于对吸附的抑制,而且还会造成进样、检测和清洗的困难。

3.缓冲液池

缓冲液池中贮存缓冲溶液,为电泳提供工作介质。要求缓冲液池化学惰性,机械稳定性良好。

4.进样系统

毛细管的进样方式主要有两种:电动进样和压力进样。

(1)电动进样

电动进样是将毛细管柱的进样端插入样品溶液,然后在准确时间内施加电压,试样因电迁移和电渗作用进入管内。电动进样的动力是电场强度,可通过控制电场强度和进样时间来控制进样量。电动进样结构简单,易于实现自动化,是商品仪器必备的进样方式。该法的缺点是存在进样偏向,即组分的进样量与其迁移速度有关;在同样条件下,迁移速度大的组分比迁移速度小的组分进样量大,这会降低分析结果的准确性和可靠性。

(2)压力进样

压力进样也叫流动进样,它要求毛细管中的介质具有流动性。当将毛细管的两端置于不同的压力环境中时,在压差的作用下,管中溶液流动,将试样带入。使毛细管两端产生压差的方法有:在进样端加气压,在毛细管出口端抽真空,以及抬高进样端液面等。压力进样没有进样偏向问题,但选择性差,样品及其背景同时被引入管中,对后续分离可能产生影响。

(3)扩散进样

扩散进样是利用浓差扩散原理将样品分子引入毛细管。当把毛细管插入样品溶液时,样品分子因管口界面存在浓度差而向管内扩散,进样量由扩散时间控制。样品分子进入毛细管的同时,区带中的背景物质也向管外扩散,即扩散进样具有双向性,因此可以抑制背景干扰,提高分离效率。扩散与电迁移方向、速度无关,可抑制进样偏向,提高了定性定量结果的可靠性。

5.填灌与清洗装置

为了填充缓冲溶液以及对毛细管进行清洗,填灌与清洗装置在毛细管电泳仪中有着不可替代的作用,填灌清洗装置一般均采用正、负压助推流动的方法,结构与压力进样装置相同,包括压力控制、位置控制和计时控制等部分。为保证助推流动的压力,需要仪器具有较好的密封性。正、负压力通常可采用钢瓶气、水泵、空气压缩机、注射器、蠕动泵等方法产生。

6.检测器

检测器是毛细管电泳仪的一个关键构件,由于进样量很小,所以对检测器的灵敏度提出了较高要求。目前,毛细管电泳仪配备的几种主要检测仪有:

(1)紫外检测器

紫外检测器是目前应用最广泛的一种检测器,一般采用柱上检测方式,非常简便,而且不存在死体积和组分混合而产生的谱带展宽。多数有机分子和生物分子在 210 nm 左右吸收很强。由于毛细管的内径一般不超过 100 μm,因此限制了光程,影响紫外检测器的敏度,满足不了对极低浓度和极微量样品分析的要求。

(2)质谱检测器

将高效分离手段毛细管电泳与可以提供组分结构信息的质谱仪(MS)联用,提供了一种分离和鉴定相结合的强有力的技术,很适合复杂生物体系的分离鉴定,是微量生物样品分离析的有力工具。CE-MS 在线结合仪器主要包括三个部分,即 CE 系统、MS 仪器和 CE-MS 接口。CE 和 MS 的相关技术都已经趋向于成熟,关键是解决接口装置。成功地应用到 CE-MS 接口中的离子化技术有电喷射、离子喷射、大气压化学电离、等离子体解析等。

(3)激光诱导荧光检测器

激光诱导荧光检测器可以检出染色的单个 DNA 分子,非常灵敏。激光诱导荧光检测器的检测限比常规 UV 吸收法低 5~6 个数量级,为 $1.0 \times 10^{-10} \sim 1.0 \times 10^{-12}$ mol·L^{-1}。激光诱导荧光检测器主要由激光器、光路系统、光电转换器件和检测池等组成。激光的单色性和相干性好、光强高,可以有效提高信噪比。采用光导纤维将激光引入毛细管中,令其进行全反射传播,有效降低背景噪声、消除管壁散射,从而大幅度提高检测灵敏度。激光诱导荧光检测同紫外检测一样,可以在石英毛细管合适部位除去外涂层,导入激光并引出荧光,即柱上检测方式。表 6-1 给出了部分毛细管电泳检测器的检出限及特点。

表 6-1　常用毛细管电泳检测器性能比较

检测类型	检出限/mol	特点
紫外光检测	$10^{-13} \sim 10^{-15}$	接近通用型,加二极管阵列可获得光谱信息
荧光检测	$10^{-15} \sim 10^{-17}$	灵敏度高,试样一般需衍生化处理
激光诱导荧光检测	$10^{-18} \sim 10^{-21}$	灵敏度极高,试样通常需要衍生化处理,价格高昂
电导检测	$10^{-15} \sim 10^{-18}$	通用型,需对样品进行电改性和色谱柱改性
安培	$10^{-18} \sim 10^{-19}$	灵敏,只适用于电活性物质
质谱检测	$10^{-16} \sim 10^{-17}$	灵敏度高,能提供结构信息

6.5　毛细管的选择和温度控制

毛细管电泳柱作为分离分析的载体,其材料、形状、内径、柱长、温度对分离度和重现性都有影响。

6.5.1　毛细管的选择

目前多用圆管形弹性熔融石英毛细管,俗称融硅毛细管。柱外涂敷一层聚酰亚胺薄膜,使其不易折断。石英玻璃透明,可以透过短 UV 光,除去一小段不透明的弹性涂层,即可作为光学检测器窗口,实现柱上检测。

在同样电压下,毛细管孔径越小,电流越小,产生的焦耳热越少。另外,毛细管柱内径的下限受到检测灵敏度等限制。因电泳分离度与柱长无关,故对柱长没有严格要求。

毛细管尺寸的选择与分离模式和样品有关。CZE 多选用内径为 $50~\mu m$ 或 $75~\mu m$ 的毛细管,分离的有效长度常控制在 $40 \sim 60~cm$,但也有长达 $1~m$ 或短至数厘米者。

根据分离模式和样品的不同,对毛细管内壁性质的要求也不同。在进行大分子分离时,经常需要惰性管壁以抑制吸附。在做 CIEF 或 CGE 时,需要涂层毛细管内壁以抑制 EOF。在 CE 中,有时为了加强 EOF 或改变其方向,也需要涂层毛细管。

6.5.2　毛细管的温度控制

毛细管柱温对 CE 分离参数和电泳行为的影响是不容忽视的,温度变化不仅影响分离的重现性,而且影响分离效率。电泳温度的选择应考虑热效应控制、重现性控制、分离效率控制和分离介质对温度的限制等因素。

降低外加电压或缓冲液浓度,增加柱长,减小柱内径等方法均可以减小热效应。但是,降低电压导致分离效率降低和迁移时间延长;降低缓冲液浓度会限制样品负载,并降低分离度;增加柱长,可以增加散热面积,提高分离度,但分析时间延长;减小柱内径有利于散热,但吸附效应加强。因此,这些方法都不是控制温度的理想方法。

在 CE 实验装置上,可以用空气循环或水循环的方式降温。此外,还有一种固体恒温方式,采用热传导系数高的合金材料制成的珀尔帖电热控制器,可以快速散发焦耳热。如图 6-13 所示,控制毛细管柱温时,毛细管中的电流小得多且稳定得多。

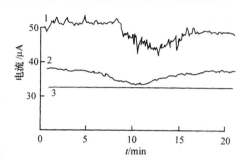

图 6-13　毛细管电流随时间变化曲线

1—空气自然对流;2—空气强制对流;3—固态电热冷却

6.6　毛细管实验技术

6.6.1　凝胶毛细管制备

聚丙烯酰胺凝胶毛细管制备技术分为凝胶管结构设计及单体溶液的配制、毛细管预处理、单体溶液的灌制与控制、聚合及其速率与方向控制、后续处理等五个过程。

凝胶管结构设计主要包括凝胶浓度、拂度、性质等。结合分离对象,考虑是否需要使用尿素、SDS 或环糊精等添加剂,是否需要涂层毛细管内壁,并考虑毛细管的尺寸等。毛细管结构确定后,即可配制单体溶液。

丙烯酰胺单体溶液是用电泳缓冲液稀释储备液配制成的。常用的储备液是浓度为 $w_T = 40\%$, $w_T = 0\sim5\%$ 的单体丙烯酰胺溶液,其中 w_T 代表聚丙烯酰胺单体的总浓度,w 表示交联剂亚甲基双丙烯酰胺在单体中所占的质量分数,w 等于零时为线型丙烯酰胺。临灌制前加入新鲜配制的四甲基乙二胺(TEMED)和过硫酸铵,使其终浓度为 0.05% 左右。配制好的单体溶液必须在胶化反应开始前灌入毛细管。

为了制备没有气泡且稳定的毛细管,可以采用高压灌胶方式,即将灌入丙烯酰胺反应溶液的毛细管置于高压环境中,预先将反应溶液压缩至成胶后的体积,然后开始聚合反应。制备的聚丙烯酰胺凝胶毛细管两端插入缓冲液中储存。

6.6.2　毛细管涂层技术

毛细管内壁的表面特性对溶质的电泳行为有显著影响。对于熔硅毛细管,主要表现在 EOF 随 pH 和实验条件的变化而变化,以及对某些溶质特别是蛋白质的吸附作用。通过毛细管涂层技术，在一定程度上能改变 EOF 和减少吸附。图 6-14 所示为 7 种蛋白质在五氟代芳基（APF）涂层和未涂层毛细管中的 CZE 图谱。

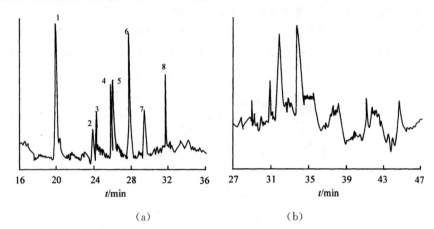

（a）　　　　　　　　　　（b）

图 6-14　蛋白质在 APF 涂层和未涂层毛细管中的 CZE 图谱
1—溶菌酶；2—EOF 指示剂；3—核糖核酸酶；4—胰蛋白酶原；5—鲸肌红蛋白；
6—马肌红蛋白；7—人碳酸酐酶 B；8—牛碳酸酐酶 B

毛细管涂层技术通常采用动态修饰和表面涂层两类方法。动态修饰方法是在电泳缓冲液中加入添加剂，并让缓冲液与毛细管充分平衡。如加入阳离子表面活性剂十四烷基三甲基溴化铵（TTAB），能在内壁形成物理吸附层，使 EOF 反向。

表面涂层方法包括物理涂布、化学键合、溶胶-凝胶法等。最常用的是 Si-O-Si-R 键合方式，采用双官能团的偶联剂，亲水官能团与管壁表面的硅羟基进行共价结合，使其牢固地附着于管壁上，再用疏水官能团与涂渍物发生反应形成均匀稳定的涂层。

第7章　气相色谱分析

7.1　概述

气相色谱法是一种以气体为流动相的柱色谱分离分析方法,它又可分为气-液色谱法和气-固色谱法,它的原理简单,操作方便。在全部色谱分析的对象中,约20%的物质可用气相色谱法分析。气相色谱法具有分离效率高、灵敏度高、分析速度快及应用范围广等特点。

7.1.1　色谱法的分类

色谱法是包括多种分离类型、检测方法和操作方式的分离技术。色谱法种类很多,从不同角度有不同分类方法。

1.按分离的原理分类

按照色谱法所依据的物理或物理化学性质的不同,又可将其分为:

(1)离子交换色谱法

用离子交换树脂作为固定相,利用树脂上离子交换基团对样品离子交换能力的差别而使之分离的色谱法称为离子交换色谱法。它不仅广泛地应用于无机离子的分离,而且广泛地应用于有机物和生物物质,如氨基酸、核酸、蛋白质等的分离。

(2)吸附色谱法

利用吸附剂表面对不同组分的物理吸附性能不同而使之分离的色谱法称为吸附色谱法。适于分离不同种类的化合物(例如,分离醇类与芳香烃)。

(3)尺寸排阻色谱法

用多孔凝胶作固定相,利用凝胶空穴对不同尺寸大小的分子排阻效应的差别使之分离的色谱方法叫尺寸排阻色谱法,此法被广泛应用于大分子分级,即用来分析大分子物质相对分子质量的分布。

(4)分配色谱法

利用固定液对不同组分的分配系数不同而使之分离的色谱法称为分配色谱法。

(5)毛细管电色谱法

靠色谱与电场两种作用力,根据样品组分的分配系数及电泳速度的差别使之分离的色谱法称为毛细管电色谱法。它是最新的色谱法,特点是快速、经济、应用面广,是目前最有前途的应用方法。

(6)亲和色谱法

用具有生物活性的配位基(如抗体、酶等)键合到非活性载体或基质表面构成固定相,利用生物分子与配位基的专属亲和力使之分离的色谱法称为亲和色谱法。可用于分离活体高分子物质、过滤病毒及细胞,或用于对特异物质的相互作用进行研究。

2.按流动相和固定相的状态分类

①根据流动相的聚集状态,将流动相为气体的称为气相色谱法(GC)。
②流动相为液体的称为液相色谱法(LC)。
③流动相为超临界流体的称为超临界流体色谱法(SFC)。

根据固定相的聚集状态,将气相色谱法分为以固体吸附剂为固定相的气固色谱法(GSC)和涂渍在固体载体上的液体作为固定相的气液色谱法(GLC)。同理,液相色谱法可分为液固色谱法(LSC)和液液色谱法(LLC)。

3.按固定相形状分类

按照固定相形状的不同,又可分为以下几种类型。

(1)柱色谱

一类是填充柱色谱,它是把固定相装填在由玻璃管或金属管制作的色谱柱内;另一类是毛细管色谱,它是把固定液涂在细长的毛细管内壁上,由于柱子是空心的,也称为开管柱。

(2)纸色谱

用滤纸作固定相,让被分离的组分在纸上展开而达到分离的目的。

(3)薄层色谱

以涂在玻璃板或塑料板上的吸附剂薄层作固定相,然后用与纸色谱类似的方法操作。

7.1.2 气相色谱法的特点

1.气相色谱法的优点

气相色谱分析法,由于气体的黏度小,组分扩散速率高,传质快,可供选择的固定液种类比较多,加之采用高灵敏度的通用型检测器,使得气相色谱法具有下列特点。

(1)灵敏度高

气相色谱试样用量少,一次进样量在 $10^{-13} \sim 10^{-11}$ mg。由于使用高灵敏度的检测器,气相色谱可以检出 $10^{-10} \sim 10^{-6}$ g 的物质。因此,在超纯物质所含的痕量杂质分析中,用气相色谱分析法可测出超纯气体、高分子单体、高纯试剂中质量分数为 $10^{-10} \sim 10^{-6}$ 数量级的杂质。在大气污染物分析中,可以直接测出质量分数为 10^{-9} 数量级的痕量毒物。在农药残留量的分析中,可测出农副产品、食品、水质中质量分数为 $10^{-9} \sim 10^{-6}$ 量级的卤素、硫、磷化合物。

(2)柱效高

一根 1~2 m 长的色谱柱一般有几千块理论塔板,而毛细管柱的理论塔板数可达 $10^5 \sim 10^6$ 块,可以有效地分离极为复杂的混合物。

(3)选择性好

气相色谱能分离同位素、同分异构体等物理、化学性质十分相近的物质。例如,用其他方法很难测定的二甲苯的三个同分异构体用气相色谱法很容易进行分离和测定。

（4）应用范围广

气相色谱法不仅可以分析气体，也可以分析液体、某些固体及包含在固体中的气体物质。气相色谱法能分析大多数有机化合物和部分无机化合物，甚至能分析具有生物活性的物质。目前，气相色谱法已广泛应用于石油、化工、化学、医药、卫生、生物、轻工、农业、环保、科研等许多领域，成为必不可少的分离分析工具。在操作温度下热稳定性能良好的气、液、固体物质，沸点在 500℃ 以下，相对分子质量在 400 以下的物质原则上均可用气相色谱法进行分析。

但是，色谱法也存在一定局限，如单独用色谱法是很难判断某一色谱峰代表什么物质的，需要有已知纯物质的色谱相对照，或者有有关物质的的色谱数据。

2.气相色谱法的缺点

沸点太高、相对分子质量太大或热不稳定的物质都难以用气相色谱法进行测定。气相色谱法测定的有机物，仅占全部有机物的 20% 左右。

在缺乏标准样品的情况下定性比较困难。如果没有已知纯物质的色谱图对照，或者没有有关物质的色谱数据，就难判断某一色谱峰代表什么物质。发展色谱—质谱、色谱—红外光谱、色谱—核磁共振等联用仪器，将色谱的高分离效能与其它定性定结构性能强的仪器相结合，能有效地克服这一缺点。但是联用仪器一般比较昂贵，使用成本相对较高，难以普及应用。

因此，必须全面的认识气相色谱法，掌握它的特点，充分发挥它的长处，正视它的局限性，这样才能使它发挥更大的作用。

7.1.3 气相色谱的分离原理

气相色谱的流动相一般为惰性气体，气—固色谱法中的固定相通常为表面积大且具有一定活性的吸附剂。当多组分的混合物样品进入色谱柱后，由于吸附剂对每个组分的吸附力不同，一段时间后，各组分在色谱柱中的运行速度也就不同。吸附力弱的组分容易被解吸下来，最先离开色谱柱进入检测器，而吸附力最强的组分最不容易被解吸下来，因此最后离开色谱柱。各组分在色谱柱中彼此分离，顺序进入检测器中被检测、记录下来。

气—液色谱中，以均匀涂在载体表面的液膜为固定相，这种液膜对各种有机物都具有一定的溶解度。当样品被载气带入柱中到达固定相表面时，就会溶解在固定相中。当样品中含有多个组分时，由于它们在固定相中的溶解度不同，一段时间后，各组分在柱中的运行速度也就不同。溶解度小的组分先离开色谱柱，溶解度大的组分后离开色谱柱。这样，各组分在色谱柱中彼此分离，再顺序进入检测器中被检测、记录下来。

7.2 色谱分离理论

7.2.1 色谱图

试样中各组分经色谱柱分离后，随载气依次流出色谱柱，经检测器转换成电信号，然后用记录仪将各组分及其浓度变化记录下来，所得信号随时间的变化曲线，称为色谱流出曲线，即色谱图。色谱图是研究色谱分离过程和进行定性定量分析的唯一依据。色谱图的有关参数如

图 7-1 所示。

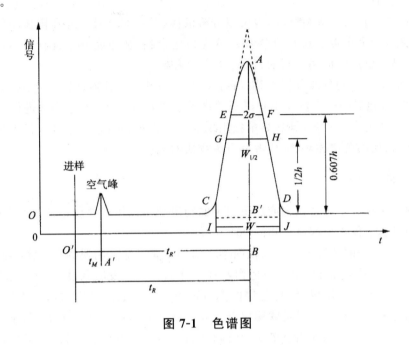

图 7-1 色谱图

1.基线

在实验操作条件下,使纯载气通过检测器时,检测器所检出的信号,称为基线。正常的基线是一条平行于横轴(时间轴)的直线,如图 7-1 中的 OC。基线可以反映色谱仪器噪声随时间的变化情况。

基线起伏、偏离水平线叫噪音。通常是因电源接触不良或瞬时过载、检测器不稳定、流动相含有气泡或色谱柱被污染所引起的。

基线随时间的增加朝单一方向的偏离称漂移。造成漂移的原因有电源电压不稳、温度及流动相流速的缓慢变化、固定相从柱中冲刷下来、更换的新溶剂在柱中尚未达到平衡等。

2.色谱峰

组分从色谱柱流出经检测器所给出的信号-时间曲线上突起的部分称为色谱峰。正常的色谱峰为对称形的正态分布曲线,如图 7-1 中的 CAD。

(1)峰高(h)

峰高表示组分从柱后流出最大浓度时检测器输出的信号值,即从色谱峰的顶点到基线的距离,如图 7-1 中的 AB'。峰高与进入检测器组分的量成正比,用于定量分析。

(2)峰宽(W)

从色谱峰两侧的拐点所画切线在基线上的截距为峰的宽度,简称峰宽,如图 7-1 中的 IJ 的距离。用于衡量柱效率。

(3)半峰宽($W_{1/2}$)

峰高一半处峰的宽度,即从峰高的中点作基线的平行线与峰两侧相交时的距离,如图 7-1

中的 GH 间的距离。$W_{1/2}$ 易于测量,使用方便。

(4)峰面积(A)

色谱峰与基线所包围的面积。色谱峰的面积可由色谱仪的积分仪求得,也可由手工测量峰面积,由峰高与半峰宽求得。

(5)标准偏差(σ)

是指 0.607 倍峰高处色谱峰宽的一半,如图 7-1 中 EF 距离的一半。σ 表示流出组分的分散程度,σ 值越大,表示流出组分越分散,色谱柱效率越低。标准偏差与峰宽的关系为:

$$W = 4\sigma$$
$$W_{1/2} = 2.354\sigma$$

3.保留值

色谱峰在色谱图中的位置用保留值表示,用于定性分析。保留值是表示组分在柱中停留时间长短的参数,反映了组分与固定相作用力的大小。保留值常用时间,或用将组分带出色谱柱所消耗流动相的体积表示。最常用的有以下几种。

(1)死体积(V_M)

从进样器到柱后出口,未被固定相所占据的一切空间的总和称为死体积。死体积可由死时间与流动相流速 F_c(ml/min)计算,即

$$V_M = t_M F_c$$

(2)死时间(t_M)

不被固定相吸附或溶解的物质(如空气),从进样到出现峰极大值所需的时间称为死时间,如图 7-1 中的 $O'A'$。死时间 t_M 与色谱柱的空隙体积(即流动相通过仪器各部件所需时间)。流动相平均线速 $\bar{u}$ 可用柱长 L 与 t_M 的比值表示,

$$\bar{u} = \frac{L}{t_M}$$

(3)保留体积(V_R)

从进样开始到某组分在柱后出现浓度极大点所通过的流动相体积为保留体积,即

$$V_R = t_R F_c$$

(4)保留时间(t_R)

被测组分从进样开始到柱后出现峰极大值时经历的时间称为保留时间,如图 7-1 中的 $O'B$。

(5)调整保留体积(V'_R)

某组分的保留体积扣除死体积后,为调整保留体积,即

$$V'_R = V_R - V_M = t'_R F_c$$

(6)调整保留时间(t'_R)

某组分的保留时间扣除死时间后称为调整保留时间,如图 7-1 中的 $A'B$。

(7)相对保留值($Y_{2,1}$)

某组分的调整保留值与另一组分的调整保留值的比值称为相对保留值,即

$$Y_{2,1} = \frac{t'_{R2}}{t'_{R1}} = \frac{V'_{R2}}{V'_{R1}}$$

4. 柱容量

在色谱峰不发生畸变的条件下,允许注入色谱柱的单个组分的最大量(以 ng 计)。当注入色谱柱的单个组分的量超出柱容量,则出现前延峰。前延峰使色谱峰展宽,从而造成可能的积分误差及共洗脱问题,并出现保留时间的变化。

5. 尾吹气

从色谱柱出口直接进入检测器的一路气体,一般用空气或氮气,又叫补充气或辅助气。填充柱不用尾吹气,而毛细管柱大多采用尾吹气。因为毛细管柱的柱内载气流量太低,不能满足检测器的最佳操作条件。尾吹气可以减少柱后死体积对色谱峰造成的扩散,并保证氢火焰离子化检测器(FID)有合适的氮氢比。

6. 分流比

样品完全气化时与载气充分混合后,样品通过分流进样器进入柱子的流量与通过分流器的流量之比。如果分流比很小,样品大多数进入柱子、容易使峰变宽,形成前延峰。分流比一般选择 1/200~1/100,这时样品的起始组分的谱带扩展很小,出峰尖锐。

7.2.2 气相色谱基本理论

1. 分配系数 K 与分配比 k

(1)分配系数 K

分配色谱的分离是基于样品组分在流动相与固定相之间反复多次的分配过程,而吸附色谱的分离是基于反复多次的吸附-脱附过程。这种分离过程经常用样品分子在两相间的分配来描述,而描述这种分配的参数称为分配系数 K。它是指在一定温度和压力下,组分在固定相和流动相之间分配达平衡时浓度的比值,即

$$K = \frac{溶质在固定相中的浓度}{溶质在流动相中的浓度} = \frac{c_s}{c_m}$$

式中:c_s、c_m 分别为组分在固定相和流动相中的浓度。

分配系数是由组分和两相的热力学性质决定的。在一定温度下,分配系数 K 小的组分在流动相中浓度大先流出色谱柱;反之,则后流出色谱柱。当分配次数足够多时,就能将不同组分分离开来。因此,在分配色谱中,不同物质在两相间具有不同分配系数而得以分离。在其他条件一定时,分配系数与柱温的关系为

$$\ln K = -\frac{\Delta G_m}{RT_c}$$

式中:ΔG_m 为标准状态下组分的自由能变;R 为摩尔气体常数;T_c 为柱温。

由于组分在固定相中的 ΔG_m 通常是负值,所以分配系数与温度呈反比,升高温度,分配系数变小。即提高分离温度,组分在固定相的浓度减小,可缩短出峰时间。在气相色谱中,温度的选择对分离影响很大;在液相色谱中,相对而言要小。

分配系数是由组分和固定相的热力学性质决定的,它是每一个溶质的特征值,它仅与固定相和温度有关。与两相体积、柱管的特性以及所使用的仪器无关。

（2）分配比 k

分配比又称容量因子,它是指在一定温度和压力下,组分在两相间分配达平衡时,分配在固定相和流动相中的质量比。即

$$k = \frac{组分在固定相中的质量}{组分在流动相中的质量} = \frac{m_s}{m_m}$$

k 值越大,则组分在固定相中的量越多,相当于柱的容量大,因此又称分配容量或容量因子。它是衡量色谱柱对被分离组分保留能力的重要参数。k 值也决定于组分及固定相热力学性质。它不仅随柱温、柱压变化而变化,而且还与流动相及固定相的体积有关。

$$k = \frac{m_s}{m_m} = \frac{c_s V_s}{c_m V_m}$$

式中:V_m 为柱中流动相的体积,近似等于死体积;V_s 为柱中固定相的体积,在各种不同的类型的色谱中有不同的含义。

分配比 k 值可以从色谱图测得。设组分在柱内线速率为 u_s,流动相最柱内的线速度为 u,由于固定相对组分的保留作用,所以 $u_s < u$。R_s 为滞留因子,则有

$$R_s = \frac{u_s}{u}$$

R_s 用质量分数表示,则

$$R_s = \frac{m_m}{m_m + m_s} = \frac{1}{1 + \frac{m_s}{m_m}} = \frac{1}{1 + k}$$

对流动相和组分通过长度为 L 的色谱柱,其所需要时间为

$$t_0 = \frac{L}{u}$$

$$t_r = \frac{L}{u_s}$$

经过整理,

$$t_r = t_0(1 + k)$$

$$k = \frac{t_r - t_0}{t_0} = \frac{t'_r}{t_0} = \frac{V'_r}{V_0}$$

（3）分配系数 K 与分配比 k 的关系

$$K = \frac{c_s}{c_m} = \frac{\frac{m_s}{V_s}}{\frac{m_m}{V_m}} = k \frac{V_m}{V_s} = k\beta$$

式中:β 为相比率,是另一个反映各种色谱柱柱型的参数。

可得结论有:

①分配系数 K、分配比 k 与组分及固定相热力学性质有关,随柱压、柱温的改变而变。

②分配系数 K 与两相体积无关,只与组分、流动相与固定相的性质有关。分配比 k 不仅

与组分、流动相与固定相的性质有关,还与相比 β 有关,组分的分配比随 V_s 的改变而变。

③对于一给定色谱体系,组分的分离最终决定于组分在每相中的相对量,而不是相对浓度,因此,分配比 k 是衡量色谱柱组分保留能力的重要参数。分配比 k 值越小,保留时间越短;当组分的 $k=0$ 时, $t_r=t_0$,即该组分的保留时间与死时间相同。

对 A、B 两个组分的选择因子,可以表示为

$$\alpha = \frac{t'_r(B)}{t'_r(A)} = \frac{k(B)}{k(A)} = \frac{K(B)}{K(A)} \qquad \alpha = \frac{t'_r(B)}{t'_r(A)} = \frac{k(B)}{k(A)} = \frac{K(B)}{K(A)}$$

通过选择因子 α 可以将实验测量值 k 与热力学性质的分配系数 K 之间关联起来,对固定相的选择具有实际意义。如若两组分的 K 或者 k 相等,则 $\alpha=1$,两个组分的色谱峰便会重合,说明分不开。分离效果要好,两组分的 K 或者 k 值相差越大越好,则色谱分离的必要条件是两组分有不同的分配系数。

图 7-2 所示为 A、B 两组分在沿色谱柱移动时不同位置处的浓度轮廓。图中 $K_A>K_B$,因而,A 组分在移动过程中滞后。随着两组分在色谱柱中移动距离的增加,两峰间的距离逐渐变大。同时,每一组分的浓度轮廓(即区域宽度)也慢慢变宽。区域扩宽对分离是不利的,但这又无法避免。如果使 A、B 组分完全分离,须满足三点:

①两组分的分配系数必须有差异。

②区域扩宽速率应小于区域分离速度。

③在保证快速分离的前提下,提供足够长的色谱柱。

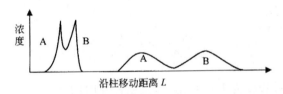

图 7-2 溶质 A 和 B 在沿柱移动时不同位置处的浓度轮廓

2. 塔板理论模型与计算

塔板理论是 1941 年马丁(Martin)和詹姆斯(James)提出的半经验式理论,他们将色谱分离技术比拟作一个蒸馏过程,即将连续的色谱过程看做是许多小段平衡过程的重复。

(1)塔板理论模型

塔板理论把色谱柱比作一个分馏塔,这样色谱柱可由许多假想的塔板组成(即色谱柱可分成许多个小段),在每一小段(塔板)内,一部分空间为涂在载体上的液相占据;另一部分空间充满载气(气相),载气占据的空间称为板体积 ΔV 。当欲分离的组分随载气进入色谱柱后,就在两相间进行分配。由于流动相在不停地移动,组分就在这些塔板间隔的气液两相间不断地达到分配平衡。

塔板理论假设如下。

①每一小段间隔内,气相平均组成与液相平均组成可以很快地达到分配平衡。

②载气进入色谱柱,不是连续的而是脉动式的,每次进气为一个板体积。

③试样开始时都加在 0 号塔板上,且试样沿色谱柱方向的扩散(纵向扩散)可忽略不计。

④分配系数在各塔板上是常数。

有这个假设可知,单一组分进入色谱柱,在固定相和流动相之间经过多次分配平衡,流出色谱柱时便可得到一趋于正态分布的色谱峰,色谱峰上组分的最大浓度处所对应的流出时间或载气板体积即为该组分的保留时间或保留体积。若试样为多组分混合物,则经过很多次的平衡后,如果各组分的分配系数有差异,则在柱出口处出现最大浓度时所需的载气板体积数亦将不同。由于色谱柱的塔板数相当多,因此不同组分的分配系数只要有微小差异,仍然可能得到很好的分离效果。

（2）理论塔板数的计算

塔板理论中,每一块塔板的高度称为理论塔板高度,简称板高,用 H 表示。当色谱柱是直的,色谱柱长为 L 时,理论塔板数 n 的表达式为:

$$n = \frac{L}{H}$$

当 L 固定时,每次分配平衡需要的理论塔板高度 H 越小,则柱内理论塔板数 n 越多,组分在该柱内被分配于两相的次数就越多,柱效能就越高。

计算理论塔板数 n 的经验公式为:

$$n = 5.54\left(\frac{t_R}{W_{1/2}}\right)^2 = 16\left(\frac{t_R}{W}\right)^2$$

可见,组分的保留时间越长,峰形越窄,理论塔板数 n 越大。

保留时间 t_R 包括死时间 t_M,故理论塔板数还不能真实地反映色谱柱的实际分离效能。因此在实际应用中,计算出的 n 常常很大,但色谱柱的实际分离效能并不高。为此,常用 t_R' 代替 t_R 计算所得到的有效理论塔板数 $n_{有效}$ 来衡量色谱柱的柱效能。有效理论塔板数 $n_{有效}$ 的计算公式为:

$$n_{有效} = \frac{L}{H_{有效}} = 5.54\left(\frac{t_R'}{W_{1/2}}\right)^2 = 16\left(\frac{t_R'}{W}\right)^2$$

式中:$n_{为效}$ 是有效理论塔板数;$H_{为效}$ 是有效理论塔板高度。

由于有效理论塔板数和有效理论塔板高度消除了死时间的影响,故用 $n_{有效}$ 和 $H_{有效}$ 来评价色谱柱的效能比较符合实际。但同一色谱柱对不同物质的柱效能是不一样的,当用这些指标来表示柱效能时必须说明是对什么物质而言。

另外,由于分离的可能性只决定于试样混合物在固定相中分配系数的差别,而不决定于分配次数的多少,因此不能把有效理论塔板数看作能否实现分离的依据,只能看作是在一定条件下柱分离能力发挥程度的标志。

塔板理论成功地解释了流出曲线的形状、浓度极大点的位置并能合理地计算评价柱效能,但该理论的某些假设对实际色谱过程是不恰当的,塔板理论不能解释塔板高度受哪些因素影响、峰变宽的原因及为什么在不同流速下可以测得不同的理论塔板数这一现象。

3. 速率理论

色谱过程动力学理论为速率理论,该理论吸收了塔板理论中理论塔板高度的概念,并充分考虑了组分在两相间的扩散和传质过程,从而在动力学基础上较好地解释了影响理论塔板高度的各种因素。该理论模型对气相、液相色谱都适用。范·第姆特方程的数学简化式为:

$$H = A + \frac{B}{u} + Cu$$

式中：u 为载气的线速度；A、B、C 为常数，分别代表涡流扩散项系数、分子扩散项系数及传质阻力项系数。现分别叙述各项所代表的物理意义。

（1）分子扩散项（B/u）

样品随载气进入色谱柱后，以"塞子"的形式存在于色谱柱一小段空间内，在"塞子"的前后，样品组分由于存在浓度差而形成浓度梯度，使组分分子由高浓度向低浓度形成纵向扩散，因此该项也称为纵向扩散项。分子扩散现象如图 7-3 所示。分子扩散项系数可表示为：

$$B/u = 2\gamma D_g$$

式中：γ 为弯曲因子；D_g 为组分在气相中的扩散系数，$m^2 \cdot s^{-1}$。

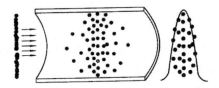

图 7-3　分子扩散现象

所谓弯曲因子是指由于固定相的存在，使分子不能自由扩散，从而使扩散程度降低。在填充柱中，填充物的阻碍使扩散路径弯曲，扩散程度降低，$\gamma < 1$。而空心毛细管柱，由于不存在扩散的阻碍，$\gamma = 1$。D_g 为组分在气相中的扩散系数，与组分的性质、柱温、柱压及载气的性质有关，与载气密度的平方根或载气分子量的平方根成反比，因此，使用分子量较大的载气可使该项降低，减少分子扩散。此外，D_g 与柱温成正比，与柱压成反比。

（2）涡流扩散项（A）

在填充色谱柱中，当组分随流动相向柱出口迁移时，流动相由于受到固定相颗粒阻碍，不断改变流动方向，使组分分子在前进中形成紊乱的类似涡流的流动，故称涡流扩散。涡流扩散现象如图 7-4 所示。

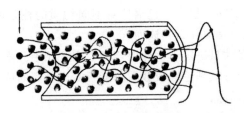

图 7-4　涡流扩散现象

由于填充物颗粒大小的不同及填充物的不均匀性，组分在色谱柱中路径长短不一，因而同时进色谱柱的相同组分到达柱口时间并不一致，引起了色谱峰的变宽。色谱峰变宽的程度由下式决定：

$$A = 2\lambda d_p$$

式中：d_p 为固定相的平均颗粒直径；λ 为固定相的填充不均匀因子。

此式表明，为了减少涡流扩散，提高柱效能，应使用细小的颗粒，并且填充均匀。但是 d_p

和 λ 之间又存在相互制约的关系。根据研究,若颗粒较大,装填时容易获得均匀密实的色谱柱,使 λ 减小。这样两者之间产生了矛盾。为了使 d_p 和 λ 之间得到协调,载体的粒度一般在 $100 \sim 120$ 目为佳。对于空心毛细管,不存在涡流扩散,因此 $A = 0$。

（3）传质阻力项（Cu）

物质系统由于浓度不均匀而发生的物质迁移过程称为传质,影响传质过程进行的阻力称为传质阻力。传质阻力项 Cu 中的 C 称为传质阻力系数,包括气相传质阻力系数 C_g 和液相传质阻力系数 C_L,即

$$C = C_g + C_L$$

气相传质过程是指试样组分从气相移动到固定相表面的过程。在这一过程中,试样组分将在气液两相间进行分配。有的分子还来不及进入两相界面就被气相带走,有的则进入两相界面又不能及时返回气相。这样,由于试样在两相界面上不能瞬间达到平衡,引起滞后现象,从而使色谱峰变宽。对于填充柱,气相传质阻力系数 C_g 为：

$$C_g = \frac{0.01 k^2}{(1+k)^2} \frac{d_p^2}{D_g}$$

式中：k 为容量因子；D_g、d_p 意义同前。

由此可以看出,气相传质阻力与 d_p 的平方成正比,与组分在载气中的扩散系数 D_g 成反比。因此,减小载体粒度,选择相对分子质量小的气体（如氢气）作载气,可降低传质阻力,提高柱效能。

液相传质过程是指组分从固定相的气、液界面移动到液相内部,并发生质量交换,达到分配平衡,然后又返回气、液界面的传质过程。液相传质阻力同样会造成色谱峰变宽。液相传质阻力系数 C_L 可表示为：

$$C_L = \frac{2}{3} \frac{k}{(1+k)^2} \frac{d_f^2}{D_L}$$

式中：d_f 为固定相液膜厚度；D_L 为组分在液相中的扩散系数。

可见,减小固定液的液膜厚度 d_f,增大组分在液相中的扩散系数 D_L 可减小液相传质阻力系数 C_L,减小峰扩张。但液膜厚度亦不能过薄,否则会减少样品容量,降低柱的寿命。

速率理论指出了填充均匀程度、颗粒粒度、载气种类、载气流速、柱温、固定液液膜厚度等影响柱效的因素,对分离条件的选择具有指导意义。

4. 分离度

分离度 R 是同时反映色谱柱效能和选择性的一个综合指标,也称总分离效能指标或分辨率。其定义为相邻两个峰的保留值之差与两峰宽度平均值之比,数学表达式如下：

$$R = \frac{t_{R2} - t_{R1}}{\frac{1}{2}(W_1 + W_2)} = \frac{2(t_{R2} - t_{R1})}{W_1 + W_2}$$

分子反映了溶质在两相中分配行为对分离的影响,是色谱分离的热力学因素；分母反映了动态过程组分区带的扩宽对分离的影响,是色谱分离的动力学因素。因此,两组分保留时间相差越大,色谱峰越窄,R 越大,相邻组分分离越好。一般来说当 $R < 1.0$ 时,两峰有部分重叠；当 $R = 1.0$ 时,两组分能分开,满足分析要求；当 $R \geqslant 1.5$ 时,两个组分能完全分开,分离度可达

99.7%。通常用 $R=1.5$ 作为相邻两组分已完全分离的标志判据,如图 7-5 所示。

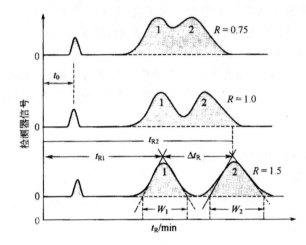

图 7-5　不同分离度色谱峰的分离程度

7.2.3　气相色谱固定相

气相色谱固定相分为两类:用于气固色谱的固体吸附剂,称之为气固色谱固定相;用于气液色谱的液体固定相称之为气液色谱固定相。

1.气固色谱固定相

气固色谱固定相是表面有一定活性的固体吸附剂。当被分析试样随载气进入色谱柱后,因吸附剂对试样混合物中各组分的吸附能力不同,经过反复多次的吸附—脱附过程,使各组分彼此分离。固体吸附剂主要用于惰性气体和 H_2、O_2、N_2、CO_2 等一般气体及 $C_1 \sim C_4$ 低碳烃类气体的色谱分析,特别是对烃类异构体的分离具有很好的选择性和较高的分离效率。其缺点是吸附等温线常常为非线性,所得的色谱峰往往不对称。在高温下一般具有催化活性,不宜分离高沸点和含活性组分的有机化合物。表 7-1 列出了气相色谱常用的固体吸附剂,可根据分析对象选择使用。

表 7-1　气固色谱常用的固体吸附剂

吸附剂	使用温度℃	分析对象
硅胶	<400	$C_1 \sim C_4$ 烃类,N_2O、SO_2、H_2S、SF_6、SF_2、Cl_{12} 等
活性炭	<300	惰性气体,CO_2、N_2 和低沸点碳氢化合物
氧化铝	<400	$C_1 \sim C_4$ 烃类异构物
分子筛	<400	惰性气体,H_2、O_2、N_2、CO、CH_4、NO、N_2O 等
石墨化炭黑	>500	高沸点有机化合物

2.气液色谱固定相

气液色谱固定相由固定液和载体(担体)组成,载体为固定液提供一个大的惰性表面,以承担固定液,使固定液能在其表面形成薄而均匀的液膜。

(1)载体

载体应是一种具有化学惰性,多孔的固体颗粒,能提供一个具有大表面积的惰性表面(内、外)。对载体的具体要求如下。

①表面应是化学惰性的,即表面没有吸附性或吸附性很弱,更不能与被测物质起化学反应。

②多孔性,即表面积较大,使固定液与试样的接触面较大。

③热稳定性好,有一定的机械强度,不易破碎。

④对载体粒度的要求,均匀、细小,将有利于提高柱效,但是颗粒过细,使柱子压降增大,对操作不利,通常会选用 40～60 目、60～80 目或 80～100 目等。

载体大致可分为硅藻土型和非硅藻土型两大类。

硅藻土是目前气相色谱法中常用的一种载体,它是由硅藻的单细胞海藻骨架组成,主要成分是二氧化硅和少量的无机盐,根据制备方法不同,又分为红色载体和白色载体。红色载体是将硅藻土与黏合剂在 900℃煅烧后,破碎过筛而得,因铁生成氧化铁呈红色,故称红色载体。红色载体的特点是孔径较小,表孔密集,比表面积较大,机械强度好,适宜分离非极性或弱极性组分的试样,缺点是表面存有活性吸附中心点。白色载体是在原料中加入了少量助熔剂再进行煅烧。它呈白色,颗粒疏松,孔径较大,比表面积较小,机械强度较差。但吸附性显著减小,适宜分离极性组分的试样。

非硅藻土载体有有机玻璃微球载体、氟载体、高分子多孔微球等。这类载体常用于特殊分析,如分析强腐蚀性物质 HF、Cl_2 时需用氟载体。

硅藻土载体表面存在着硅醇基及少量金属氧化物,分别会与易形成氢键的化合物及酸碱作用,产生拖尾,出现载体的钝化,因此需要除去这些活性中心。通常有以下三种方法可以选择。

①酸洗法。

用 6 $mol \cdot L^{-1}$ HCl 浸泡 20～30 min,用于除去载体表面的铁等金属氧化物。酸洗载体可用于分析酸性化合物。

②碱洗法。

用 5%KOH—甲醇液浸泡或、回流,用于除去载体表面的 Al_2O_3 等酸性作用点,可用于分析胺类等碱性化合物。

③硅烷化法。

将载体与硅烷化试剂反应,用于除去载体表面的硅醇基。主要用于分析具有形成氢键能力较强的化合物。

(2)固定液

固定液是试样能够分离的主体,发挥着关键作用。固定液通常是高沸点、难挥发的有机化合物或聚合物。不同种类的固定液,有其特定的使用温度范围,尤其是最高使用温度极限。必须针对被测物质的性质选择合适的固定液。

①对固定液的要求。

能做固定相的有机物必须具备以下条件。

• 化学稳定性好,不与试样发生不可逆化学反应。

· 热稳定性好,在较高的工作温度下不发生分解,故每种固定液应给出最高使用温度。

· 挥发性小,在使用温度下应具有较低的蒸气压,避免在长时间的载气流动下造成固定液的大量流失,使试样分析结果的重复性下降。

· 选择性好,对试样各组分分离能力强,各组分的分配系数差别要大。

· 熔点不能太高,在室温下固定液不一定为液体,但在使用温度下一定呈液体状态,以保持试样在气液两相中的分配。故每种固定液也应清楚标明最低使用温度。

· 对试样中的各组分有适当的溶解性能,对易挥发的组分有足够的溶解能力。

· 有合适溶剂溶解,使固定液能均匀涂敷在担体表面,形成液膜。

②固定液的分类。

表 7-2 列出了几种常用的固定液。

表 7-2　常用固定液

固定液		最高使用温度/℃	常用溶剂	相对极性	分析对象
非极性	十八烷	室温	乙醚	0	低沸点碳氢化合物
	角鲨烷	140	乙醚	0	C_8 以前的碳氢化合物
	阿匹松(L.M.N.)	300	苯、氯仿	+1	各类高沸点有机化合物
	甲基烷聚硅氧烷	220	丙酮、氯仿	+1	高沸点非极性、弱极性化合物
	硅橡胶(SE-30,E-301)	300	丁醇+氯仿(1+1)	+1	各类高沸点有机化合物
中等极性	癸二酸二辛酯	120	甲醇、乙醚	+2	烃、醇、醛酮、酸酯各类有机物
	邻苯二甲酸二壬酯	130	甲醇、乙醚	+2	烃、醇、醛酮、酸酯各类有机物
	丁二酸二乙二醇酯	200	丙酮、氯仿	+4	
	磷酸三苯酯	130	苯、氯仿、乙醚	+3	芳烃、酚类异构物、卤化物
极性	苯乙腈	常温	甲醇	+4	卤代烃、芳烃和 $AgNO_3$ 一起分离烷烯烃
	二甲基甲酰胺	20	氯仿	+4	低沸点碳氢化合物
	有机皂-34	200	甲苯	+4	芳烃、特别对二甲基异构体有高选择性
	β, β'-氧二丙腈	<100	甲醇、丙酮	+5	分离低级烃、芳烃、含氧有机物
氢键型	甘油	70	甲醇、乙醇	+4	醇和芳烃、对水有强滞留作用
	季戊四醇	150	氯仿+丁醇(1+1)	+4	醇、酯、芳烃
	聚乙二醇-400	100	乙醇、氯仿	+4	极性化合物:醇、酯、醛、腈、芳烃
	聚乙二醇20M	250	乙醇、氯仿	+4	极性化合物:醇、酯、醛、腈、芳烃

目前,能用作固定液的高沸点有机化合物已有四五百种之多,为了便于在工作中选择所需的固定液,可以根据固定液的化学结构、官能团性质、固定液相对极性及分析对象等提出了几

种分类方法。其中按相对极性分类是目前最常用的一种分类方法。此法规定强极性的 β，β'-氧二丙腈的极性为 $+5$，非极性的角鲨烷的极性为零。其他固定液的极性按下述方法测定：选一个物质对，例如，丁二烯和正丁烷，分别在 β，β'-氧二丙腈固定液柱、角鲨烷固定液柱和待测固定液柱上测定所选物质对的相对保留时间，并取其对数

$$q = \lg \frac{t'_{R,\text{丁二烯}}}{t'_{R,\text{正丁烷}}}$$

然后根据下式求得被测固定液的相对极性 P_x：

$$P_x = 100 - 100\frac{q_1 - q_x}{q_1 - q_2}$$

式中，q_1，q_2 和 q_x 在 β，β'-氧二丙腈柱、鱼鲨烷柱和被测固定液柱上物质对的相对保留值的对数值。

各种固定液的相对极性都落在 $0\sim100$ 之间。固定液的相对极性分为五级，每 20 个相对单位为一级，0、$+1$ 级称为非极性固定液，$+2$ 级为弱极性固定液，$+3$ 级为中等极性固定液，$+4$、$+5$ 级为强极性固定液。

③固定液的选择。

在实际工作中，可参考文献资料和个人经验来选择固定液，选择时常常运用"相似性原理"，即如果组分和固定液分子在官能团、化学键、极性或其他化学性质等方面具有某些相似性，则它们之间的作用力大，组分在固定液中的溶解度大，组分的分配系数大，保留时间长。反之，则保留时间短，然后通过实验对比来确定。选择固定液时常见以下几种情况。

· 分离中等极性的组分，可选用中等极性固定液。
· 分离非极性组分，可选用非极性固定液。
· 分离极性组分，可选用极性固定液。
· 分离极性和非极性混合组分，可选用极性固定液。
· 分离能形成氢键的组分，可选用极性或氢键型固定液。
· 对于复杂样品的分离，可选用特殊固定液或混合固定液。
· 对于性质不明的未知样品，可试用五种优选固定液。

7.2.4　气相色谱定性与定量方法

1. 定性分析方法

对于气相色谱来说，定性分析的目的就是要确定谱图中某些色谱峰所代表的组分。其依据是在一定的色谱条件下色谱柱对样品中各个组分均有确定的保留行为，因此可以用保留参数作为色谱定性的指标。然而不同的物质在相同条件下有可能产生相似或相同的保留参数，所以不能仅仅根据保留值来对完全未知的样品准确定性。

在实际工作中，首先应明确分析目的，了解样品来源、用途、性质，查阅有关文献资料，对样品成分做出初步判断，并进行必要的预处理，然后再用下述方法进行色谱定性分析。

（1）用相对保留值定性

本法需选取一种纯物质（s）作为基准物，基准物质的保留值不能太小，最好在各待测组分

(i)的保留值之间,常用的有苯、正丁烷、环己烷等。测出保留值后,按下式求出相对保留值。

$$r_{is} = \frac{t'_{Ri}}{t'_{Rs}} = \frac{V'_{Ri}}{V'_{Rs}}$$

比较试样各组分色谱峰和各种纯物质色谱峰的 r_{is} 值,r_{is} 值相同者为同一物质。

同系物为只相差一个或若干个 $-CH_2-$ 的化合物。在一定温度下,同系物的 $\lg V'_R$ 值和分子中的碳数有线性关系($n=1$,$n=2$ 时可能有偏差),即

$$\lg V'_R = A_1 n + C_1$$

式中:A_1、C_1 为与固定液和待测物分子结构有关的常数;n 为分子中的碳原子数;V'_R 为调整保留体积(也可用其他调整保留值)。

碳数规律只适用于同系物,而不适用于同族化合物。

实验表明,相对保留值仅与固定相的种类和柱温有关,在实际操作中这些条件易控制。此外,各种物质的相对保留值,文献上经常有报道。在缺乏组分 i 和纯物质进行比较时,可以按规定的固定液和柱温测取样品组分的相对保留值,然后和文献对照定性。

(2)用已知纯物质对照定性

这是实际工作中最常用的可靠简便的定性方法,只是当没有纯物质时才用其他方法。用已知纯物质对照定性可以采用保留值法、相对保留值法、加入已知物增加峰高法和双柱、多柱定性的方法。

测定时只要在相同的操作条件下,分别测出已知物和未知样品的保留值,在未知样品色谱图中对应于已知物保留值的位置上若有峰出现,则判定样品可能含有此已知物组分,否则就不存在这种组分。

如果样品较复杂,流出峰间的距离太近,或操作条件不易控制稳定,要准确确定保留值有一定困难,这时候可以用增加峰高的办法进行定性。将已知物加到未知样品中混合进样,若待定性组分峰比不加已知物时的峰高相对增大了,则表明原样品中可能混有该已知物的成分。有时几种物质在同一色谱柱上恰有相同的保留值,无法定性,则可利用性质差别较大的双柱定性。若在这两个柱子上,该色谱峰峰高都增大了,通常认定是同一物质。

已知物对照法定性非常实用,尤其是对于已知组分的复方药物分析、工厂的定性生产等。

(3)用保留指数定性

保留指数是一种重现性优于其他保留指数的定性参数。可根据所用固定相和柱温直接与文献值对照而不需要基准物。

规定正构烷烃的保留指数为其碳原子数乘100,如正己烷和正辛烷的保留指数分别为600和800。非正构烷烃的各物质的保留指数,可采用两个相邻正构烷烃保留指数进行标定。具体地说,欲测某组分 X 的保留指数 I_X 值,选用两种相邻的正构烷烃作参比,其中一种的碳数为 Z,另一种为 $Z+n$,将这两种参比物加入样品中进行分析,若测得它们的调整保留时间分别为 $t'_{R(X)}$、$t'_{R(Z)}$ 和 $t'_{R(Z+n)}$,且 $t'_{R(Z)} < t'_{R(X)} < t'_{R(Z+n)}$,则组分 X 的保留指数值可按下式计算:

$$I_X = 100 \times \left(\frac{\lg t'_{R(X)} - \lg t'_{R(Z)}}{\lg t'_{R(Z+n)} - \lg t'_{R(Z)}} + Z \right)$$

保留指数的有效位数为三位,其准确度和重复性都很好,误差小于1%。因此可根据文献提供的保留指数定性,而无需纯物质。各种色谱手册中都列有大量物质的保留指数,只要测定

时的柱温和固定相与文献值相同即可。

（4）官能团测定法

官能团分类测定法是利用化学反应定性的方法之一。把色谱柱的流出物（欲鉴定的组分），通进官能团分类试剂中，观察试剂是否反应（颜色变化或产生沉淀），来判断该组分含什么官能团或属于哪类化合物。再参考保留值，便可粗略定性。

（5）联用技术

气相色谱对于多组分复杂混合物的分离效率很高，定性却十分困难。质谱、红外光谱及核磁共振谱等都是鉴别未知物结构的有力工具，但同时也要求所分析样品成分尽量单一。将色谱与质谱、红外光谱、核磁共振谱等具有定性能力的分析方法联用，复杂的混合物先经气相色谱分离成单一组分后，再利用质谱仪、红外光谱仪或核磁共振谱仪进行定性。即气象色谱仪作为分离手段，把质谱仪、红外分光光度计作为鉴定工具，两者互补，联用技术也称两谱联用。

2.定量分析方法

定量分析的任务是求出混合样品中各组分的质量分数。色谱定量的依据是，当操作条件一致时，被测组分的质量（或浓度）与检测器给出的响应信号成正比，即

$$m_i = f_i \cdot A_i$$

式中：m_i 为被测组分 i 的质量；A_i 为被测组分 i 的峰面积；f_i 为被测组分 i 的校正因子。

可见，进行色谱定量分析时需要：

①准确测量检测器的响应信号，峰面积或峰高。

②准确求得比例常数，校正因子。

③正确选择合适的定量计算方法，将测得的峰面积或峰高换算为组分的质量分数。

（1）峰面积的测量

峰面积是色谱图提供的基本定量数据，峰面积测量的准确与否直接影响定量结果。对于不同峰形的色谱峰采用不同的测量方法。

①峰高乘半峰宽法。

适用于色谱峰为对称峰形的情况。根据等腰三角形面积的计算方法，可以近似认为峰面积等于峰高乘以半峰宽

$$A = hY_{1/2}$$

这样测得的峰面积为实际峰面积的 0.94 倍，实际的峰面积应为

$$A = 1.065hY_{1/2}$$

在做绝对测量时（如测灵敏度），应乘以 1.065，但在相对计算时，1.065 可省去。

②峰高乘平均峰宽法。

在峰高的 0.15 和 0.85 处分别测峰宽，取平均值即为平均峰宽，则峰面积为

$$A = h\frac{Y_{0.15} + Y_{0.85}}{2}$$

此法可用于不对称峰（前伸或拖尾）面积的测量。

③用峰高代替峰面积定量。

近年来，气相色谱倾向于采用低固定液载体比、高载气流速的快速分析法，所得色谱峰很

窄,难以准确测定峰面积。由于在固定的操作条件下,在一定的进样量的范围内,很窄的对称峰的半峰宽可以认为是不变的,组分的大小只与峰高有关,因此,完全可以用峰高代替峰面积定量,特别是痕量组分的测定,峰高法能达到较高的准确度。

(2)定量校正因子的计算

由于同一检测器对不同物质的响应程度不同,等量的不同物质得出的峰面积也不尽相同,因此在利用峰面积(或峰高)进行组分百分含量计算时,必须引入定量校正因子。

试样中各组分质量 m_i 与其色谱峰面积 A_i 成正比,$m_i = f_i \cdot A_i$,式中的比例系数 f_i 称为绝对定量校正因子,指单位面积对应的物质的质量,有

$$f_i = \frac{m_i}{A_i}$$

绝对定量校正因子 f_i 与检测器响应值 S_i 成倒数关系,有

$$f_i = \frac{1}{S_i}$$

由此可知,f_i 由仪器的灵敏度所决定,不易准确测定和直接应用。定量分析工作中都是使用相对校正因子 f'_i,即组分的绝对校正因子 f_i 与标准物质的绝对校正因子 f_s 之比:

$$f'_i = \frac{f_i}{f_s} = \frac{m_i/A_i}{m_s/A_s} = \frac{m_i A_s}{m_s A_i}$$

常用的标准物质,对热导池检测器选择苯,对氢火焰检测器选择正庚烷。使用相对校正因子 f'_i 时通常将"相对"二字省略。根据被测组分使用的计量单位,将 f'_i 分为质量校正因子 $f'_{i(m)}$(m_i、m_s 以质量为单位),摩尔校正因子 $f'_{i(M)}$(m_i、m_s 以物质的量为单位)和体积校正因子 $f'_{i(V)}$(m_i、m_s 以体积为单位)。

(3)常用的定量方法

①外标法。

外标法是用欲测组分的纯物质来制作标准曲线的方法。具体方法是取被测组分的纯物质配成一系列不同含量的标准溶液,在一定色谱条件下分别定量(固定体积)进样,得出相应的色谱峰,绘制峰面积(或峰高)对组分含量的标准曲线,如图 7-6 所示。然后在同样操作条件下,分析同样量的未知试样,从色谱图上测出被测组分的峰面积(或峰高),再从标准曲线上查出被测组分的含量。

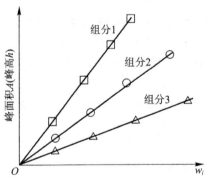

图 7-6　组分的标准曲线

当试样中被测组分含量变化不大时,可不必作标准曲线,而用单点校正法测定,即配制一个与欲测组分含量十分接近的标准溶液,分别取相同量的试样和标准溶液进样分析,由试样和标准样中的被测组分峰面积比(或峰高比),可直接求出被测组分的含量,即

$$\frac{w_i}{w_s} = \frac{A_i}{A_s}$$

$$w_i = \frac{A_i}{A_s} w_s$$

式中:w_i、w_s、A_i、A_s 分别为试样和标准样中被测组分的质量分数和峰面积。

此法的特点是:操作简单,计算方便,可以不必使用相对校正因子。但进样量的重现性和操作条件的稳定性必须保证。此法常用于常规分析。

②内标法。

先准确称取样品的质量 m,加入准确质量(m_s)的内标物,混合均匀后进样。根据测得的待测组分峰面积 A_i 和内标物峰面积 A_s 及内标物质量(m_s)即可求得待测组分的质量和质量分数。

$$w_i = \frac{m_s A_i f_i}{m A_0 f_s}$$

此法的优点在于只需检测待测组分和内标物的色谱峰,而不必检测全部组分。在不需测定全部组分含量情况下,采用此法较为方便。但应用时必须使用待测组分和内标物的相对校正因子,并且必须准确称量样品和内标物的质量。

③归一化法。

先分别求出样品中所有组分的峰面积(或峰高)和相对校正因子,然后按下式求每一组分的质量分数 w_i。

$$w_i = \frac{A_i f'_i}{\sum_{i=1}^{n} (A_i f'_i)}$$

式中:w_i、f'_i 和 A_i 分别为被测组分 i 的质量分数、相对校正因子和峰面积。

归一化法的优点是简单、准确,操作条件变化时对定量结果影响不大,适用于全分析。但此法在实际工作中仍有一些限制,如样品的所有组分必须全部检测、出峰。某些不需要定量的组分也必须测出其峰面积及 f'_i 值。此外,测量低含量尤其是微量杂质时,误差较大。

7.3　气相色谱仪及其检测器

7.3.1　气相色谱仪的组成

图 7-7 所示为气相色谱仪的一般流程示意图。气相色谱仪一般由载气源(包括压力调节器、净化器)、进样器(也可称为汽化室)、色谱柱与柱温箱、检测器和数据处理系统构成。进样器、柱温箱和检测器分别具有温控装置,可达到各自的设定温度。最简单的数据处理系统是记录仪,现代数据处理系统都是由既可存储各种色谱数据,计算测定结果,打印图谱及报告,又可控制色谱仪的各种实验条件,如温度、气体流量、程序升温等的工作站处理,一般而言这些工作站由计算机和专用色谱软件组成的。

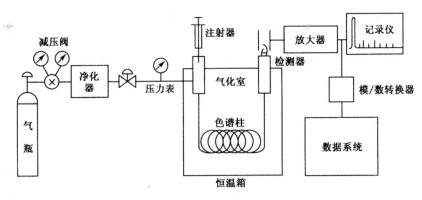

图 7-7   气相色谱仪的一般流程示意图

根据各部分的功能,气相色谱仪可分为气路系统、进样系统、分离系统、检测系统、记录系统和温度控制系统六大系统。组分能否分离,色谱柱是关键;分离后的组分能否产生信号则取决于检测器的性能和种类。所以分离系统和检测系统是核心。

1.气路系统

气路系统是一个载气连续运行、管路密闭的系统。载气的纯度、流速对检测器的灵敏度、色谱柱的分离效能均有很大影响。气路系统包括气源、气体净化、气体流速控制和测量。其作用是将载气及辅助气进行稳压、稳流和净化,以提供稳定而可调节的气流以保证气相色谱仪的正常运转。

氮气、氢气、氦气和氩气等为常用的载气,实际应用中载气的选择主要根据检测器的特性来决定。这些气体一般由高压钢瓶供给,纯度要求在 99.99% 以上。市售的钢瓶气如纯氮、纯氢等往往含有水分等其他杂质,需要纯化。常用的纯化方法是使载气通过一个装有净化剂的净化器来提高气体的纯度,硅胶、分子筛的作用是除去载气中的水分,活性炭吸附载气中的烃类等大分子有机物。

载气流速的稳定性、准确性同样对测定结果有影响。载气流速范围常选在 $30\sim100 \text{ ml} \cdot \text{min}^{-1}$ 之间,流速稳定度要求小于 1%,用气流调节阀来控制流速,如稳压阀、稳流阀、针形阀等。

2.进样系统

将气体、液体、固体样品快速定量地加到色谱柱头上,进行色谱分离。进样量的准确性和重复性以及进样器的结构等都对定性和定量有很大的影响。

进样系统包括进样装置和气化室,其作用是定量引入样品并使其瞬间气化。

气相色谱可以分析气体、液体及固体。要求气化室体积尽量小,无死角,以减少样品扩散,提高柱效。对于气体样品,常用六通阀进样;对于液体样品,一般采用注射器、自动进样器进样;对于固体样品,一般溶解于常见溶剂转变为溶液进样;对于高分子固体,可采用裂解法进样。

3.分离系统

分离系统主要由色谱柱构成,是气相色谱仪的心脏。分离系统的功能是使试样在色谱柱内运行的同时得到分离。试样中各组分分离的关键,主要取决于色谱柱的效能和选择性。色谱柱中的固定相是色谱分离的关键部分。

4.检测系统

检测系统由检测器与放大器等组成,其作用是把柱子分离后的各组分的浓度变化信息转变成易于测量的电信号,如电流、电压等,进而输送到记录器记录下来。检测器通常视为色谱仪的"眼睛",是色谱仪的关键部件。

5.记录系统

由检测器产生的电信号,通过记录仪进行记录,以便得到一张永久的色谱图。记录系统的作用是采集并处理检测系统输出的信号以及显示和记录色谱分析结果,主要包括记录仪,有的色谱仪还配有数据处理器。现代色谱仪多采用色谱工作站的计算机系统,不仅可对色谱数据进行自动处理和记录,还可对色谱参数进行控制,提高了定量计算精度和工作效率,实现了色谱分析数据操作处理的自动化。

6.温度控制系统

温度控制直接影响到色谱柱的选择性、分离效率和检测器的灵敏度和稳定性。因各部分要求的温度不同,故需要三套不同的温控装置。一般情况下,汽化室温度比色谱柱恒温箱温度高 $30℃～70℃$,以保证试样能瞬间汽化;以防止试样组分在检测器系统内冷凝,检测器温度与色谱柱恒温箱温度相同或稍高于后者。温度控制可分恒温控制和程序升温控制。

7.3.2　气相色谱仪的一般流程

气相色谱法的一般流程为:载气由高压钢瓶供给,经减压阀减压后,进入净化干燥管净化并除去载气中的水分。由针型阀控制载气的压力和流量,流量计和压力表用以指示载气的流量和压力。试样从进样器注入,由载气携带进入色谱柱中。各组分在色谱柱内的固定相和载气间进行分配平衡,由于各组分的分配系数不同,各组分在色谱柱中移行的速度就不同,试样中各组分相互分离,并由载气带出色谱柱进入检测器。检测器将物质的浓度或质量随时间的变化转变为易测量的电信号,由记录仪记录下来,从而得到电信号—时间曲线,即色谱图,依据色谱图便可对组分进行定性和定量分析。

7.3.3　气相色谱检测器

检测器是气相色谱仪的重要组成部分,它是一种换能装置,其作用是将柱后载气中各组分浓度或质量的变化转变成可测量的电信号。气相色谱检测器种类较多,原理和结构各异,其中最常用的是氢火焰离子化检测器(FID)、热导池检测器(TCD)、电子捕获检测器(ECD)、火焰光度检测器(FPD)和热离子化检测器(TID)等。

按照对组分检测的选择性,检测器可分为通用型和选择性型,热导检测器属于通用型检测器,电子捕获检测器、火焰光度检测器等属于选择性检测器。根据检测器的输出信号与组分含量间的关系不同,可分为浓度型检测器和质量型检测器两大类。浓度型检测器的响应值与载气中组分浓度成正比,例如热导检测器、电子捕获检测器等。质量型检测器的响应值与单位时间内进入检测器的组分质量成正比,例如氢火焰离子化检测器、火焰光度检测器和热离子化检测器等。

1.检测器的性能指标

一个性能优良的的检测器应该是灵敏度高、检出限低、死体积小、响应迅速、线性范围宽和稳定性好。通用型检测器要求适用范围广;选择性型检测器要求选择性好。

(1)检出限

由图 7-8 可以看出,如果要把信号从本底噪声中识别出来,则组分的响应值就一定要高于 N。噪声水平决定着能被检测到的组分的最低浓度(或质量)。因此,定义检出限为检测器响应值为 3 倍噪声水平时,单位时间或单位体积内进入检测器的物质量。

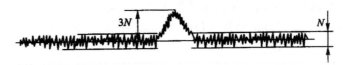

图 7-8　色谱噪声与检出限

检出限可表示为:

$$D = \frac{3N}{S}$$

式中:N 为检测器的噪声,mV;S 为检测器的灵敏度。

热导检测器的检出限一般为 10^{-5} mg·cm³,即每毫升载气中约有 10^{-5} mg 溶质时,所产生的响应信号相当于噪声水平的 3 倍。氢火焰离子化检测器的检出限一般为 10^{-12} g·s^{-1}。

(2)灵敏度

单位浓度或质量的组分通过检测器时所产生的信号大小,称为该检测器对该组分的灵敏度,用 S 表示。以组分的浓度(c)或质量(m)对响应信号 R 作图,得到一条通过原点的直线,直线的斜率就是检测器的灵敏度,如图 7-9 所示。

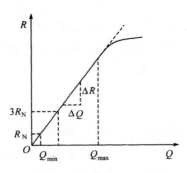

图 7-9　检测器响应曲线

因此,灵敏度可定义为信号 R 对进入检测器的组分量的变化率,即

$$S = \frac{\Delta R}{\Delta Q}$$

式中：ΔR 为记录仪信号变化率；ΔQ 为通过检测器的组分量变化率。测定 S 时，一般将一定量的物质注入色谱仪，根据其峰面积和操作参数进行计算。

对浓度型检测器，其浓度型灵敏度 S_c 为

$$S_c = \frac{F_o A C_1}{C_2 m}$$

式中：C_1 为记录仪的灵敏度，$mV \cdot cm^{-1}$；C_2 为记录仪纸速，$mV \cdot min^{-1}$；A 为峰面积，cm^2；F_o 为载气在色谱柱出口处流速，$ml \cdot min^{-1}$；m 为进样量，mg 或 ml；S_c 为灵敏度，对液体、固体样品，$mV \cdot ml \cdot mg^{-1}$（对气体样品，$mV \cdot ml \cdot ml^{-1}$）。

对质量型检测器，采用每秒有 $1\ g$ 物质通过检测器时所产生的信号来表示灵敏度，即

$$S_m = \frac{60 C_1 A}{C_2 m}$$

式中：S_m 为灵敏度，$mV \cdot s \cdot g^{-1}$（与载气流速无关）。

检测器的灵敏度只反映了检测器对某物质产生信号的大小，未能反映仪器噪声的干扰，而噪声会影响试样色谱峰的辨认，为此引入了检出限这一指标。

（3）线性范围

检测器的线性范围是指检测器信号大小与被测组分的量呈线性关系的范围，通常用线性范围内的最大进样量（Q_{max}）和最小进样量（Q_{min}）之比来表示，如图 7-9 所示。

不同检测器的线性范围也有很大的差别。对于同一个检测器，不同的组分有不同的线性范围。检测器的线性范围越大，适用性越宽，越有利于定量分析。热导检测器的线性范围一般为 1.0×10^5，氢火焰离子化检测器则为 1.0×10^7。

（4）最小检测量

最小检测量指检测器恰能产生 3 倍于噪声的信号时所需进入色谱柱的最小物质量（或最小浓度），用 Q_0 表示。对于浓度型检测器，最小检测量为：

$$Q_0 = 1.065 W_{1/2} F_o D$$

式中：$W_{1/2}$ 为色谱峰半峰宽，s；F_o 为载气流速。

而对质量型检测器，最小检测量为：

$$Q_0 = 1.065 W_{1/2} D$$

需要注意的是，最小检测量与检出限是两个不同的概念，检出限只用来衡量检测器的性能，与检测器的灵敏度和噪声有关，而最小检测量不仅与检测器性能有关，还与色谱柱效及操作条件有关。

（5）响应时间

检测器的响应时间是指进入检测器的某一组分的输出信号达到其真值的 63% 所需要的时间，与检测器的体积有关。检测器死体积越小，电路的延迟现象小，则响应速度快，响应时间一般应小于 $1\ s$。

2. 热导池检测器

热导池检测器（TCD）是一种结构简单，性能稳定，线性范围宽，对无机、有机物质都有响应，灵敏度适中的检测器，灵敏度为 $10^{-6}\ g \cdot ml^{-1}$。

(1)热导池检测器的结构

热导池检测器由池体和热敏元件构成。池体材质一般为不锈钢,热敏元件为电阻率高、电阻温度系数大、且价廉易加工的钨丝。依据结构的不同热导池可分为双臂和四臂,如图 7-10 所示。

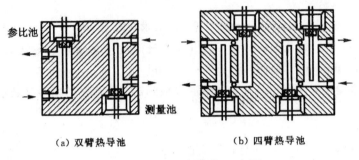

（a）双臂热导池　　　　　　　（b）四臂热导池

图 7-10　热导池结构示意图

四臂热导池电阻丝的阻值比双臂热导池的阻值大一倍,其灵敏度也高一倍,目前通常都采用四臂热导池。热导池分为参考池和测量池,参考池仅允许纯载气通过,通常连接在进样装置之前,测量池连接在紧靠近分离柱出口处。载气携带被分离后的组分流过测量池时由于两臂的电阻值不平衡而产生响应信号。

(2)热导池检测器的工作原理

热导池检测器的工作原理如图 7-11 所示。

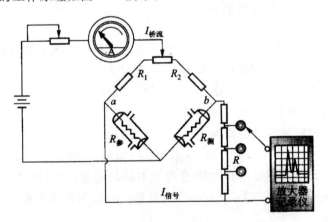

图 7-11　热导池检测器原理示意图

进样前,钨丝通电,加热与散热达到平衡后,两臂电阻值为 $R_参 = R_测$,$R_1 = R_2$。则

$$R_参 R_2 = R_测 R_1$$

此时桥路中无电压信号输出,记录仪走直线(基线)。

进样后,载气携带试样组分流过测量池(臂),而此时参考池(臂)流过的仍是纯载气,试样组分使测量池(臂)的温度改变,引起电阻的变化,测量池(臂)和参考池(臂)的电阻值不等,产生电阻差,$R_参 \neq R_测$,则

$$R_{参} R_2 \neq R_{测} R_1$$

这时电桥失去平衡,两端存在着电势差,有电压信号输出。信号与组分浓度相关。记录仪记录下组分浓度随时间变化的峰状图形。

(3)影响热导池检测器灵敏度的因素

热导池检测器实际上式一种检测柱流出物把热量从热丝上带走速率的装置,因此从热丝上带走热量的速度越快,其灵敏度就越高。可见,影响灵敏度的因素有桥电路、池体温度和载气种类等。

①池体温度。

降低池体温度,可使池体与热丝温差加大,有利于提高灵敏度。但池体温度不能太低,以免被测试样冷凝在检测器中,为此池体温度一般不应低于柱温。

②桥电流。

电桥通过的电流称为桥电流,桥电流是热导池检测器的一个重要操作参数。热导池的灵敏度与桥电流三次方成正比。但桥电流过大,热丝温度迅速增加,影响其寿命,同时由于与池体壁温差过大,噪声增大。桥电流的选择要根据池体温度和载气性质。若池体温度较低,桥电流可适当大些。用氢气或氦气作载气时,桥电流可选为 $180 \sim 200 \ mA$,用氮气或氩气作载气时,应选为 $80 \sim 120 \ mA$。

③载气种类。

载气与组分的热导系数差别越大,相应的输出信号也越大。所以一般采用热导系数大的载气,如氢气或氦气,而不采用热导系数小的氮气或氩气。如果组分的热导系数比载气的热导系数大,就会得到负信号,而且线性差,灵敏度也低。使用氢气作载气比氦气作载气的最小检测量低一个数量级。

3.氢火焰离子化检测器

氢火焰离子化检测器(FID)简称氢焰检测器,是一种高灵敏度通用型检测器。它几乎对所有的有机物都有响应,而对无机物、惰性气体或火焰中不解离的物质等无响应或响应很小。它的灵敏度比热导检测器高 $10^2 \sim 10^4$ 倍,检测限达 $10^{-13} \ g \cdot s^{-1}$,对温度不敏感,响应快,适合连接开管柱进行复杂样品的分离。

氢焰检测器主要部件是离子室,一般用不锈钢制成。在离子室的下部,有气体入口、火焰喷嘴、一对电极——发射极(阴极)和收集极(阳极)和外罩。氢焰检测器的结构如图 7-12 所示。

在发射极和收集极之间加有一定的直流电压($100 \sim 300 \ V$)构成一个外加电场。氢焰检测器需要用到三种气体:N_2 作为载气携带试样组分;H_2 作为燃气;空气作为助燃气。使用时需要调整三者的比例关系,使检测器灵敏度达到最佳。

氢焰检测器工作原理如图 7-13 所示。其中,A 区为预热区,B 区为点燃火焰,C 区为热裂解区(温度最高);D 区为反应区。

检测器工作步骤如下:

①当含有机物 C_nH_m 的载气由喷嘴喷出进入火焰时,在 C 区发生裂解反应产生自由基,反应式为:

$$C_nH_m \rightarrow \cdot CH$$

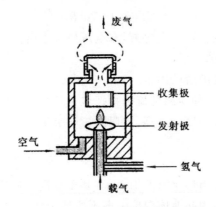

图 7-12　氢焰检测器结构示意图

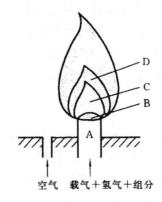

图 7-13　氢焰检测器工作原理示意图

②产生的自由基在 D 区火焰中与外面扩散进来的激发态原子氧或分子氧发生反应,反应式为:

$$\cdot CH + O \rightarrow CHO^+ + e^-$$

③生成的正离子 CHO^+ 与火焰中大量水分子碰撞而发生分子离子反应,反应式为:

$$CHO^+ + H_2O \rightarrow H_3O^+ + CO$$

④化学电离产生的正离子和电子在外加恒定直流电场的作用下分别向两极定向运动而产生微电流。

⑤在一定范围内,微电流的大小与进入离子室的被测组分质量成正比,所以氢焰检测器是质量型检测器。

⑥组分在氢焰中的电离效率很低,大约五十万分之一的碳原子被电离。

⑦离子电流信号输出到记录仪,得到峰面积与组分质量成正比的色谱流出曲线。

氢焰检测器的喷嘴内径、电极形状及间距、极化电压的高低均影响其检测灵敏度。但这些参数都已有厂家经过优化选择,唯独气体流量比应仔细选择。氢气流量有一最佳值,在最佳值时可得到最大的响应。氢气与载气的流量比一般为 1∶1 左右。氢气与空气的流量比约为 1∶10,因为导入的空气中的一部分需通过扩散进入火焰,为了保证有足够的氧气与组分分子接触,必须提供充足的空气。空气的最低流量为 400 ml·min^{-1},低于此流量时,响应值随空气流量增加而增加,到达 400 ml·min^{-1} 后,响应值趋于稳定。

4. 电子捕获检测器

电子捕获检测器(ECD)在应用上是仅次于热导池和氢火焰的检测器。它只对具有电负性的物质有响应,如含有卤素、硫、磷、氮的物质有响应,且电负性越强,检测器灵敏度越高。

在检测器的池体内(图 7-14),装有 1 个圆筒状的 β 射线放射源作为负极,以 1 个不锈钢棒作为正极,在两极施加直流电或脉冲电压。通常用氚(^{3}H)或镍的同位素 ^{63}Ni 作为放射源。前者灵敏度高,安全易制备,但使用温度较低,寿命较短,半衰期为 12.5 年。后者可在较高的温度(350℃)下使用,半衰期为 85 年,但制备困难,价格昂贵。

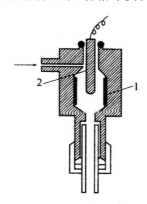

图 7-14　电子捕获检测器结构示意图

对该检测器结构的要求是气密性好,保证安全;绝缘性好,两极之间和电极对地的绝缘电阻要大于 500 MΩ;池体积小,响应时间快。

当载气进入检测室,仕 β 射线的作用下发生电离,产生正离子和低能量的电子:

$$N_2 \rightarrow N_2^+ + e^-$$

生成的正离子和电子在电场作用下分别向两极运动,形成恒定的电流,称为基流。当含电负性强的元素的物质 AB 进入检测器时,就会捕获这些低能电子,产生带负电荷的分子或离子并释放出能量:

$$AB + e^- \rightarrow AB^-$$

带负电荷的分子或离子和载气电离生成的正离子结合生成中性化合物,被载气带出检测室外,从而使基流降低,产生负信号,形成倒峰。组分浓度越高,倒峰越大。因此,电子捕获检测器是浓度型的检测器。

电子捕获检测器在使用时应注意以下事项。

①应使用高纯度载气,一般采用高纯氮,载气中若含有少量的 O_2 和 H_2O 等电负性组分对检测器的基流和响应值会有很大的影响,长期使用将严重污染检测器。因此,除使用高纯度载气外,还应采用脱氧管等净化装置除去其中的微量杂质。

②载气流速对基流和响应信号也有影响,可根据条件试验选择最佳载气流速,通常为 $40\sim100$ ml·min^{-1}。

③检测器中含有放射源,应注意安全,不可随意拆卸。

7.4 气相色谱实验技术

在气相色谱分析法中,为了在较短的时间内获得满意的分析结果,关键的问题是要选择一根合适的色谱柱,并选择最佳的操作条件。

7.4.1 柱温的选择

柱温是影响分离效能与分析速度的重要操作参数。首先要考虑到每种固定液都有一定的使用温度。柱温不能高于固定液的最高使用温度,否则固定液挥发流失。

柱温对组分分离的效果影响较大,提高柱温使各组分的挥发度靠拢,保留时间的差值减小,不利于分离,所以,从分离的角度考虑,宜采用较低的柱温。但柱温太低,被测组分在两相中的扩散速率大为减小,分配不能迅速达到平衡,峰形变宽,柱效下降,并延长了分析时间。

柱温的选择原则:在使最难分离的组分能尽可能好地达到预期分离效果的前提下,尽可能采取较低的柱温,但以保留时间适宜,峰形正常,又不太延长分析时间为度。具体按试样沸点不同而选择:

沸点小于300℃的试样:柱温可在比平均沸点低50℃至平均沸点的范围内。固定液配比为5%～25%。

高沸点试样(300～400℃):柱温可低于沸点100～150℃,采用低固定液配比(1%～3%)。

宽沸程试样:对于复杂的宽沸程(沸程大于100℃)试样,恒定柱温常不能兼顾两头,需采取程序升温方法,即在一个分析周期内,按照一定程序改变柱温,使不同沸点组分在合适温度得到分离。程序升温可以是线性的,也可以是非线性的。

图7-15所示为程序升温与恒定柱温对沸程为225℃的烷烃与卤代烃9个组分的混合物的分离效果比较。

图7-15(a)所示为恒定柱温 $T_c=45℃$,30 min 内只有5个组分流出色谱柱,但低沸点组分分离较好。图7-15(b)所示为 $T_c=120℃$,因柱温升高,保留时间缩短,低沸点成分峰密集,分离度不佳。图7-15(c)所示为程序升温。由30℃起始,升温速度为5℃·min^{-1}。使低沸点及高沸点组分都能在各自适宜的温度下分离,且峰形和分离度都好。

恒温色谱图与程序升温色谱图的主要差别是前者色谱峰的半峰宽随 t_R 的增大而增大,后者的半峰宽与 t_R 无关。

7.4.2 载气及其流速的选择

载气种类的选择首先要考虑使用何种检测器。如使用TCD,选用氢或氦作载气,能提高灵敏度,且峰形正常,易于定量,线性范围宽;使用FID则选用氮气作载气。然后再考虑选用的载气要有利于提高柱效能和分析速度。例如,选用摩尔质量大的载气(如 N_2)可以使 D_g 减小,提高柱效能。

载气流速会影响柱效能、分离效能和分析时间。由 $H=A+\dfrac{B}{u}+C\bar{u}$ 可知,涡流扩散项与载气流速无关,分子扩散项与载气流速成反比,传质阻力项与载气流速成正比。以板高为纵坐

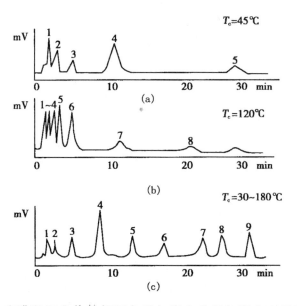

图 7 15　宽沸程混合物的恒温色谱与程序升温色谱分离效果的比较

1—丙烷(−42℃);2—丁烷(−0.5℃);3—戊烷(36℃);4—己烷(68℃)

5—庚烷(98℃);6—辛烷(126℃);7—溴仿(150.5℃)

8—间氯甲苯(161.6℃);9—间溴甲苯(183℃)

标,载气线速 $\bar{u}$ 为横坐标对上述三项分别作图,如图 7-16 所示。其中 $H_1 = A$ 是一条水平直线;$H_2 = \dfrac{B}{\bar{u}}$ 为一条反比例双曲线;$H_3 = C\bar{u}$ 为一条斜率为 C 的经过原点的直线。此三项之和等于板高,即 $H = H_1 + H_2 + H_3$,因此总的结果为图上部的曲线。该曲线的最低点所对应的载气流速为最佳流速,在此流速下,板高最小,柱效最高。

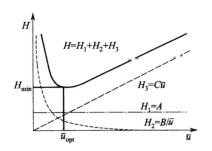

图 7-16　板高与载气流速的关系

从图 7-16 可看出,当 $\bar{u}$ 很低时,$\dfrac{B}{\bar{u}}$ 项对 H 的贡献最大;而 $\bar{u}$ 很高时,$C\bar{u}$ 项对 H 影响突出。为了缩短分析时间,通常使载气流速略大于 $\bar{u}_{最佳}$。在快速色谱法中,载气流速则要大大高于 $\bar{u}_{最佳}$。此时,$\dfrac{B}{\bar{u}}$ 对 H 的影响可以忽略,欲降低 H,主要考虑 $C\bar{u}$ 项的影响。

在实际工作中,一般用体积流速表示载气的流量。对于填充柱,用 N_2 作载气时,流量可

取 $20\sim60$ ml·min^{-1};用 H_2 作载气时,流量可选 $40\sim90$ ml·min^{-1}。

7.4.3 进样量的选择

色谱分析的进样量一般是比较少的,气体试样进样为 $0.1\sim10$ ml,液体试样为 $0.1\sim10$ μl。进样量太少,会使检测器的灵敏度不够而使微量组分无法检出(不出峰)。进样量太多,会使几个组分的色谱峰相互重叠,而影响分离,因此,应根据试样的种类、检测器的灵敏度等,通过实验确定进样量的多少,一般进样量应控制在峰面积或峰高与进样量的线性关系范围内。

进样必须很快,即以"塞子"的形式进入,这样有利于分离。如果进样速度慢,则试样起始宽度增大,会使色谱峰变宽,甚至改变峰形。一般用注射器或气体进样阀进样,可在 1 s 内完成。

7.4.4 汽化室温度的选择

合适的汽化室温度既能保证样品全部组分瞬间完全汽化,又不引起样品分解。一般汽化室温度比柱温高 $30\sim50$℃。温度过低,汽化速度慢,使样品峰过宽,温度过高则产生裂解峰,而使样品分解。温度是否合适可通过实验检查:如果温度过高,出峰数目变化,重复进样时很难重现;温度太低则峰形不规则;若温度合适则峰形正常,峰数不变,并能多次重复。

7.4.5 担体与固定液含量的选择

1. 担体的选择

担体的粒度直接影响涡流扩散和气相传质阻力,对液相传质也有间接的影响。载体的颗粒越小,柱效就越高。但粒度过小,其阻力和柱压会急剧增大。一般应要根据柱径来选择担体的粒度,担体直径为柱内径的 $1/20\sim1/25$ 为宜。担体粒度越均匀,形状越规则,就越有利于提高柱效。

2. 固定液含量的选择

固定液含量是指固定液与担体的质量之比,又称为液载比或液担比。固定液含量的选择与被分离组分的极性、沸点以及固定液本身的性质等多种因素有关。高液担比有利于提高选择性和柱容量,但太高,又会使担体颗粒之间阻力增加,柱效下降,分析时间较长,故液担比一般不超过 30%;液担比低时,传质阻力小,柱效高,可使用较低的温度,使分析时间缩短,但需要较灵敏的检测器。若液担比太小,固定液量不能覆盖担体表面上的吸附中心,则柱效会下降。综上所述,实际常用的液担比为 3%～20%。

对于低沸点化合物,多采用高液担比柱;高沸点化合物,多采用低液担比柱。随着担体表面处理技术和高灵敏度检测器的采用,现多用低含量固定液,一般填充柱液担比小于 10%,空心柱液膜厚度为 $0.2\sim0.4$ μm。

7.4.6 柱长与柱内径的选择

柱长增加,分离度增大,对分离有利。但柱长增加,也使传质阻力增大,色谱峰扩展加剧,分析时间延长。因此,在确保一定分辨率的条件下应尽可能使用短色谱柱。通常,对于填充柱,柱长以 $1\sim6$ m 为宜,柱径为 $2\sim6$ mm。对于毛细管柱,柱长一般 $20\sim200$ m,柱内径 $0.1\sim0.5$ mm。弯曲的柱子不易填充均匀,气流路径更复杂、曲折、线速度变化大,导致柱效降低,分离效果变差。一般来说,柱子的曲率半径越小,分离效果越差,一般柱圈径应为柱内径的 15 倍以上。

7.5 气相色谱法的应用

气相色谱法广泛应用于各种领域,如石油化工、药物、食品、环境保护等等。

7.5.1 气相色谱法在药物中的应用

许多中西成药在提纯浓缩后可以再衍生化后进行分析,主要有镇定催眠药物、兴奋剂、抗生素等。图 7-17 所示为某镇定剂的分析色谱图。

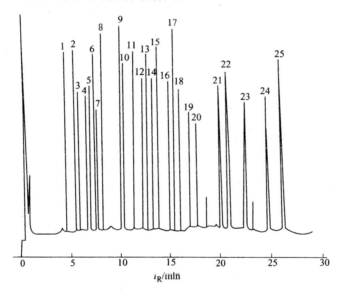

图 7-17 镇定药分析色谱图

色谱峰:1—巴比妥;2—二丙烯巴比妥;3—阿普巴比妥;4—异戊巴比妥;5—戊巴比妥;
6—司可巴比妥;7—眠尔通;8—导眠能;9—苯巴比妥;10—环巴比妥;11—美道明;
12—安眠酮;13—丙咪嗪;14—17—异丙嗪;15—丙基解痉素(内标);16—舒宁;17—安定;
18—氯丙嗪;19—3-羟基安定;20—三氟拉嗪;21—氟安定;22—硝基安定;23—利眠宁;
24—二唑安定;25—佳静安定。色谱柱:SE-54

7.5.2 气相色谱法在石油化工中的应用

石油化工产品包扩各种烃类物质、汽油、柴油、重油与蜡等。早期,有效快速地分离分析时候有产品是气相色谱法的目的之一。图 7-18 所示为 $C_1\sim C_5$ 烃的色谱图。

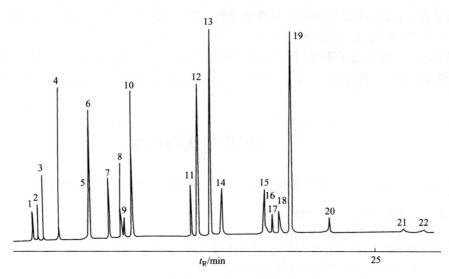

图 7-18   C₁～C₅ 烃类物质的分离分析的色谱图

色谱峰：1—甲烷；2—乙烷；3—乙烯；4—丙烷；5—环丙烷；6—丙烯；7—乙炔；

8—异丁烷；9—丙二烯；10—正丁烷；11—反—2—丁烯；12—1—丁烯；13—异丁烯；

14—顺—2—丁烯；15—异戊烷；16—1,2—丁二烯；17—丙炔；18—正戊烷；19—1,3—丁二烯；

20—3—甲基—1—丁烯；21—乙烯基乙炔；22—乙基乙炔   色谱柱：Al₂O₃/KCl PLOT 柱

7.5.3 气相色谱法在食品卫生中的应用

气相色谱可用于测定食品中的各种组分、食品添加剂以及食品中的污染物,尤其是农药残留。图 7-19 所示为有机氯农药色谱图。

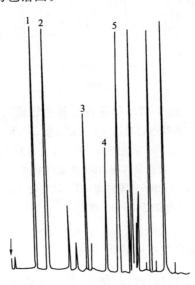

图 7-19   有机氯农药色谱图

色谱峰：1—林丹；2—环氧七氯；3—艾氏剂；4—狄氏剂；

5—p',p'—滴滴涕   色谱柱：SE—52

7.5.4　气相色谱法在环境保护中的应用

气相色谱法能够测定大气污染物中卤化物、硫化物、氮化物、芳香烃化合物和水中的可溶性气体、农药、酚类、多卤联苯等。图 7-20 所示为水中常见有机溶剂的分离分析色谱图。

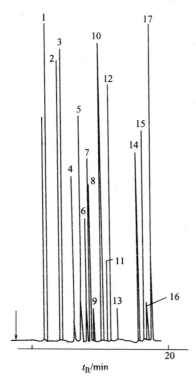

图 7-20　水中有机溶剂的分离分析色谱图

色谱峰:1—乙腈;2—甲基乙基酮;3—仲丁醇;4—1,2—二氯乙烷;5—苯;

6—1,1—二氯丙烷;7—1,2—二氯丙烷;8—2,3—二氯丙烷;9—氯甲代氧丙环;

10—甲基异丁基酮;11—反—1,3—二氯丙烯;12—甲苯;13—未定;14—间二甲苯;

15—1,2,3—三氯丙烷;16—2,3—二氯取代的醇;17—乙基戊基酮

色谱柱:CP—Sil 5CB,25 m×0.32 mm

载气:H_2

柱温:35℃(3 min)→220℃,10℃·min^{-1}

检测器:FID

第8章　高效液相色谱分析

8.1　概述

液相色谱法是指流动相为液体的色谱技术。由于分析速度慢,分离效能也不高,且缺乏合适的检测技术,因而发展很缓慢。20 世纪 60 年代中期,人们从气相色谱法的高速和高灵敏度得到启发,在经典液相色谱法的基础上,采用高压泵,加快液相色谱法中液体流动相的流动速率;改进固定相,以提高柱效能;采用高灵敏度检测器,从而实现了分析速度快、分离效能高和操作自动化。经典的液相色谱法发展成高效、高速、高灵敏度的液相色谱法,称为高效液相色谱法(HPLC)。根据分离机理的不同,可用做液固吸附、液液分配、离子交换、空间排阻色谱及亲和色谱分析等,故应用非常广泛。

1.高效液相色谱法的特点

高效液相色谱法具有以下几个突出的特点。

(1)高效

由于近年来研究出了许多新型固定相,在满足系统耐压要求的同时,使分离效能大大提高。

(2)高灵敏度

高效液相色谱法广泛采用高灵敏度的检测器,从而进一步提高了分析的灵敏度。如荧光检测器的灵敏度可达 10^{-11} g,微升数量级的试样就足可进行分析,极大地减少了分析时所需试样量。

(3)高速

由于采用高压泵输送流动相,极大提高了液体流动相在色谱柱内的流速,使得高效液相色谱法所需的分析时间比经典液相色谱法少得多。

(4)高压

液相色谱法以液体作为流动相,液体流经色谱柱时,受到的阻力较大,即柱的入口与出口处具有较高的压力降。液体要快速通过色谱柱,需对其施加高压。

由于高效液相色谱法具有上述优点,因而在相关文献中又将它称为现代液相色谱法、高压液相色谱法或高速液相色谱法。

2.高效液相色谱法与经典液相色谱法的比较

与经典液相色谱相比,HPLC 有以下优点。

(1)分析时间短

经典液相色谱进行一次分离往往需几小时至几十小时,而 HPLC 分离效率高,一次分析仅需几分钟至几十分钟即可完成。

（2）柱寿命长

经典色谱的色谱柱通常只能进行一次分离,进行第二次分离时,必须更换固定相。而高效液相色谱的色谱柱可重复使用,柱寿命一般可达 1 年以上。

（3）检测灵敏度高

经典液相色谱需要在离线条件下检测,而高效液相色谱可实现在线检测,采用高灵敏度的检测器,大大提高了灵敏度。

（4）进样量小

经典液相色谱法进样量大,一般在几至几百毫升,而高效液相色谱进样量一般仅为几至几十微升。

（5）分离效率高

经典液相色谱法在常压或略高于常压条件下使用,填料颗粒大、柱效低,而高效液相色谱法是在高压输液泵的条件下操作,其压力可达几至几十兆帕,因此填料的粒径往往小于 $10\ \mu m$,柱效高,分离能力强。

3.高效液相色谱法与气相色谱法的比较

高效液相色谱与气相色谱异同点如下。

（1）HPLC 与 GC 的相同点

HPLC 是在 GC 高速发展的情况下发展起来的,因而它们的色谱理论和定性定量原理是完全一样的,且均可应用计算机控制色谱操作条件和色谱数据的处理程序,自动化程度高。

（2）HPLC 与 GC 的不同点

由于 HPLC 的流动相是液体,而液体的黏度比气体大 100 倍以上,扩散系数比气体小 $10^2 \sim 10^5$ 倍,故溶质分子与液体流动相之间的作用力不能忽略,致使 HPLC 与 GC 有以下不同。

①在原理和结构上也有很大差别。

高压液相色谱仪具有高压输液泵等输液系统,其检测器的检测原理和结构与 GC 也有较大差异。

②固定相不同。

GC 固定相多是固体吸附剂或在载体表面上涂渍一层高沸点有机液体组成的液体固定相和近年出现的一些化学键合相;粒度粗,吸附等温线多是非线性的,但成本低。而 HPLC 固定相大多数为新型的固体吸附剂,化学键合相等,粒度小,分配等温线多是线性的,峰形对称,但成本高,样品容量比 GC 高。

③流动相不同。

GC 用气体作流动相,气体与样品分子间作用力可忽略,且载气种类少,性质接近,改变载气对柱效和分离效率影响小。HPLC 以液体作流动相,液体分子与样品分子间作用力不能忽略,液体种类多,它们性质差别大,可供选择的范围广,是控制柱效和提高分离效率的重要因素之一。使 HPLC 除了固定相的选择外,增加了一个可供选择的重要操作参数。

④使用范围更广。

GC 一般分析沸点 500℃ 以下,相对分子质量少于 450 的物质。对热稳定性差易于分解变质,以及具有生理活性的物质,都不能用升温汽化的方法分析。而 HPLC 在室温或接近室温条件下工作,可分析沸点在 500℃ 以上,相对分子质量 450 以上的有机物质。这些有机物质占总数的 80%～85%。HPLC 的使用范围远远超过 GC。

但是,高效液相色谱和气相色谱各有所长,相互补充。在 HPLC 越来越广泛地获得应用的同时,GC 仍然发挥着它的重要作用。

8.2　高效液相色谱法的分类

依据分离原理不同,高效液相色谱法可分为十余种,主要有液-固吸附色谱法、液-液分配色谱法、体积排阻色谱法等。

8.2.1　液-固吸附色谱法

液-固吸附色谱法也称为液固色谱,使用固体吸附剂,被分离组分在色谱柱上的分离原理是根据固定相对组分吸附力大小不同而分离。固定相是吸附剂,流动相是以非极性烃类为主的溶剂。分离过程是一个吸附—解吸附的平衡过程。常用的吸附剂为硅胶或氧化铝,粒度为 $5～10\ \mu m$。适用于分离分子量为 $200～1000$ 的组分,大多数用于非离子型化合物。液固吸附色谱传质快,装柱容易,重现性好,不足之处是试样容量小,需配置高灵敏度的检测器。该方法适用于分离极性不同的化合物、异构体以及进行族分离。不适用于含水化合物和离子化合物,离子型化合物易产生拖尾。

1.基本原理

液-固吸附色谱法是以固体吸附剂为固定相的一种吸附色谱法,该法是利用不同性质分子在固定相上吸附能力的差异而分离的。在不同溶质分子间、同一溶质分子中不同官能团之间以及溶质分子和流动相分子之间都存在固定相活性吸附中心上的竞争吸附。由于这些竞争作用,形成了不同溶质在吸附剂表面的吸附、解吸平衡,这就是液-固吸附色谱法的选择性吸附分离原理。固定相表面发生的竞争吸附可用下式表示:

$$X_m + nM_s \underset{\text{解吸}}{\overset{\text{吸附}}{\rightleftharpoons}} X_s + nM_m$$

式中:X_m、X_s 为在流动相中的吸附剂表面上的溶质分子;M_m、M_s 为在流动相中和在吸附剂上被吸附的流动相分子;n 为被溶质分子取代的流动相分子的数目。

达平衡时,吸附平衡常数 K_a 为

$$K_a = \frac{[X_s][M_m]^n}{[X_m][M_s]^n}$$

K_a 值大表示组分在吸附剂上保留强,难于洗脱;K_a 值小则保留弱,易于洗脱。试样中各组分据此得以分离。K_a 值可通过吸附等温线数据求出。吸附剂吸附试样组分的能力主要取决于吸附剂的比表面积和理化性质、试样的组成和结构以及洗脱液的性质等。当组分与吸附剂的性质相似时易被吸附;当组分分子结构与吸附剂表面活性中心的刚性几何结构相适应时易被吸附;不同的官能团具有不同的吸附能力。因此,液-固吸附色谱法适用于分离极性不同的化合物和异构体及进行族分离,但不适用于分离含水化合物和离子型化合物。

2.流动相

在高效液相色谱分析法中,合适的流动相对改善分离效果也会产生重要的辅助效应。实际使用时,流动相溶剂除了具有廉价、容易购买之外,还应满足以下要求:

①溶剂对样品有足够的溶解能力,以提高测定的灵敏度。

②溶剂与固定相互不相溶,并保持色谱柱的稳定性。

③溶剂有较高的纯度,以防所含微量杂质在柱内积累,引起住性能的改变。

④尽量避免使用有显著毒性的溶剂,以保证工作人员的安全。

⑤溶剂与所使用的检测器相匹配,如使用紫外吸收检测器,就不能选用在检测波长下有紫外吸收的溶剂,若使用视差折光检测器,就不能使用梯度洗脱。

⑥溶剂具有低的黏度和适当低的沸点。使用低黏度溶剂,可减少溶质的传质阻力,有利于提高柱效能。

在液-固吸附色谱分析法中,选择流动相的基本原则是极性大的试样用极性较强的流动相,极性较小的则用低极性流动相。

3.固定相

吸附色谱固定相可分为极性和非极性两大类。极性固定液主要有硅胶、氧化镁和硅酸镁分子筛等。非极性固定相有高强度多孔微粒活性炭和近年来开始使用的 $5\sim10\ \mu m$ 的多孔石墨化炭黑,以及高交联度苯乙烯-二乙烯基苯共聚物的单分散多孔微球与碳多孔小球等,其中应用最广泛的是极性固定相硅胶。早期的经典液相色谱中,通常使用粒径在 $100\ \mu m$ 以上的无定形硅胶颗粒,其传质速度慢,柱效低。现在主要使用全多孔型和表面多孔型硅胶微粒固定相。其中,表面多孔型硅胶微粒固定相吸附剂出峰快、柱效能高,适用于极性范围较宽的混合样品的分析,但其样品容量小。而全多孔型硅胶微粒固定相由于表面积大,柱效高而成为液-固吸附色谱分析法中使用最广泛的固定相。

实际工作中,应根据分析样品的特点及分析仪器米选择合适的吸附剂,选择时考虑的因素主要有吸附剂的形状、粒度、比面积等。

8.2.2　液-液分配色谱法

根据被分离的组分在流动相和固定相中溶解度不同而分离。在液-液色谱中,固定相是通过化学键合的方式固定在基质上。分离过程是一个分配平衡过程。不同组分的分配系数不同,是液-液分配色谱中组分能被分离的根本原因。

1.液-液分配色谱法的分类

液-液分配色谱法按固定相和流动相的相对极性,可分为正相分配色谱法和反相分配色谱法。

正相分配色谱色谱法:极性固定相,如聚乙二醇、氨基与腈基键合相;流动相为相对非极性的疏水性溶剂,常加入异丙醇、乙醇、三氯甲烷等以调节组分的保留时间。一般用于分离中等极性和极性较强的化合物,极性小的组分先洗出,极性大的后流出。

反相分配色谱法:通常用非极性固定相。流动相为水或缓冲液,常加入甲醇、乙腈、异丙醇、四氢呋喃等与水互溶的有机溶剂以调节保留时间。通常适用分离非极性和极性较弱的化合物,极性大的组分先洗出,极性小的后流出。

在液-液分配色谱中,流动相和固定相都是液体,作为固定相的液体键合在很细的惰性载体上,可用于极性、非极性、水溶性、油溶性、离子型和非离子型等各种类型的分离分析。

2. 基本原理

液-液分配色谱的分离原理也是根据物质在两种互不相溶液体中溶解度的不同而具有不同的分配系数。所不同的是液-液色谱分配是在柱中进行的,这种分配平衡可反复多次进行,造成各组分的差速迁移,提高了分离效率,从而能分离各种复杂组分。

根据所使用的流动相和固定相的极性程度,液-液分配色谱可分为正相分配色谱和反相分配色谱。若采用流动相的极性小于固定相的极性,称为正相分配色谱,它适用于极性化合物的分离,其流出顺序是极性小的先流出,极性大的后流出;若采用流动相的极性大于固定相的极性,称为反相分配色谱,它适用于非极性化合物的分离,其流出顺序与正相分配色谱恰好相反。

3. 流动相与固定相

在分配色谱中,除一般要求外,还要求流动相尽可能不与固定相互溶。

在正相分配色谱中,使用的流动相类似于液固色谱中使用极性吸附剂时应用的流动相。此时流动相主体为己烷、庚烷,可加入小于 20% 的极性改性剂,如 1-氯丁烷、异丙醚、二氯甲烷、四氢呋喃、氯仿等。

在反相分配色谱中,使用的流动相类似于液固色谱中使用非极性吸附剂时应用的流动相。此时流动相的主体为水,可加入一定量的改性剂,如二甲基亚砜、乙二醇、乙腈、甲醇、丙酮等。

分配色谱固定相有两部分组成,一部分是惰性载体;另一部分是涂渍在惰性载体上的固定液。

再分配色谱分析法中使用的惰性载体,主要为一些固体吸附剂,如全多孔球形或无定形微粒硅胶、全多孔氧化铝等。

8.2.3 化学键合相色谱法

化学键合相色谱法(CBPC)是在液-液分配色谱法的基础上发展起来的液相色谱法。由于液-液分配色谱法是采用物理浸渍法将固定液涂渍在担体表面,分离时载体表面的固定液易发生流失,从而导致柱效和分离选择性下降。因此,为了解决固定液的流失问题,将各种不同的有机基团通过化学反应键合到载体表面的游离羟基上,而生成化学键合固定相,并进而发展成CBPC法。由于它代替了固定液的机械涂渍,因此对液相色谱法的迅速发展起着重大作用,可以认为它的出现是液相色谱法的一个重大突破。

化学键合固定相对各种极性溶剂均有良好的化学稳定性和热稳定性。由化学键合法制备的色谱柱柱效高、使用寿命长、重现性好,几乎对各种非极性、极性或离子型化合物都有良好的选择性,并可用于梯度洗脱操作,并已逐渐取代液-液分配色谱。

1. 基本原理

正相键合相色谱法分离原理：在正相键合相色谱法中，共价结合到载体上的基团都是极性基团，流动相溶剂是与吸附色谱中的流动相很相似的非极性溶剂。正相键合相色谱法的分离机理属于分配色谱。

反相键合相色谱法分离原理：在反相键合相色谱法中，一般采用非极性键合固定相，采用强极性的溶剂为流动相。其分离机理可用疏溶剂理论来解释，该理论认为，键合在硅胶表面的非极性基团有较强的疏水特性。当用极性溶剂作为流动相来分离含有极性官能团的有机化合物时，有机物分子的非极性部分与固定相表面上的疏水基团产生缔合作用，使它保留在固定相中；该有机物分子的极性部分受到极性流动相的作用，促使它离开固定相，并减小其保留作用。这两种作用力之差决定了被分离物在色谱中的保留行为。不同溶质分子这种能力之间的差异导致各组分流出色谱柱的速度不一致，从而使各组分得以充分分离。

2. 流动相

在键合相色谱中使用的流动相类似于液-固吸附色谱、液-液分配色谱中的流动相。

正相键合相色谱的流动相。正相键合相色谱中，采用和正相液-液分配色谱相似的流动相，流动相的主体为己烷。为改善分离的选择性，常加入的优选溶剂为质子接受体乙醚或甲基叔丁基醚；质子给予体氯仿；偶极溶剂二氯甲烷等。

反相键合相色谱的流动相。反相键合相色谱中，采用和反相液-液分配色谱相似的流动相，流动相的主体成分为水。为改善分离的选择性，常加入的优选溶剂为质子接受体甲醇，质子给予体乙腈和偶极溶剂四氢呋喃等。

3. 固定相

化学键合固定相广泛使用全多孔或薄壳型微粒硅胶作为基体，这是由于硅胶具有机械强度好、表面硅羟基反应活性高、表面积和孔结构易控制的特点。

化学键合固定相按极性大小可分为非极性、弱极性、极性化学键合固定相三种。非极性烷基键合相是目前应用最广泛的柱填料。

8.2.4　离子交换色谱法

离子交换色谱法是利用离子交换原理和液相色谱技术的结合来测定溶液中阳离子和阴离子的一种分离分析方法。凡在溶液中能够电离的物质，通常都可用离子交换色谱法进行分离，其应用范围比较广泛。

1. 基本原理

离子交换色谱法是利用不同待测离子对固定相亲和力的差别来实现分离的。其固定相采用离子交换树脂，树脂上分布有固定的带电荷基团和游离的平衡离子。当被分析物质电离后，产生的离子可与树脂上可游离的平衡离子进行可逆交换，其交换反应通式如下。

阳离子交换：

$$R-SO_3^-H^+ + M^+ \rightleftharpoons R-SO_3^-M^+ + H^+$$

阴离子交换：

$$R-NR_3^+Cl^- + X^- \rightleftharpoons R-NR_3^+X^- + Cl^-$$

一般形式：

$$R-A + B \rightleftharpoons R-B + A$$

当反应达平衡时,用浓度表示的平衡常数为

$$K_{B/A} = \frac{[B]_r[A]}{[B][A]_r}$$

式中:$[A]_r$、$[B]_r$为树脂相中洗脱剂离子(A)和试样离子(B)的平衡浓度,$[A]$、$[B]$为它们在溶液中的平衡浓度。

离子交换反应的选择性系数$K_{B/A}$表示试样离子B对于A型树脂亲和力的大小:$K_{B/A}$越大,说明B离子交换能力越大,越易保留而难于洗脱。一般说来,B离子电荷越大,水合离子半径越小,$K_{B/A}$就越大。

对于典型的磺酸型阳离子交换树脂,一价离子的$K_{B/A}$按以下顺序：

$$Cs^+ > Rb^+ > K^+ > NH_4^+ > Na^+ > H^+ > Li^+$$

二价离子的顺序为：

$$Ba^{2+} > Pb^{2+} > Sr^{2+} > Ca^{2+} > Cd^{2+} > Cu^{2+}, Zn^{2+} > Mg^{2+}$$

对于季铵型强碱性阴离子交换树脂,各阴离子的选择性顺序为：

$$ClO_4^- > I^- > HSO_4^- > SCN > NO_3^- > Br^- > NO_2^- > CN^- > Cl^- > BrO_3^- > OH^-$$
$$HCO_3^- > H_2PO_4^- > IO_3^- > CH_3COO^- > F^-$$

2.流动相

离子交换色谱法所用流动相大都是一定pH和盐浓度的缓冲溶液。通过改变流动相中盐离子的种类、浓度和pH可控制容量因子是的大小来改变选择性。

对于阴离子交换树脂来说,各种阴离子的滞留次序为：

$$柠檬酸离子 > SO_4^{2-} > C_2O_4^{2-} > I^- > NO_3^- > CrO_4^{2-} > Br^- > SCN^- >$$
$$Cl^- > HCOO^- > CH_3COO^- > OH^- > F^-$$

所以用柠檬酸离子洗脱要比用氟离子快。阳离子的滞留次序大致为：

$$Ba^{2+} > Pb^{2+} > Ca^{2+} > Ni^{2+} > Cd^{2+} > Cu^{2+} > Co^{2+} > Zn^{2+} > Mg^{2+} >$$
$$Ag^+ > Cs^+ > Rb^+ > K^+ > NH_4^+ > Na^+ > H^+ > Li^+$$

其差别不如阴离子明显。关于pH的影响,要视不同情况而定。

3.固定相

作为固定相的离子交换剂,其基质大致有合成树脂、纤维素和硅胶。而离子交换剂又有阳离子和阴离子之分。再根据功能基的离解度大小,还有强弱之分。其中强酸或强碱性离子交换树脂较稳定,因此在高效液相色谱中应用较多。

常用的离子交换剂固定相大致可分多孔型离子交换树脂、薄膜型离子交换树脂、表面多孔型离子交换树脂和离子交换键合固定相。多孔型离子交换树脂主要是聚苯乙烯和二乙烯苯基的交联聚合物,直径约为 $5\sim20\ \mu m$,有微孔型和大孔型之分。由于交换基团多,具有高的交换容量;对温度的稳定性亦好。但它在水或有机溶剂中易发生膨胀,造成传质速率慢,柱效低,难以实现快速分离。薄膜型离子交换树脂是在直径约 $30\ \mu m$ 的固体惰性核上。表面多孔型离子交换树脂是在固体惰性核上覆盖一层微球硅胶,再在上面涂一层很薄的离子交换树脂。薄膜型和表面多孔型树脂传质速率快,具有高的柱效,能实现快速分离,同时很少发生溶胀;但由于表层上离子交换树脂量有限,交换容量低,柱子容易超负荷。离子交换键合固定相是用化学反应将离子交换基团键合到惰性载体表面。它也分为两种类型:一种是键合薄壳型,其载体是薄壳玻珠;另一种是键合微粒载体型,它的载体是多孔微粒硅胶。后者是一种优良的离子交换固定相,其机械性能稳定,可使用小粒度固定相和柱的高压来实现快速分离。

8.2.5　其他高效液相色谱法

1. 离子对色谱法

离子对色谱法(IPC)曾被称为萃取色谱,它是将具有与被测离子型化合物相反电荷的离子加到流动相或固定相中,并与被测离子形成离子对后再被有机溶剂萃取分离的一种色谱方法。其保留机制通常认为是形成了离子对,也有认为是存在着离子交换等。离子对的机理可简单地用下式表示

$$A^+_{水相}+B^-_{水相}\rightleftharpoons(A^+B^-)_{有机相}$$

式中:A^+ 为溶质组分;B^- 为加入的配对阴离子(溶质组分也可是 A^-,配对则为 B^+)。

形成的离子对化合物(A^+B^-)极性较小,具有疏水性,易溶于有机溶剂,可被非极性的有机溶剂提取,其萃取平衡常数 K_{AB} 可表示为

$$K_{AB}=\frac{\left[A^+B^-\right]_{有机相}}{\left[A^+\right]_{水相}\left[B^-\right]_{水相}}$$

在色谱中,溶质的分配系数为

$$k=\frac{\left[A^+B^-\right]_{有机相}}{\left[A^+\right]_{水相}}=K_{AB}\left[B^-\right]_{水相}$$

由此可知,分配系数与萃取平衡常数、配对离子的浓度有关。离子对色谱的保留机制,在于不同组分形成离子对的能力不同,所形成的离子对的疏水性质也不同,因而组分在固定相滞留的保留时间也就不同了。控制保留值的最简便办法是控制配对离子的浓度。

离子对色谱的固定相是将固定液涂布在载体上。常用的载体在正相技术中为多孔型硅胶微粒,固定液可采用水溶液。在反相技术中则可采用非极性键合固定相,如十八烷基键合硅烷的固定液采用有机溶剂,当被分析的溶质为羧酸时,配对离子为四丁基铵正离子;溶质为胺类时,配对离子可采用 ClO_4^-、苦味酸盐等。

离子对色谱法使用的流动相多采用二元或三元有机溶剂,反相技术中则多采用有机溶剂加水溶液体系。改变流动相的极性可以改变溶质的分配比 k',在正相技术中,流动相极性越大,则溶质的 k' 值也就越小,反相技术则正好相反。另外,流动相的 pH 值及其组成也直接影响到 k' 值。

离子对色谱法应用广泛,发展迅速,特别是在合成药物的分离分析中有着重要的发展

前景。

2. 亲和色谱法

利用流动相中的生物大分子和固定相表面偶联的特异性配基发生亲和作用能力的差别，对溶液中的溶质进行有选择地吸附从而达到分离的方法。当含有亲和物的试样流经固定相时，亲和物就与配基结合而与其他组分分离。待其他组分先流出色谱柱后，通过改变流动相的pH或组成，以降低亲和物与配基的结合力，将保留在柱上的大分子以纯品形式洗脱下来。

亲和色谱法是一种选择性过滤，具有纯化效率、高选择性强等特点，是分离和纯化生物大分子的重要手段之一。

3. 凝胶色谱分析法

凝胶色谱分析法又称分子排阻色谱法，它是按分子大小进行分离的一种色谱分析方法。凝胶色谱分析法的固定相凝胶是一种多孔性的聚合材料，有一定的形状和稳定性。当被分离的混合物随流动相通过色谱柱时，尺寸大的组分不发生渗透作用，沿凝胶颗粒间孔隙随流动相流动，流程短，流动速度快，先流出色谱柱。尺寸小的组分则渗入凝胶颗粒内，流动速度慢，流程长，后流出色谱柱。

按所用流动相的不同将凝胶色谱法分为两类，即用水溶剂作流动相的凝胶过滤色谱法与用有机溶剂如四氢呋喃作流动相的凝胶渗透色谱法。

凝胶色谱分析法主要用来分析高分子物质的相对分子质量分布，以此来鉴定高分子聚合物。由于聚合物的相对分子质量及其分布与其性能有着密切的关系，因此凝胶色谱的结果可用于研究聚合机理，选择聚合工艺及条件，凝胶色谱作为一个预分离手段，再配合其他分离方法，能有效地解决各种复杂的分离问题。

8.3 高效液相色谱的分析方式

高效液相色谱主要用于复杂成分混合物的分离、定性与定量。由于高效液相色谱仪分析样品的范围不受沸点、热稳定性、相对分子质量大小、有机物和无机物的限制，一般只要能制成溶液就可分析，因此应用比较广泛。

8.3.1 定性分析

相色谱的定性方法，可分为色谱鉴定法和非色谱鉴定法两类。色谱鉴定法是利用纯物质和样品的保留时间或相对保留时间相互对照进行。非色谱鉴定法有两种类型，一类是化学定性法，利用专属性化学反应对分离后收集的组分定性；另一类是两谱联用定性，当组分分离度足够大时，将分离后收集的溶液除去流动相，即可获得该组分的纯品。如果反复进样及收集，可得到 1 mg 左右的纯组分。于是利用红外光谱、质谱或核磁共振谱等手续作鉴定。由于高效液相法进样量较大，流出的纯组分比气相色谱法容易收集，容易开展色谱联用技术。此法不但可以定性，也可以推断未知物的结构。在 LC-MS 联用仪器尚未商品化之前，这种联用技术也是行之有效的。

8.3.2 定量分析

1.外标法

精密称(量)取对照品和试样,配制成溶液,分别精密取一定量,注入仪器,记录色谱图,测量对照品溶液和试样溶液中待测成分的峰面积(或峰高),按下式计算含量。

$$含量(c_x) = c_R \frac{A_x}{A_R}$$

式中:A_x 为待测组分的峰面积或峰高;A_R 为对照品的峰面积或峰高;c_x 为待测组分的浓度;c_R 为对照品的浓度。

由于微量注射器不易精确控制进样量,当采用外标法测定试样中成分或杂质含量时,以定量环或自动进样器进样为好。

2.内标法

精密称取对照品和内标物质,分别配成溶液,精密量取各适量,混合配成校正因子测定用的对照溶液。取一定量注入仪器,记录色谱图。测量对照品和内标物质的峰面积或峰高,按下式计算校正因子:

$$校正因子(f) = \frac{(A_s/c_s)}{(A_R/c_R)}$$

式中:A_s 为内标物质的峰面积或峰高;A_R 为对照品的峰面积或峰高;c_s 为内标物质的浓度;c_R 为对照品的浓度。

再取含有内标物质的试样溶液,注入仪器,记录色谱图,测量试样中待测组分和内标物质的峰面积,按下式计算含量:

$$含量(c_x) = \frac{f \cdot A_x}{(A'_s/c'_s)}$$

式中:A_x 为试样中待测组分(或其杂质)的峰面积或峰高;c_x 为试样中待测组分的浓度;A'_s 为内标物质的峰面积或峰高;c'_s 为内标物质的浓度;f 为校正因子。

3.面积归一化法

配制试样溶液,取一定量注入仪器,记录色谱图。测量各峰的面积和色谱图上除溶剂峰以外的总色谱峰面积,计算各峰面积占总峰面积的百分率。

8.4 高效液相色谱的固定相和流动相

8.4.1 固定相

高效液相色谱的固定相以承受高压能力来分类,可分为刚性固体和硬胶两大类。刚性固体以二氧化硅为基质,能承受高压,可制成直径形状孔隙度不同的颗粒。如果在二氧化硅表面键合各种官能团,就是键合固定相,应用范围扩大,它是目前最广泛使用的一种固定相。硬胶主要用于离子交换和尺寸排阻色谱中,它由聚苯乙烯与二乙烯苯基交联而成。固定相按孔隙深度分类,可分为表面多孔微粒型和全多孔微粒型固定相两类。

表面多孔型固定相是在实心玻璃珠外面覆盖一层多孔活性材料,如硅胶、氧化铝、离分子筛、聚酰胺等,以形成无数向外开放的浅孔。表面活性材料为氧化铝的固定相多孔层厚度小,孔浅,相对死体积小,出峰迅速柱效高;颗粒较大,渗透性好,装柱容易,梯度淋洗时迅速达平衡,较适合做常规分析。但是缺点是多孔层厚度薄,最大允许量受限制。

全多孔微粒型固定相由硅胶微粒凝聚而成。这类固定相由于颗粒很细可以达到5～10 μm,孔较浅,传质速率快,易实现高效、高速,特别适合复杂混合物分离及痕量分析。

根据分离模式的不同而采用不同性质的固定相,如活性吸附剂、键合有不同极性分子官能团的化学键合相、离子交换剂以及可以具有一定孔径范围的多孔材料,从而分别用作吸附色谱、键合色谱、离子交换色谱和排阻色谱的固定相。

8.4.2　流动相

液相色谱的流动相又称为洗脱液、淋洗液等等。流动相的组成、极性改变使组分分配系数发生变化,能显著改变组分分离状况,因此改变流动相的组成和极性是提高分离度的重要手段。

用作高效液相色谱流动相溶剂要满足以下几点要求。

①与固定相不互溶,不发生化学反应。

②对样品要有适宜的溶解度。

③必须与检测器相适应。

④流动相的黏度要小,可以降低色谱柱的阻力而提高柱效,同时避免损坏泵。

⑤纯度高,不含机械杂质。

⑥容易得到,无毒并且使用安全。

⑦作为流动相的溶剂沸点要高于55℃,低沸点的溶剂挥发度大,易导致流动相浓度或者组成发生变化,同时也容易产生气泡。

表 8-1 为常用于高效液相色谱中流动相溶剂。

表 8-1　常用高效液相色谱流动相溶剂

溶剂	紫外截止波长/nm	折射率	沸点/℃	黏度/mPa·s	溶剂极性参数(P')	溶剂强度参数(ε^0)	介电常数ε(20℃)
异辛烷	197	1.389	99	0.47	0.1	0.01	1.94
正庚烷	195	1.385	98	0.40	0.2	0.01	1.92
正己烷	190	1.372	69	0.30	0.1	0.01	1.88
环戊烷	200	1.404	49	0.42	−0.2	0.05	1.97
1-氯丁烷	220	1.400	78	0.42	1.0	0.26	7.4
溴乙烷		1.421	38	0.38	2.0	0.35	9.4
四氢呋喃	212	1.405	66	0.46	4.0	0.57	7.6

续表

溶剂	紫外截止波长/nm	折射率	沸点/℃	黏度/mPa·s	溶剂极性参数(P')	溶剂强度参数(ε^0)	介电常数$\varepsilon(20℃)$
丙胺		1.385	48	0.36	4.2		5.3
丙酮	330	1.356	56	0.3	5.1	0.56	
乙酸乙酯	256	1.370	77	0.43	4.4	0.53	6.0
氯仿	245	1.443	61	0.53	4.1	0.40	4.8
甲乙酮	329	1.376	80	0.38	4.7	0.51	18.5
水		1.333	100	0.89	10.2		80

8.5　高效液相色谱仪

以液体为流动相,采用高压输液泵、高效固定相和高灵敏度检测器等装置的液相色谱仪称为高效液相色谱仪。现代高效液相色谱仪的种类很多,根据其功能不同,可分为分析型、制备型和专用型。无论高效液相色谱仪在复杂程度以及各种部件的功能上有多大的差别,就其基本原理而言是相同的,一般由 5 部分组成,分别是输液系统、进样系统、分离系统、检测系统以及数据处理系统。图 8-1 所示为高效液相色谱仪的仪器结构图。

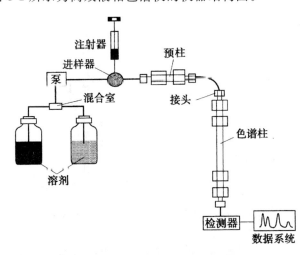

图 8-1　高效液相色谱仪仪器结果图

1.高压输液系统

高压输液系统由储液槽、高压输液泵、过滤器、梯度洗脱装置等组成,其核心部件是高压输液泵,其作用是将流动相以稳定的流速或压力输送到色谱分离系统。高压输液泵应具备较高的压力,且输出流量精度要高,并有较大的调节范围,一般分析型仪器流量为 0.1~10 ml·min⁻¹。制备型为 50~100 ml·min⁻¹;流量应稳定,因为它不仅影响柱效,而且直接影响到峰面积的重现性,从而影响定量分析的精度以及分辨率和保留值;高压泵输出压力还应平稳无脉动,否则会使检测器噪声加大,最小检测限变坏。此外,还应具备耐酸、耐碱、耐缓冲液腐蚀、死体积小、容易清洗、更换溶剂方便等特点。

储液槽用来盛放流动相。流动相必须很纯,储液槽材料要耐腐蚀。通常采用 1~2 L 的大容量玻璃瓶,也可使用不锈钢制成。储液槽应配有溶剂过滤器,过滤器防止微小的机械杂质进入流动相,导致加工精度非常高的高压输液泵等仪器的部件损坏。

高压输液泵是高效液相色谱的主要部件之一,高压输液泵应具有压力平稳,脉冲小,流量稳定可调,耐腐蚀等特性。在高效液相色谱中,为了获得高柱效而使用粒度很小的固定相,液体流动相高速通过时,将产生很高的压力,其工作压力范围为 $1.5 \times 10^2 \sim 3.5 \times 10^7$ Pa,因此对泵的耐磨性、密封性及加工精度要求极高。

常用的高压输液泵有恒流泵和恒压泵两种类型。

①恒流泵可保持在工作中给出稳定的流量,流量不随系统阻力变化。

②恒压泵可保持输出的流动相压力稳定,流量则随系统阻力改变,造成保留时间的重现性差。

目前,在高效液相色谱中采用的主要是恒流泵,有机械注射泵和机械往复柱塞泵两种主要类型,其中又以机械往复柱塞泵为主。机械往复柱塞泵的结构示意图如图 8-2 所示。在泵入口和出口装有单向阀,依靠液体压力控制。吸入液体时,进口阀打开,出口阀关闭,而排出液体时相反。由其原理可知,这种泵存在着输液脉冲,可通过采取双柱塞和脉冲阻尼器来减小脉冲。

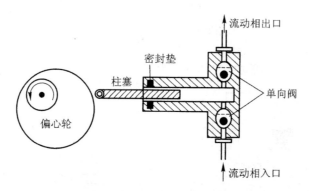

图 8-2　机械往复塞泵的结构示意图

在分离过程中通过逐渐改变流动相的组成增加洗脱能力的方法称之为梯度洗脱。通过梯度装置将两种或三种、四种溶剂按一定比例混合进行二元或三元、四元梯度洗脱。梯度洗脱一般采用低压梯度,低压梯度采用低压混合设计,只需一个高压泵。在常压下,将两种或两种以上溶剂按一定比例混合后,再由高压泵输出,梯度改变可呈线性、指数型或阶梯型。梯度脱洗装置的脱洗技术可以改进复杂样品的分离,改善峰形,减少拖尾缩短分析时间,并且能降低最小检测量和提高分离精度。

---

2. 进样系统

高效液相色谱进样普遍使用高压进样阀,用微量注射器将样品注入样品、环管,样品环管有不同的尺寸,可根据分析要求选用,图 8-3 所示为六通高压进样阀进样示意图。当进样阀手柄放在吸液位置时,流动相直接通过孔 2 和孔 3 之间的通路流向色谱柱。样品通过注射器从孔 4 进入样品环管,过量的样品从出口孔 6 排出。然后将手柄转到进样位置,此时流动相便将样品带入柱子。

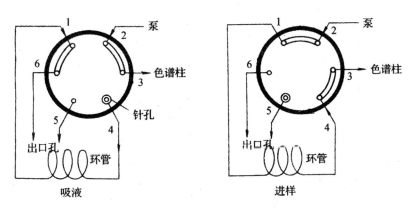

图 8-3　六通高压进样阀示意图

3. 色谱分离系统

色谱分离系统主要指色谱柱,是色谱系统的心脏,样品在此完成分离。色谱分离系统包括色谱柱、恒温装置和连接阀三部分。分离系统性能的好坏是色谱分析的关键。对色谱柱的要求是柱效高、选择性好、分析速度快。

色谱柱由柱管和固定相组成。因为色谱柱要耐高温以及耐流动相和样品的腐蚀,所以柱管材料通常为不锈钢,按规格可将色谱柱分为分析型和制备型两类。其中分析柱又可分为常量柱、半微量柱和毛细管柱。常量分析柱柱长为 10~30 cm,内径为 2~4.6 mm;半微量柱柱长为 10~20 cm,内径为 1~1.5 mm;毛细管柱柱长为 3~10 cm,内径为 0.05~1 mm;实验室制备柱柱长为 10~30 cm,内径为 20~40 mm。

高效液相色谱法的装柱是一项需要技巧的工作,对色谱分离效果影响较大。根据固定相微粒的大小,填充色谱柱的方法有干法和湿法两种。如果微粒直径大于 20 μm 的可用干法填充,方法与气相色谱法相同;微粒直径在 10 μm 以下的,则只能用湿法装柱,即先将填料配成悬浮液贮于容器中,然后在高压泵的作用下压入色谱柱。

在进样器和色谱柱之间还可以连接预柱或保护柱,这样可以防止来自流动相或样品中不溶性微粒堵塞色谱柱。同时预柱还能提高色谱柱寿命,但是会增加峰的保留时间,降低保留值较小组分的分离效率。

4.检测系统

检测器的作用是把洗脱液中组分的浓度转变为电信号,并由数据记录和处理系统绘出谱图来进行定性和定量分析。高效液相色谱法的检测器要求噪声低、灵敏度高、线性范围宽、重复性好和适用范围广。

检测器按测量性质可分为通用型和专属型也称选择性。通用型检测器测量的是一般物质都有的性质,它对溶剂和溶质组分均有反应,比如蒸发光散射检测器。通用型的灵敏度通常会比专属型的低一些。专属型检测器只能检测某些组分的某一性质,比如紫外、荧光检测器,它们只对有紫外吸收或荧光发射的组分有响应。按原理可分为光学检测器、热学检测器、电化学检测器、放射性检测器以及氢火焰离子化检测器。按检测方式分为质量型和浓度型。质量型检测器的响应与单位时间内通过检测器的组分的量有关,浓度型检测器的响应与流动相中组分的浓度有关。检测器还可分为破坏样品和不破坏样品的两种。

①荧光检测器。

荧光检测器属于高灵敏度、高选择性的检测器,仅对某些具有荧光特性的物质有响应,如多环芳烃,维生素 B、黄曲霉素、卟啉类化合物、农药、药物、氨基酸、甾类化合物等。其基本原理是在一定条件下,荧光强度与流动相中的物质浓度成正比。典型荧光检测器的光路,如图 8-4 所示。为避免光源对荧光检测产生干扰,光电倍增管与光源成 90°角。荧光检测器具有较高的灵敏度,比紫外检测器的灵敏度高 $2\sim3$ 个数量级,检出限可达 $10^{-12}\ \text{g}\cdot\text{mL}^{-1}$。但线性范围仅为 10^{3},且适用范围较窄。该检测器对流动相脉冲不 感,常用流动相也无荧光特性。

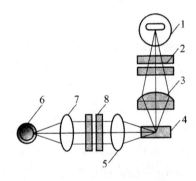

图 8-4　荧光检测器示意图

1—光电倍增管;2—发射滤光片;3—透镜;8—样品流通池;

8—透镜;6—光源;7—透镜;8—激发滤光片

②紫外吸收检测器。

它是目前应用最广的液相色谱检测器,对大部分有机化合物有响应,已成为高效液相色谱的标准配置。紫外检测器具有灵敏度高,线性范围宽,死体积小,渡长可选,易.于操作等特点。

图 8-5 所示为紫外-可见吸收检测器的光路结构示意图,它主要由光源、光栅、波长狭缝、吸收池和光电转换器件组成。光栅主要将混合光源分解为不同波长的单色光,经聚焦透过吸收池,然后被光敏元件测量出吸光度的变化。

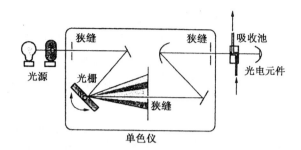

图 8-5　紫外-可见吸收检测器的光路结构示意图

③示差折光检测器。

示差折光检测器是一种通用型检测器,因为各种物质都有不同的折光指数,凡是具有与流动相折射率不同的组分,都可以使用这种检测器进行检测。它是根据折射率原理制成的,可以连续检测样品池中流出物和参比池流动相之间的折光指数差值,而这一差值和样品的浓度是成比例的关系。它操作方便并且不破坏样品,但灵敏度偏低,不适用于痕量分析,对温度变化敏感,不能用于梯度洗脱。

④电化学检测器。

电化学检测器功能主要如下。

·根据溶液的导电性质,依据测定离子溶液电导率的大小来测量离子浓度;

·根据被测物在电解池中工作电极上所发生的氧化—还原反应,通过电位、电流和电量的测量,确定被测物在溶液中的浓度。

对那些不能发生荧光无或者是紫外吸收,但具有电活性的物质,均可用电化学检测器进行检测。目前,电化学检测器主要有 4 种即电导、安培、极谱和库仑。此外,电化学检测器所用流动相必须具有导电性,因此一般使用极性溶剂或水溶液,主要是盐的缓冲液作流动相。

5.数据处理系统

20 世纪 80 年代后,计算机技术的广泛应用使得高效液相色谱法的操作更加准确、简便、快速。高效液相色谱的数据处理系统主要有记录仪、色谱数据处理机和色谱工作站,其作用是记录和处理色谱分析的数据。目前使用比较广泛的是色谱数据处理机和色谱工作站。

8.6　高效液相色谱实验技术

8.6.1　分离方式的选择

通常总是从相对分子质量出发来选择何种类型的 HPLC 来进行分析的,考虑样品的水溶性、样品分子的结构和极性,参照图 8-6 来选择分离方式。

对于一些特殊试样,可以采用其他类型的液相色谱法进行分析。例如,异构体能采用吸附色谱法进行分析,也能采用手性固定相或含手性添加剂的流动相进行色谱分析。

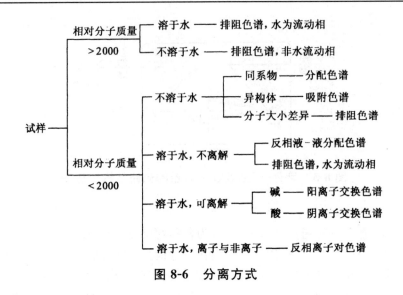

图 8-6　分离方式

8.6.2　色谱柱性能的测试

色谱柱性能测试包括柱效和色谱峰对称性的测试。其中,反相柱的理论塔板数在$(3\sim4)\times10^4$ m^{-1} 范围内,正相柱的理论塔板数在$(4\sim5)\times10^4$ m^{-1} 范围内。被测峰的不对称因子 A_s 在 0.8~1.6 范围内。

对于反相柱,用 5×10^{-5} g·ml^{-1} 尿嘧啶、1×10^{-4} g·ml^{-1} 萘、2×10^{-4} g·ml^{-1} 蒽、2×10 g·ml^{-1} 联苯的甲醇溶液作为标准溶液,正相柱用 1×10^{-5} g·ml^{-1} 蒽和 1×10^{-4} g·ml^{-1} 硝基苯的止庚烷溶液作为标准溶液。具体做法如下。

将液相色谱仪各部分连接好,反相柱用甲醇/水为流动相,流速为 1 mm·s^{-1},紫外检测器波长为 254 nm,灵敏度 0.16。仪器平衡后,注入 10 μl 反相柱检测溶液,记录色谱图。由下式计算色谱柱效,重复 3 次取平均值。

$$n = 5.54\left(\frac{t_R}{W_{h/2}}\right)^2 \cdot \frac{1000}{L}$$

式中:t_R 为色谱峰的保留时间,min;$W_{h/2}$ 为色谱峰半高峰宽,mm;L 为色谱柱长,mm。

正相柱用正庚烷/乙酸乙酯做流动相,注入正相柱检测溶液,试验条件及数据处理同反相色潜柱。色谱峰对称性的测试条件同测定柱效的条件。在测定色谱柱柱效的同时,按下式算出色谱峰的不对称因子 A_s。

$$A_s = \frac{b}{a}$$

式中:a、b 为通过 1/10 峰高处并平行于峰底的直线被峰两侧及峰高截取的两线段长度。

8.6.3　梯度洗脱

HPLC 中的梯度洗脱相当于 GC 中的程序升温。梯度洗脱是指在一个分析周期中,按一定的程序连续改变流动相中溶剂的组成和配比,使样品中的各个组分都能在适宜的条件下得到分离。

梯度洗脱可以改善峰形,提高柱效,减少分析时间,使强保留成分不易残留在柱上,从而保持柱子的良好性能。但梯度洗脱会引起基线漂移,有时重现性差,这时需严格控制梯度洗脱的实验条件。

梯度洗脱可以分为高压梯度洗脱和低压梯度洗脱,后者较常用。梯度洗脱是分析复杂混合物特别是分离保留性能相差较大的混合物的极为重要的手段。

为了防止流动相从高压泵中流出时,释放出气泡进入检测器而使噪声加剧,甚至不能正常检测,流动相在使用之前必须进行脱气。脱气的方法有氦气脱气法、电磁脱气法和超声波脱气法。

此外,流动相在使用前还必须进行过滤,防止其中的微粒或细菌堵塞流路系统。

8.6.4　从 HPLC 色谱柱上去除样品残余物

由于样品中常含有能够吸附征色谱柱固定相上的杂质化合物,因此应经常对色谱柱进行清洗或冲洗。当色谱柱征多次进样后显示出柱效降低时,有必要采用适当的流动相对色谱柱进行处理,冲洗除去吸附在固定相上的污染物和样品残余物。其方法为:将包谱柱从系统上取下,反向连接到输液泵上。色谱柱出口不要连接到检测器上,以免污染检测器流动池。大多数的硅胶基质色谱柱反向冲洗没问题,但聚合物基质色谱柱并不能如此操作,在反向冲洗色谱柱之前最好与色谱柱生产商确认,通常要求反向冲洗流动相流速不要太大。

冲洗溶剂的选择要考虑分析的样品和使用的流动相条件,清洗流动相强度应该比流动相更强,但是条件应该尽可能的温和。具体操作如下。

(1)用适当的溶剂冲洗色谱柱的盐和强添加剂。

(2)用比分析流动相更强的溶剂冲洗,该溶剂与流动相组成相同但不含盐和酸。

(3)若认为没有完全清洗干净色谱柱,可以使用 100% 最强溶剂冲洗。

清洗时最好用与流动相组成相同的溶剂,但是当使用其他的溶剂时,要考虑到溶剂间的互溶性。另外,不要用强酸和强碱。

8.6.5　衍生化技术

液相色谱中衍生化是为了改善检测能力,包括柱前衍生化和柱后衍生化。不能进行紫外吸收或紫外吸收很弱的化合物只能通过衍生化反应在分子中引入有强紫外吸收的基团后才能被检测。常用的紫外衍生反应有苯甲酰化反应、2,8－二硝基氟代苯反应、苯基异硫氰酸酯反应、苯基磺酰氯反应、酯化反应和羰基化合物的反应等。紫外衍生化反应应选择反应产率高、重复性好的反应,过量的试剂或试剂中的杂质会干扰下一步的分离和检测,在进色谱仪之前要先进行纯化分离,同时还应注意介质对紫外吸收的影响。

荧光检测器的灵敏度比紫外检测器高几个数量级,但 HPLC 能分离的试样大多没有荧光,只有通过在目标化合物上接上能发出荧光的生色基团,才能达到荧光检测的目的。常用的荧光衍生化试剂有丹磺酰氯、丹磺酰肼、荧光胺、OPA 等。荧光衍生的衍生物不需纯化,能直接进样。

除了可以进行上述液相衍生化反应外,还能进行固相化学衍生化反应。固相化学衍生化反应将衍生化小型柱直接与色谱仪器的进样器连接,实际上也就是将固相有机合成反应移植到色谱分析中来。固定化酶反应器也是一类固相化学衍生剂。

8.6.6 联用技术

将 HPLC 与光谱或波谱技术联用是为了将 HPLC 的高分离效能和光谱、波谱仪的结构分析优势有机地结合起来,是解决复杂体系样品最有力的手段。联用技术的关键在于接口,其中,最常用、最有效的是 HPLC-MS 联用技术,现广泛使用的接口技术是电喷雾技术和离子喷雾技术,已发展的还有 HPLC-FTIR 和 HPL& NMR,LC-NMR-MS 也已用于研究中。联用技术为复杂体系样品中未知组分的在线解析提供了可能。

HPLC 与其他色谱技术的联用称为二维色谱,常见的二维色谱有 HPLC-GC、LLC-SEC、LLC-IEC 和 HPLC-CE 等。二维色谱采用柱切换技术,能够将一根色谱柱上未分开的组分在另一根柱上用不同的分离原理加以完全分离,为复杂样品的分析提供了有力的手段。

HPLC 是分析化学中发展最快、应用最广的分析方法,已成为生命科学、环境科学、材料科学、食品科学、食品质量与安全、药物检验等方面必不可少的手段,可以分离分析氨基酸、蛋白质、纤维素等。此外,与其他结构分析手段的在线联用,HPLC 还可实现已知化合物的在线检测和未知化合物的在线分析。

8.7 超临界流体色谱法

超临界流体色谱法是以超临界流体作为流动相的一种色谱方法。所谓超临界流体,是指既不是气体也不是液体的一些物质,它们的物理性质介于气体和液体之间。超临界流体色谱技术具有气相和液相所没有的优点,并能分离和分析气相和液相色谱不能解决的一些对象,发展十分迅速,被广泛应用于天然物、药物、表面活性剂、高聚物、多聚物、农药、炸药和火箭推进剂等物质的分离和分析。

8.7.1 超临界流体色谱法的原理

物质在超临界温度下,其气相和液相具有相同的密度。随温度、压力的升降,流体的密度会变化。但此时物质既不是气体也不是液体,却始终保持为流体。临界温度通常高于物质的沸点和三相点,如图 8-7 所示。

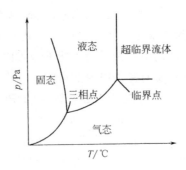

图 8-7 纯物质的相图

物质的超临界状态是指在高于临界压力与临界温度时物质的一种存在状态,其性质介于液体和气体之间,具有气体的低黏度、液体的高密度。虽然超临界流体的性质介于液体和气体之间,但毛细管超临界流体色谱具有液相色谱和气相色谱所不具有的优点。与气相色谱相比可处理高沸点、不挥发试样;与高效液相色谱相比则流速快具有更高的柱效和分离效率及多样化的检测方式。

另外,由于超临界流体的流动阻力要比液体小得多,故在超临界流体色谱中常使用毛细管柱,对高沸点、大分子试样的分离效率大大提高,这在液相色谱是难以实现的。超临界流体色谱中流动相的作用类似高效液相色谱的流动相。如果溶质分子溶解在超临界流体中看作类似于挥发,而大分子物质的分压很大,因此可应用比高效液相低得多的温度,实现对大分子物质、热不稳定性化合物、高聚物等的有效分离。

在超临界流体色谱中,当压力增加时,超临界流体密度增加,与组分的作用力增加,洗脱能力增强,组分的保留值减小。当压力一定时,温度升高,超临界流体密度减小,与组分的作用力减小,组分的保留值减小。

8.7.2　超临界流体色谱仪

超临界流体色谱的一般结构流程如图 8-8 所示,超临界流体(CO_2)在进入高压泵之前需要预冷却,高压泵将液态流体经脉冲抑制器注入恒温箱中的预柱,进行压力和温度的平衡,形成超临界状态的流体后,再进入分离柱,为保持柱系统的压力,还需要在流体出口处安装限流器。

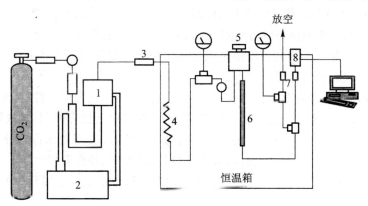

图 8-8　超临界流体色谱仪结构流程示意图

1—高压泵;2—冷冻装置;3—脉冲抑制器;4—预平衡柱;
5—进样口;6—分离柱;7—限流器;8—检测器(FID)

(1)高压泵

在毛细管超临界流体色谱中,通常使用低流速、无脉冲的注射泵;通过电子压力传感器和流量检测器,用计算机来控制流动相的密度和流量。

(2)固定相

在超临界流体色谱中,超临界流体对分离柱填料的萃取作用比较大,可以使用固体吸附剂作为填充柱填料使用,也可以采用液相色谱中的键合固定相。所使用的毛细管柱内径为 5 μm 和 100 μm,长度 10~25 m,内部涂渍的固定液必须进行交联形成高聚物,或键合到毛细管上。

（3）限流器

限流器是超临界流体色谱中独有的部件。它的作用是让流体在其两端保持不同的相状态，并通过它实现相的瞬间转换。可采用长 $2\sim10$ cm，内径 $5\sim10$ μm 的毛细管作为限流器。限流器是位于检测器的前面还是后面需要根据检测器的特性决定。

（4）检测器

在超临界流体色谱中，流体在进入检测器之前，如果将流动相的超临界状态转变为液态后，即可使用液相色谱的检测器，其中以紫外检测器应用较多。如果在检测器之前通过限流器将超临界状态的流动相转变为气体，即可使用气相色谱检测器，其中以氢火焰离子检测器应用较多。使用氢火焰离子检测器对相对分子质量小的化合物可得到很好的结果，对相对分子质量大的化合物常得不到单峰，而是一簇峰，如把检测器加热可使相对分子质量大于 2000 的化合物获得满意的结果。

8.7.3　超临界流体色谱法的应用

与高效液相色谱法相比，由于流体的低黏度使其流动速度比在高效液相色谱仪仪中快，因此超临界流体色谱的柱效一般比高效液相色谱法法的柱效高，分离时间短。

首先，与气相色谱法比较，由于流体的扩散系数与黏度介于气体和液体之间，因此超临界流体色谱的谱带展宽比气相色谱法要小；其次，超临界流体色谱中流动相的作用类似气相色谱中流动相，流体作流相不仅载带溶质移动，而且与溶质会产生相互作用力，参与选择竞争；另外，大分子物质在超临界流体中的分压很大，因此可实现在低温下对大分子物质、热不稳定性化合物、高聚物等的分离。超临界流体色谱法比 GC 法测定相对分子质量的范围要大出好几个数量级，基本与气相色谱相当。

由于超临界流体色谱的分离特性及在使用检测器方面的更大灵活性，使不能转化为气相、热不稳定化合物等气相色谱无法分析的试样，及不具有任何活性官能团，无法检测也不便用液相色谱分析的试样，均可以方便地采用超临界色谱法分析，这类问题约占总分离问题的 25%，如天然物质、药物活性物质、食品、农药、表面活性剂、高聚物、炸药及原油等。

图 8-9 所示为超临界色谱法用填充柱，采用程序升压分析低聚乙烯获得的色谱图。

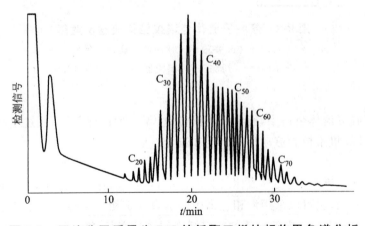

图 8-9　平均分子质量为 740 的低聚乙烯的超临界色谱分析

第9章 库仑分析

9.1 概述

库仑分析法是以测量电解过程中被测物质直接或间接在电极上发生电化学反应所消耗的电量为基础的分析方法。它和电解分析不同,其被测物不一定在电极上沉积。

库仑分析法是建立在电解过程基础上的电化学分析法。在电解过程中,电极上起反应的物质的量与通过电解池的电量成正比,每 96486.7 C 电量通过电解池,1 mol 的物质在电极上起反应,这就是法拉第电解定律。在合适的条件下测量通过电解池的电量,就可以算出在电极上起反应的物质的量,利用这一原理建立的分析方法就是库仑分析法。库仑分析法的电解过程有两类,分别是控制电位的电解过程和控制电流的电解过程。

因此,库仑分析法可分为控制电位库仑分析法和恒电流库仑滴定法,后者简称库仑滴定法。库仑分析法要求工作电极上没有其他电极反应发生,电流效率必须达到 100%。此法是目前最准确的常量分析法。控制电位库仑分析法可用于准确测定有机化合物在电极上还原或氧化时电极过程的电子转移数。

9.2 电解埋论与电解分析

9.2.1 电解现象

电解是借外电源的作用,使电化学反应向着非自发的方向进行。电解过程是在电解池的两个电极上加上直流电压,改变电极电位,使电解质在电极上发生氧化还原反应,同时电解池中有电流通过。

如在 $0.1\ mol \cdot L^{-1}$ 的 H_2SO_4 介质中,电解 $0.1\ mol \cdot L^{-1}$ $CuSO_4$ 溶液,装置如图 9-1 所示。所用电极均用铂制成,将溶液进行搅拌;阴极采用网状结构,优点是表面积较大。电解池的内阻约为 $0.5\ \Omega$。

将两个铂电极浸入溶液中,当接上外电源,外加电压远离分解电压时,只有微小的残余电流通过电解池。当外加电压增加到接近分解电压时,只有极少量的 Cu 和 O_2 分别在阴极和阳极上析出,但这时已构成 Cu 电极和 O_2 电极组成的自发电池。该电池产生的电动势将阻止电解过程的进行,称为反电动势。只有外加电压能克服此反电动势时,电解才能继续进行,电流才能显著上升。通常将两电极上产生迅速的、连续不断的电极反应所需的最小外加电压 U 称为分解电压,理论上分解电压的值就是反电动势的值,如图 9-2 所示。

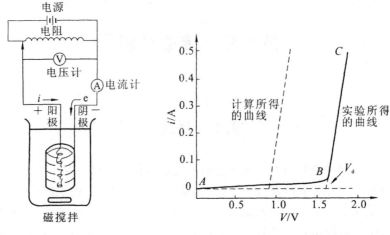

图 9-1 电解装置   图 9-2 电流－电压曲线

Cu 和 O_2 电极的平衡电位分别为

Cu 电极 $Cu^{2+}\ +\ 2e \Longrightarrow Cu$

O_2 电极 $\frac{1}{2}O_2 + 2H^+ + 2e \Longrightarrow H_2O$

从图 9-2 可知,实际所需的分解电压比理论分解电压大,超出的部分是由于电极极化作用引起的。极化结果将使阴极电位更负,阳极电位更正。电解池回路的电压降 iR 也应是电解所加的电压的一部分,这时电解池的实际分解电压为

$$V_d = (\varphi_a + \eta_a) - (\varphi_c + \eta_c) + iR$$

式中:i 为电解电流;R 为电解回路总电阻。

对于可逆电极过程,电解池中电解质的分解电压理论上等于因电极附近聚集电解产物而构成的原电池所产生的反电势 $V_{反}$

$$V_分 = V_反 = E_a - E_c$$

式中:E_a 为阳极电付;E_c 为阴极电位。

各种电对具有不同的氧化电位,因而不同的电解质也就具有不同的分解电压,这是用电解法分离各种元素的基础。

实际上,电解所需外加电压的数值总是高于分解电压的理论值。比如用铂电极进行 $1\ mol \cdot L^{-1}\ CuSO_4$ 溶液电解时,外加电压需要 $1.49\ V$,而不是 $0.89\ V$。这里多需的 $0.60\ V$ 电压,除少量消耗于整个电解回路的次电位降外,主要是用来克服由于极化所产生的阳极和阴极的超电位。在实际电解时,要使阳离子在阴极析出,外加于阴极的电位必须比理论电极电位更负一些,而要使阴离子在阳极上放电,外加于阳极的电位必须比理论电极电位更正一些。这种使电解产物析出的实际电极电位叫作析出电位。对电解分析来说,金属的析出电位比电解池的分解电压更有意义,它的数值要通过实验测得。

9.2.2 法拉第电解定律

库仑分析法是根据电解过程中消耗的电量,由法拉第定律来确定被测物质含量的方法。

库仑分析法分为恒电位库仑分析法和恒电流库仑分析法两种。前者是建立在控制电流电解过程的基础上,后者是建立在控制电位电解过程的基础上。不论哪种库仑分析法,都要求电极反应单一,电流效率达 100%,这是库仑分析法的先决条件。库仑分析法的定量依据是法拉第定律。

法拉第发现的电解定律奠定了库仑分析法的理论基础。电流通过电解池时,物质发生氧化还原的量(m)与通过的电荷量(Q)成正比,其数学表达式为

$$m = \frac{MQ}{nF}$$

恒电流电解时,$Q = it$,所以

$$m = \frac{MQ}{nF} = \frac{M}{n} \cdot \frac{it}{96487}$$

式中:m 为电解时在电极上发生反应的物质的质量,g;M 为发生反应物质的相对原子质量或相对分子质量;Q 为电解时通过的电荷量,C;n 为电极反应中转移的电子数;i 为电解时的电流强度,A;t 为电解时间,s;$F = 96487\,\mathrm{C \cdot mol^{-1}}$,为法拉第常数,表示 1 mol 电子所带电荷量的绝对值为 96487 C。

由法拉第电解定律的表达式可以看出:

电极上发生反应的物质的质量与通过的电荷量成正比,即 m 与 Q 成正比;通过相同电荷量时,电极上发生反应(生成或消耗)的各物质的质量与该物质的 $\frac{M}{n}$ 成正比。

这就是法拉第电解定律,它是自然科学中最严格的定律之一,不受温度、压力、电解质浓度、电极材料和形状、溶剂性质等因素的影响。

9.2.3　常用的电解分析方法

1.控制电位电解分析

当试样中存在两种以上的金属离子时,随着外加电压的增大,第二种离子可能被还原。为了分别测定或分离,就需要采用控制阴极电位的电解法。如以铂为电极,电解液为 0.1 mol·L^{-1} 的硫酸溶液,含有 0.1 mol·$L^{-1}Ag^+$ 和 1.0 mol·$L^{-1}Cu^{2+}$。

Cu 开始析出的电位为

$$\varphi = \varphi^{\circ}(Cu^{2+}, Cu) + \frac{0.059}{2}lg[Cu^{2+}] = 0.337 + \frac{0.059}{2}lg1.0 = 0.337 \text{ V}$$

Ag 开始析出的电位为

$$\varphi = \varphi^{\circ}(Ag^+, Ag) + 0.059lg[Ag^+] = 0.799 + 0.059lg0.01 = 0.681 \text{ V}$$

因为 Ag 的析出电位较 Cu 的析出电位止,因此 Ag^+ 先在阴极上析出,当其浓度降至 10^{-6} min·L^{-1} 时,一般可以认为 Ag^+ 已电解完全。此时 Ag 的电极电位为

$$\varphi = 0.799 + 0.059lg10^{-6} = 0.445 \text{ V} 。$$

阳极发生的是水的氧化反应,析出氧气,$\varphi_a = 1.189 + 0.72 = 1.909$ V,而电解电池的外加电压值为 $U = \varphi_a - \varphi_c = 1.909 - 0.681 = 1.228$ V,即电压控制为 1.464 V 时,Ag 电解完全,而 Cu 开始析出的电压值为 $U = \varphi_a - \varphi_c = 1.909 - 0.337 = 1.572$ V,所以 1.464 V 时,Cu

还没有开始析出。

在实际电解过程中,阴极电位不断发生变化,阳极电位也并不是完全恒定的。因为离子浓度随着电解的延续而逐渐下降,电池的电流也逐渐减小,应用控制外加电压的方式往往达不到好的分离效果。较好的方法是控制阴极电位,要实现对阴极电位的控制,需要在电解池中插入一个参比电极,例如甘汞电极等,它通过运算放大器的输出很好地控制阴极电位和参比电极电位差为恒定值。

电解测定 Cu 时,Cu^{2+} 浓度从 $1.0 \ mol \cdot L^{-1}$ 降到 $10^{-6} \ mol \cdot L^{-1}$ 时,阴极电位从 0.337 V (vs. SHE)降到 0.16 V。只要不在该范围内析出的金属离子都能与 Cu^{2+} 分离。还原电位比 0.337 V 更正的离子可以通过电解分离,比 0.16 V 更负的离子可以留在溶液中。控制阴极电位电解,开始时被测物质析出速度较快,随着电解的进行,浓度越来越小,电极反应的速率也逐渐变慢,所以电流也越来越小。当电流趋于零时,电解完成。

2. 恒电流电解分析法

电解分析有时也在控制电流恒定的情况下进行。这时外加电压较高,电解反应的速率较大,但选择性不如控制电位电解法好,往往一种金属离子还未沉淀完全时,第二种金属离子就在电极上析出。

为了防止干扰,可使用阳极或阴极去极剂,以维持电位不变,如在 Cu^{2+} 和 Pb^{2+} 的混合液中,为防止 Pb 在分离沉积 Cu 时沉淀,可以加入 NO_3^- 作为阴极去极剂。NO_3^- 在阴极上还原生成 NH_4^+,即

$$NO_3^- + 10H^+ + 8e \Longrightarrow NH_4^+ + 3H_2O$$

它的电位比 Pb^{2+} 更高,而且量比较大,在 Cu^{2+} 电解完成前可以防止 Pb^{2+} 在阴极上的还原沉积。

类似的情况也可以用于阳极,加入的去极剂比干扰物质先在阳极上氧化,可以维持阳极电位不变,它称为阳极去极剂。

3. 阴极电解分析法

若待测试液中含有两种以上金属离子时,随着外加电压的增大,第二种离子可能被还原。为了分别测定或分离就需要采用控制阴极电位的电解法。

如以铂为电极,电解液为 $0.1 \ mol \cdot L^{-1}$ 硫酸溶液,含有 $0.01 \ mol \cdot L^{-1} \ Ag^+$ 和 $1.0 \ mol \cdot L^{-1}$ Cu^{2+},Cu 开始析出的电位为

$$\varphi_{Cu^{2+}/Cu} = \varphi^{\circ}_{Cu^{2+}/Cu} + \frac{0.059}{2}lg[Cu^{2+}] = 0.337 \ V$$

Ag 开始析出的电位为

$$\varphi_{Ag^+/Ag} = \varphi^{\circ}_{Ag^+/Ag} + 0.059lg[Ag^+] = 0.681$$

由于 Ag 的析出电位较 Cu 的析出电位正,所以 Ag^+ 先在阴极上析出,当其浓度降至 $10^{-6} \ mol \cdot L^{-1}$ 时,一般可认为 Ag^+ 已电解完全。此时 Ag 的电极电位为

$$\varphi_{Ag^+/Ag} = 0.799 + 0.059lg[10^{-6}] = 0.445 \ V$$

阳极发生水的氧化反应,析出氧气。O_2 电极的平衡电位为

$$\varphi = \varphi^{\circ} + \frac{0.059}{2}\lg\left[p_{O_2}\right]^{\frac{1}{2}}\left[H^+\right]^2 = 1.23 + \frac{0.059}{2}\lg[1]^{\frac{1}{2}}[0.2]^2 = 1.189 \text{ V}$$

O_2 在铂电极上的超电位为 0.721 V,故

$$\varphi_a = 1.189 + 0.721 = 1.91 \text{ V}$$

而电解池的外加电压值为

$$V_{外} = \varphi_a - \varphi_c = 1.91 - 0.681 = 1.229 \text{ V}$$

这时 Ag 开始析出,到

$$V_{外} = \varphi_a - \varphi_c = 1.91 - 0.445 = 1.465 \text{ V}$$

即 1.465 V 时,Ag 电解完全。而 Cu 开始析出的电压值为

$$V_{外} = \varphi_a - \varphi_c = 1.91 - 0.337 = 1.573 \text{ V}$$

故 1.465 V 时,Cu 还没有开始析出。当外加电压为 1.573 V 时,在阴极上析出 Cu。因此,控制外加电压不高于 1.573 V,便可将 Ag 与 Cu 分离。

在实际分析中,通常是通过比较两种金属阴极还原反应的极化曲线,来确定电解分离的适宜控制电位值。图 9-3 所示为甲、乙两种金属离子电解还原的极化曲线。从图中可看出,要使金属离子甲还原,阴极电位需大于 a,但要防止金属离子乙析出,电位又需小于 b。因此,将阴极电位控制在 a、b 之间,就可使金属离子甲定量地析出而金属离子乙仍留在溶液中。

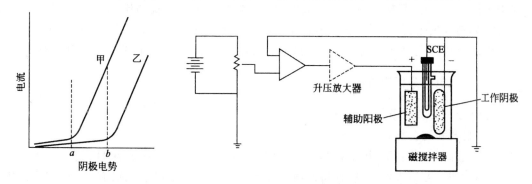

图 9-3　电解还原的极化曲线　　　图 9-4　恒阴极电位电解用装置

要实现对阴极电位的控制,需要住电解池中插入一个参比电极,如甘汞电极,它和工作电极阴极构成回路,其装置如图 9-4 所示。它通过运算放大器的输出可很好地控制阴极电位和参比电极电位的差为恒定值。

控制阴极电位电解,开始时被测物质析出较快,随着电解的进行,浓度越来越小,电极反应的速率也逐渐变慢,因此电流也越来越小。当电流趋于零时,电解完成。

4. 汞阴极电解分析法

前述两种电解方法都是在铂电极上进行的,如果电解时以汞为阴极,以铂为阳极,则这种电解方法就是汞阴极电解分析法。

进行汞阴极电解的电解池装置如图 9-5 所示。

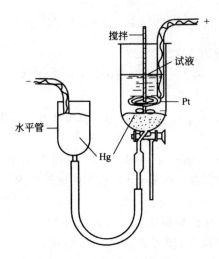

图 9-5　汞阴极电解装置

汞阴极电解分析法一般不直接用于测定,而是用作一种分离手段。汞阴极电解法常用于提纯分析用的试剂,如提纯制备伏安分析的高纯度电解质;将电位较正的 Cu、Pb 和 Cd 等浓缩在汞中而与 U 分离来提纯铀。汞阴极电解法也常用于分离干扰物质,如痕量重金属离子的存在可以抑制或失去酶的活性,因此在酶分析中,可用此法除去溶液中的重金属离子。汞阴极电解法用于分离的主要优点是可以除去试样溶液中的大量成分,以利于微量组分的测定。

9.2.4　电解分析实验条件

电解分析的实验条件主要有以下四点。

(1)酸度和配合剂

酸度过高,金属水解,可能析出待测物的氧化物;酸度过低,可能有 H^+ 析出。当要在碱性条件下电解时,可加入配合剂,使待测离子保留在溶液中。如电解沉积 Ni^{2+},在酸性或中性都不能使其定量析出,但加入氨水后,可防止 H^+ 析出,形成 $Ni(NH_3)_6^{2+}$ 可防止 $Ni(OH)_2$ 沉淀。

(2)搅拌及加热

搅拌及加热能增大离子向电极的扩散速度,在使用较大电流密度时仍能保持沉积物均匀而致密,并缩短分析时间。一般加热温度为 $60℃\sim80℃$。

(3)电流密度

电流密度过小,析出物紧密,但电解时间长;电流密度过大,浓差极化大,可能析出 H^+,而且析出物结构疏松。通常采用大面积的电极(如网状 Pt 电极)。

(4)消除阳极干扰反应

加入去极化剂是消除阳极干扰反应的常用方法,改变电极材料或电解质溶液组成也是常用的消除阳极干扰反应的方法。

9.3　控制电位库仑分析法

9.3.1　控制电位库仑分析法原理

控制电位库仑分析法又称恒电位库仑分析法,是在电解过程中,用恒电位装置控制阴极电位在待测组分的析出电位上,使待测物质以 100% 的电流效率进行电解,当电解电流趋于零时,表明该物质已被完全电解,此时可利用串联在电解电路中的库仑计,测量从电解开始到待测组分完全分解析出时所消耗的电量,由法拉第电解定律求出被测物质的含量。

控制电位库仑分析法的基本装置包括 4 个单元,即库仑计、直流电源、恒电位装置和电解池系统,如图 9-6 所示。用恒电位装置控制工作电极(阴极)电位在恒定值,工作电极与对电极之间构成电流回路系统,工作电极与参比电极之间构成电位测定及控制系统。常用的工作电极有铂、银、汞、碳电极等,常用的参比电极有饱和甘汞电极(SCE)、Ag—AgCl 电极等。

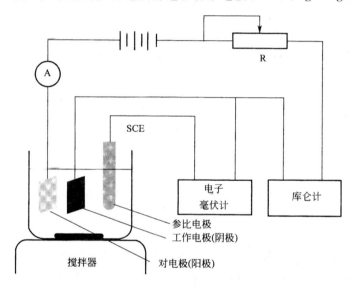

图 9-6　控制电位库仑分析法的基本装置

9.3.2　测量电量的方法

控制电位库仑分析法的电量主要由库仑计测定,常用的库仑计有气体库仑计、重量库仑计和电子积分库仑计。

1. 气体库仑计法

气体库仑计有氢氧和氮氧气体库仑计,常用的为氢氧气体库仑计,其结构如图 9-7 所示。氢氧库仑计是一个电解水的装置,电解液可用 $0.5\ mol \cdot L^{-1}$ 的 K_2SO_4 或 Na_2SO_4 溶液,装入电解管中,管外为恒温水浴套,电解管与刻度管用橡皮管连接,电解管中焊两片铂电极,串联到电解回路中。电解时,两铂电极上分别析出 H_2 和 O_2。

阴极析氢反应 $\qquad\qquad\qquad 2H^+ + 2e \rightarrow H_2$

阳极析氧反应 $\qquad\qquad\qquad 2H_2O \rightarrow O_2 \uparrow + 4H^+ + 4e$

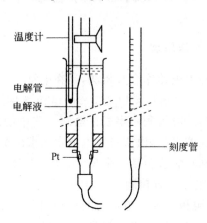

图 9-7　氢氧气体库仑计

从电极反应式及气体定律可知,在标准状况下,每库仑电量可析出 0.1741 mL 氢、氧混合气体。将实际测得的混合气体总量换算为标准状况下的体积 $V(\mathrm{mL})$,即可求出电解所消耗的总电量 Q。

$$Q = \frac{V}{0.1741}$$

然后由法拉第电解定律得出待测物的质量:

$$m = \frac{MQ}{nF} = \frac{MV}{0.1741nF}$$

氢氧库仑计使用简便,能测量 10 C 以上的电量,准确度达 0.1% 以上,但灵敏度较差。

2. 重量库仑计法

重量库仑计有钼库仑计、铜库仑计、汞库仑计等,常用的为银库仑计。以铂坩埚为阴极,银棒为阳极,用多孔瓷管把两极分开,坩埚内盛有 $1 \sim 2 \ \mathrm{mol \cdot L^{-1}}$ 的 $AgNO_3$ 溶液,串联到电解回路上,电解时发生如下反应:

阳极反应 $\qquad\qquad\qquad Ag \rightarrow Ag^+ + e$

阴极反应 $\qquad\qquad\qquad Ag^+ + e \rightarrow Ag$

电解结束后,称量坩埚的增重,由析出银的量 m_{Ag} 算出所消耗的电量:

$$Q = \frac{m_{Ag}}{M_{Ag}}F$$

3. 电子积分库仑计法

现代仪器多采用积分运算放大器库仑计或数字库仑计测定电量。恒电位库仑分析过程中电解电流 I_t 随电解时间 t 不断变化,从电解开始到电解完全通过电解池的总电量为:

$$Q = \int_0^t I_t \, dt$$

电子积分库仑计采用电流线路积分总电量并直接从仪表中读出,非常方便、准确,精确度可达 $0.01 \sim 0.001 \ \mu^{\circ}\text{C}$。电解过程中可用 $x - y$ 记录器自动绘出 $I_t - Q$ 曲线。

9.3.3　影响电流效率的因素及消除方法

库仑分析法的先决条件是电流效率为 100%,但实际应用中由于副反应的存在,使 100% 的电流效率很难实现,可能发生的副反应及其消除方法分述如下。

1. 杂质的电解

试剂及溶剂中微量易还原或易氧化的杂质在电极上反应会影响电流效率。可以用纯试剂作空白校正加以消除;也可以通过预电解除去杂质,即用比所选定的阴极电位负 $0.3 \sim 0.4 \ \text{V}$ 的阴极电位对试剂进行预电解,直至电流降低到残余电流为止。

2. 溶解氧的还原

溶液中一般都有溶解氧存在,溶解氧可以在阴极上还原为 H_2O_2 或 H_2O,降低电流效率。除去溶解氧的方法是在电解前通入惰性气体数分钟,必要时应在惰性气氛下电解。

3. 溶剂的电解

一般分析工作是在水溶液中进行的,所以应控制适当的电极电位和溶液的 pH 范围,以防止水的电解。当工作电极为阴极时,应防止有氢气析出,工作电极为阳极时,则应防止有氧气析出。采用汞作阴极,由于氢的过电位高,所以应用范围比以铂电极作阴极要广泛得多。若用有机溶剂或其他混合液作电解液,为防止它们的电解,应先用空白溶液制出 $i - V$ 曲线,以确定适宜的电压范围及电解条件。

4. 电极物质参与反应

铂阳极在有 Cl^- 或其他配合剂存在时也可能发生氧化溶解,可用惰性电极或其他材料制成的电极。

5. 电解产物的副反应

常见的是两个电极上的电解产物会相互反应,或一个电极上的反应产物又在另一个电极上反应。防止办法是选择合适的电解液或电极;采用隔膜套将阳极或阴极隔开;将辅助电极置于另一容器中,用盐桥相连接。

综合考虑上述因素,对主反应而言,电流效率为

$$\text{电流效率} = \frac{i_1}{i_1 + i_2} = \frac{i_1}{i}$$

式中:i_1 为试样主反应所消耗的电流;i_2 为电极上的各种副反应所消耗的电流。

如果电流效率低于 100%,只要知道反应过程中电量的损失量,而且损失电量是重现的,则可以校正。

9.4 控制电流库仑分析法

9.4.1 库仑滴定法

恒电流库仑分析法是在恒定电流的条件下电解,由电极反应产生的电生滴定剂与被测物质发生反应,用化学指示剂或电化学的方法确定滴定的终点,由恒电流的大小和到达终点需要的时间计算出消耗的电量,由此求得被测物质的含量。这种滴定方法与滴定分析中用标准溶液滴定被测物质的方法相似,因此恒电流库仑分析法也称库仑滴定法。

1.库仑滴定原理

在图 9-8 所示的装置中,以强度一定的电流通过电解池,在 100% 的电流效率下由电极反应产生的电生滴定剂与被测物质发生定量反应,当到达终点时,由指示终点系统发出信号,立即停止电解。由电流强度和电解时间按法拉第定律计算出被测物质的质量,即

$$m = \frac{it}{96487} \times \frac{M}{z}$$

或由库仑仪直接显示电量或被测物质的含量。

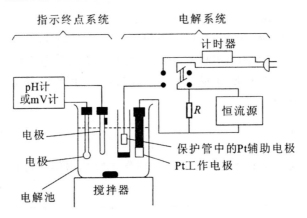

图 9-8 库仑滴定装置

在库仑滴定中,电解质溶液通过电极反应产生的滴定剂的种类很多,包括 H^+ 或 OH^-,氧化剂如 Br_2、Cl_2、$Ce(IV)$、$Mn(III)$ 和 I_2,还原剂如 $Fe(II)$、$Ti(III)$ 和 $[Fe(CN)_6]^{4-}$,配位剂如 $EDTA(Y^{4-})$,沉淀剂如 Ag^+ 等。例如用库仑滴定法测定 Ca^{2+} 时,可在除 O_2 的 $[Hg(NH_3)Y]^{2-}$ 和 NH_4NO_3 溶液中在阴极上产生滴定剂 HY^{9-},其电极反应为

$$[Hg(NH_3)Y]^{2-} + NH_4^+ + 2e \Longrightarrow Hg + 2NH_3 + HY^{3-}$$

又如测定酸或碱时,可在 Na_2SO_4 溶液中,在 Pt 电极下产生滴定剂 OH^- 或 H^+,其电极反应为

阴极 $\qquad\qquad\qquad 2H_2O + 2e \Longrightarrow H_2 + 2OH^-$ (滴定酸)

阳极 $\qquad\qquad\qquad 2H_2O \Longrightarrow 2H^+ + \frac{1}{2}O_2 + 2e$ (滴定碱)

2.库仑滴定的特点

与其他滴定方法相比,库仑滴定具有以下的突出优点。

①方法的灵敏度、准确度较高。

②不必配制和保存标准溶液,简化了操作过程。

③库仑滴定中的电荷量较为容易控制和准确测量。

④滴定剂来自于电解时的电极产物,可实现容量分析中不易实现的滴定过程,如不稳定的 Cu^+,Br_2,Cl_2 等产生后立即与测定物反应。

⑤易实现自动滴定。

3.库仑滴定的误差来源

库仑滴定法既利用了电解过程,又利用了化学反应;即以法拉第定律为基础,同时又以滴定反应为依据,是两者的联合。因此,为避免库仑滴定法分析结果产生误差应注意下述事项。

①电解过程中的电流效率必须保证为 100%,否则会给分析结果带来正误差。

②电解过程中,电流应该恒定无变化,否则分析结果就会有正或负误差。

③电流和时间的测量应有足够的精确度,因这两个物理量的测量误差都会传递给分析结果,影响分析结果的准确度。

④滴定的化学反应的完全程度对库仑滴定法的分析结果,与对一般容量分析法的影响相同,反应越不完全,分析结果误差越大。

⑤终点指示方法所具有的终点误差,同样是决定库仑分析法误差大小的因素。

9.4.2　滴定终点的指示方法

库仑滴定中的终点指示方法主要有指示剂法、电位法和永停终点法等。

1.指示剂法

这种方法与普通滴定分析法中的一样,都是利用溶液颜色的变化来指示终点的到达。当电解产生的滴定剂略微过量时,溶液变色,说明终点到达。

例如,库仑滴定法测定肼时,可加入辅助电解质溴化钾,以甲基橙为指示剂。电极反应为:

阳极反应　　　　　　　　　$2Br^- \rightarrow Br_2 + 2e$

阴极反应　　　　　　　　　$2H^+ + 2e \rightarrow H_2$

滴定反应　　　　　　　　　$H_2NNH_2 + 2Br_2 \rightarrow 4HBr + N_2$

在滴定反应达到化学计量点后,过量的 Br_2 使甲基橙退色,指示到达滴定终点。

指示剂法省去了库仑滴定装置中的指示系统,简便实用,常用于酸碱库仑滴定,也可用于氧化还原、络合和沉淀反应。由于指示剂的变色范围一般较宽,所以此法的灵敏度较低,不适合进行微量分析,对于常量的库仑滴定可得到满意的测定结果。选择指示剂时应注意两点:一是所选指示剂必须是在电解条件下的非电活性物质,即不能在电极上发生反应;二是指示剂与电生滴定剂的反应必须是在被测物质与电生滴定剂的反应之后,即前者反应速度要比后者慢。

2. 永停终点法

永停终点法的装置如图 9-9 中的指示系统部分所示。在库仑池内,插入一对同样大小的铂电极作为指示电极,两电极间施加一小的外加电压,并在线路中串联一灵敏的检流计 G。若滴定反应为

$$qR^{n^+} + mL^{(p+q)^+} = qR^{(n+m)^+} + mL^{p^+}$$

此电极反应由两个电对 $R^{(n+m)^+}/R^{n^+}$ 及 $L^{(p+q)^+}/L^{p^+}$ 构成。可逆电对的氧化态会在指示电极的阴极上还原,其还原态则在指示电极的阳极氧化,因此,只要在两电极间施加很小的外电压,电路中就有电流通过。不可逆电对只能按上式所示的某一方向在某一电极上发生氧化还原反应,在另一个电极上无电极反应发生,电路中无电流流过。

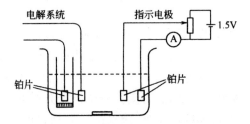

图 9-9　永停终点法的装置

例如,测定 AsO_3^{3-},在 $0.1\ mol\cdot L^{-1}\ Na_2SO_4$ 介质中,以 $0.2\ mol\cdot L^{-1}\ KI$ 为辅助电解质,电解产生的 I_2 对 AsO_3^{3-} 进行库仑滴定。工作电极上的反应为

阴极 $\qquad\qquad\qquad\qquad 2H_2O + 2e \rightarrow H_2 + 2OH^-$

阳极 $\qquad\qquad\qquad\qquad 2I^- \rightleftharpoons I_2 + 2e$

电解产生的 I_2 立即与溶液中的 AsO_3^{3-} 进行反应

$$I_2 + AsO_3^{3-} + OH^- \rightleftharpoons 2I^- + AsO_4^{3-} + H^+$$

计量点前,溶液中只有 I^- 而没有 I_2,即只有可逆电对的一种状态,指示电极上无反应发生,无电流通过检流计 G。不可逆电对 As(Ⅲ)/As(Ⅴ) 的电极反应速度很慢,不会在指示电极上起作用。当 As(Ⅲ) 作用完毕后,溶液中出现剩余的 I_2,计量点后指示电极上立即发生下列反应

指示阴极 $\qquad\qquad\qquad\qquad I_2 + 2e \rightarrow 2I^-$

指示阳极 $\qquad\qquad\qquad\qquad 2I^- \rightarrow I_2 + 2e$

所以,指示系统中检流计 G 的指针一开始偏转即表示到达滴定终点。

永停终点法常用于氧化还原反应滴定体系,特别在以电解产生卤素为滴定剂的库仑滴定中用得最广。由于该法具有快速、灵敏、准确及装置简单等优点,其应用越来越广泛。

3. 电位法

库仑滴定的电位法与电位滴定法指示终点的原理一样,也是选用合适的指示电极来指示滴定终点前后电位的突变。可以根据滴定反应的类型,在电解池中另外放入合适的指示电极和参比电极,以直流毫伏计(高输入阻抗)或酸度计测量电动势或 pH 的变化。其滴定曲线可

用电位(或 pH)对电解时间的关系表示。

例如,利用库仑滴定法测定钢铁中碳的含量。首先将钢样在 1200℃ 左右通氧气灼烧,试样中的碳经氧化后产生 CO_2 气体,导入置有高氯酸钡溶液的电解池中,CO_2 被吸收,产生下列反应:

$$Ba(ClO_4)_2 + H_2O + CO_2 \rightarrow BaCO_3 + 2HClO_4$$

由于生成高氯酸,溶液的 pH 发生变化。在电解池中,用一对铂电极作为工作电极和对电极,电解时工作电极(阴极)上生成滴定剂 OH^-:

$$2H_2O + 2e \rightarrow 2OH^- + H_2$$

OH^- 与高氯酸反应,中和溶液使之恢复到原来的酸度。用 pH 玻璃电极、参比电极和酸度计组成终点指示系统。终点时,酸度计上显示的 pH 发生突跃,指示终点到达。

9.4.3　微库仑分析技术

1.微库仑分析技术原理

微库仑分析技术是在库仑滴定基础上发展起来的一种动态库仑分析技术,具有灵敏、快速、方便等特点,下面以图 9-10 所示的装置分析含 Cl^- 试样来说明微库仑分析的原理与过程。

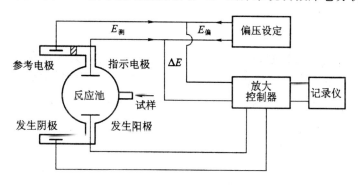

图 9-10　微库仑分析原理图

开始时,电解液中含有一定量的 Ag^+,底液的电位为 $E_{测}$,同时设定偏压为 $E_{偏}$,并使 $E_{测} = E_{偏}$,则 $\Delta E = 0$,$i_{电解} = 0$,体系处于平衡状态。当含 Cl^- 的试样进入到反应池中后,与 Ag^+ 反应生成 AgCl,池中 Ag^+ 浓度降低,则此时 $E_{测} \neq E_{偏}$,$\Delta E \neq 0$,即平衡状态被破坏。产生一个对应于 ΔE 量的电流主流过反应池。在阳极(银电极)上发生电解反应:

$$Ag \longrightarrow Ag^+ + e^-$$

反应池中继续发生次级反应:

$$Ag^+ + Cl^- \longrightarrow AgCl\downarrow$$

当 Cl^- 未反应完全之前,溶液的电位将始终不等于 $E_{偏}$,电解不断进行。当加入的 Cl^- 反应完全后,Ag^+ 低于初始值,电解将持续进行直到溶液中 Ag^+ 达到初始值,此时 $E_{测} = E_{偏}$,$\Delta E = 0$,使 $i_{电解} = 0$,体系重新平衡。电解停止。随着试样的不断加入,此过程循环进行。

2.微库仑分析技术应用

微库仑分析技术的一个重要应用是卡尔·费休法测定微量水,现已在微库仑分析原理的基础上开发有各种专用的微量水分析仪。其基本原理是利用 I_2 氧化 SO_2 时,水定量参与反应:

$$I_2 + SO_2 + 2H_2O = 2HI + H_2SO_4$$

以上反应为平衡反应,需要使用卡尔·费休试剂(KF 试剂)来破坏平衡。卡尔·费休试剂是由碘、吡啶、甲醇、二氧化硫、水按一定比例组成,其中的吡啶是用来中和生成的 HI,甲醇是为了防止副反应发生。总的反应为

$$C_5H_5N \cdot I_2 + C_5H_5N \cdot SO_2 + C_5H_5N + 2H_2O \longrightarrow 2C_5H_5N \cdot HI + C_5H_5N\underset{O}{\overset{SO_2}{|}}$$

$$C_5H_5N\underset{O}{\overset{SO_2}{|}} + HOCH_3 \longrightarrow C_5H_5N\underset{H}{\overset{SO_4CH_3}{|}}$$

系统能够自动记录电解消耗的电荷量。根据法拉第电解定律可由消耗的电荷量计算出试样的含水量。

在上面的分析过程中,常采用永停法来判断卡氏反应的终点,其基本原理是在反应溶液中插入两支铂电极,并在两电极间施加上一固定的电压,若溶剂中无水存在时,溶液中不会产生 I_2/I^- 电对,溶液不导电。当反应到达终点时,溶液中存在 I_2/I^- 电对,在电极上发生反应,导致溶液有电流通过。当电流突然增大至一定值并稳定后,即为终点。

第 10 章　其他分析方式

10.1　旋光分析法

应用旋光仪测量旋光性物质的旋光度以测定其含量的分析方法叫旋光分析法。

10.1.1　偏振光

光是一种电磁波,光波的振动方向与其前进方向互相垂直。自然光有无数个与光的前进方向互相垂直的光波振动面。当光线前进的方向指向我们时,则与之互相垂直的光波振动平面可表示为如图 10-1(a)所示,图中箭头表示光波振动的方向。若使自然光通过尼柯尔棱镜,由于振动面与尼柯尔棱镜的光轴平行的光波才能通过尼柯尔棱镜,所以通过尼柯尔棱镜的光只有一个与光的前进方向互相垂直的光波振动面,如图 10-1(b)所示。这种只在一个平面上振动的光即为偏振光。

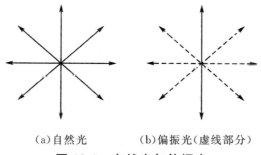

(a)自然光　　　　　(b)偏振光(虚线部分)

图 10-1　自然光与偏振光

尼柯尔棱镜对光的作用原理如图 10-2 所示。根据方解石的光学特性,当自然光 L 射入棱镜中时,发生双折射,产生两道振动面互相垂直的平面偏振光。其中 MO 称为寻常光线,MP 称为非常光线。方解石对它们的折光率不同,对寻常光线的折光率是 1.658,对非常光线的折光率是 1.486,加拿大树胶对两种光线的折光率都是 1.55。寻常光线由方解石进入加拿大树胶是由光密介质到光疏介质,因其入射角大于临界角,则发生全反射而被涂黑的侧面吸收。非常光线由方解石到加拿大树胶是由光疏介质到光密介质,必将发生折射通过加拿大树胶,由棱镜的另一端面射出,从而产生了平面偏振光。

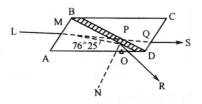

图 10-2　尼柯尔棱镜示意图

10.1.2　旋光度与比旋光度

1.旋光度与比旋光度

当平面偏振光通过某种介质时,有的介质对偏振光没有作用,有的介质却能使偏振光的偏振面发生旋转。这种能旋转偏振光的偏振面的性质叫做旋光性。具有旋光性的物质叫做旋光性物质或光活性物质。

能使偏振光的偏振面向右旋的物质,叫做右旋物质;反之,叫做左旋物质。通常用"d"或"+"表示右旋,用"l"或"−"表示左旋。

偏振光的偏振面被旋光物质所旋转的角度,叫做旋光度,单位是"°"用"α"来表示。物质旋光性的大小可用比旋光度表示。

偏振光通过光学活性物质的溶液时,其振动平面所旋转的角度叫作该物质溶液的旋光度,以"α"表示。旋光度的大小与光源的波长、温度、旋光性物质的种类、溶液的浓度及液层的厚度有关。对于特定的光学活性物质,在光源波长和温度一定的情况下,其旋光度 α 与溶液的浓度 c 和液层的厚度 L 成正比。

$$\alpha = KcL$$

当旋光性物质的浓度为 $1\ \mathrm{g \cdot ml^{-1}}$,液层厚度为 $1\ \mathrm{dm}$ 时所测得的旋光度称为比旋光度,以 $[\alpha]_\lambda^t$ 表示。于是有

$$[\alpha]_\lambda^t = K$$

$$[\alpha]_\lambda^t = \frac{\alpha}{Lc}$$

式中:$[\alpha]_\lambda^t$ 为比旋光度,°;t 为温度,℃;λ 为光源波长,nm;L 为液层厚度或旋光管长度,dm;c 为溶液浓度,$\mathrm{g \cdot ml^{-1}}$。

比旋光度与光的波长及测定温度有关。通常规定用钠光 D 线在 20℃ 时测定,在此条件下,比旋光度用 $[\alpha]_\lambda^t$ 表示。

因在一定条件下比旋光度 $[\alpha]_\lambda^t$ 是已知的,L 为一定量,故测得了旋光度就可计算出旋光物质溶液中的浓度 c。

因偏振光的波长和测定时的温度对比旋光度也有影响,故表示比旋光度时,还要把温度及光源的波长标出,将温度写在 $[\alpha]$ 的右上角,波长写在左下角,即 $[\alpha]_D^t$。溶剂对比旋光度也有影响,故也要注明所用溶剂。例如,在温度为 20℃ 时,用钠光灯为光源测得的葡萄糖水溶液的比旋光度为右旋 52.2°,应记为:$[\alpha]_D^t = +52.2°$(水)。

2.影响旋光度的因素

(1)浓度的影响

在一定的实验条件下,常将旋光物质的旋光度与浓度视为成正比,因为将比旋光度作为常数。而旋光度和溶液浓度之间并不是严格地呈线性关系,因此严格讲比旋光度并非常数,在精密的测定中比旋光度和浓度间的关系可用这三个方程之一来表示:

$$[\alpha]_\lambda^t = A + Bq$$

$$[\alpha]_\lambda^t = A + Bq + Cq^2$$

$$[\alpha]_\lambda^t = A + \frac{Bq}{C + q}$$

式中:q 为溶液的百分浓度;A、B、C 为常数,可以通过实验来测量。

（2）溶剂的影响

旋光物质的旋光度主要取决于物质本身的结构。另外,还与光线透过物质的厚度,测量时所用光的波长和温度有关。如果被测物质是溶液,影响因素还包括物质的浓度,溶剂也有一定的影响。因此旋光物质的旋光度,在不同的条件下,测定结果通常不一样。因此,一般用比旋光度作为量度物质旋光能力的标准,其定义式为

$$[\alpha]_D^t = \frac{10\alpha}{Lc}$$

式中:D 为光源,通常为钠光 D 线;t 为实验温度。

需要注意的是,在测定比旋光度时,应说明使用什么溶剂,如不说明一般指水为溶剂。

（3）旋光管长度的影响

旋光度与旋光管的长度成正比。旋光管通常有 10 cm、20 cm、22 cm 三种规格,常使用的有 10 cm 长度的。但对旋光能力较弱或者较稀的溶液,为提高其准确度,降低读数的相对误差,需用 20 cm 或 22 cm 长度的旋光管。

（4）温度的影响

温度升高会使旋光管膨胀而长度加长,从而导致待测液体的密度降低。另外,温度变化还会使待测物质分子间发生缔合或离解,使旋光度发生改变。为此,在实验测定时必须恒温,旋光管上装有恒温夹套,与超级恒温槽连接。

10.1.3　旋光仪

旋光仪的主要元件是两块尼柯尔棱镜。当一束单色光照射到尼柯尔棱镜时,分解为两束相互垂直的平面偏振光,一束折光率为 1.658 的寻常光,一束折光率为 1.486 的非寻常光,这两束光线到达加拿大树脂黏合面时,折光率大的寻常光被全反射到底面上的墨色涂层被吸收,而折射率小的非寻常光则通过棱镜,这样就获得了一束单一的平面偏振光。

产生平面偏振光的棱镜为起偏镜,如让起偏镜产生的偏振光照射到另一个透射面与起偏镜透射面平行的尼柯尔棱镜,则这束平面偏振光也能通过第二个棱镜。如果第二个棱镜的透射面与起偏镜的透射面垂直,则由起偏镜出来的偏振光完全不能通过第二个棱镜。如果第二个棱镜的透射面与起偏镜的透射面之间的夹角在 0°～90°之间,则光线部分通过第二个棱镜,此第二个棱镜称为检偏镜。通过调节检偏镜,能使透过的光线强度在最强和零之间变化。如果在起偏镜与检偏镜之间放有旋光性物质,则由于物质的旋光作用,使来自起偏镜的光的偏振面改变了某一角度,只有检偏镜也旋转同样的角度,才能补偿旋光线改变的角度,使透过的光的强度与原来相同。旋光仪就是根据这种原理设计的,如图 10-3 所示。

肉眼判断存在很大误差,为此设计了一种在视野中分出二分视界的装置,原理是:在起偏镜后放置一块狭长的石英片,由起偏镜透过来的偏振光通过石英片时,由于石英片的旋光性,使偏振旋转了一个角度声,通过镜前观察,光的振动方向如图 10-4 所示。

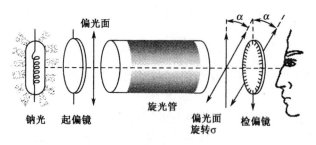

图 10-3　旋光仪构造示意图

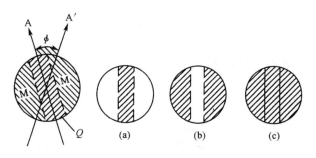

图 10-4　三分视野示意图

A 是通过起偏镜的偏振光的振动方向,A'是通过石英片旋转一个角度后的振动方向,此两偏振方向的夹角声称为半暗角,如果旋转检偏镜使透射光的偏振面与 A'平行时,在视野中将观察到:中间狭长部分较明亮,而两旁较暗,这是由于两旁的偏振光不经过石英片,如图 10-4(b)所示。如果检偏镜和起偏镜的偏振面平行,中间狭长部分较暗而两旁较亮,如图10-4(a)所示。当检偏镜的偏振面处于 $\varphi/2$ 时,两旁直接来自起偏镜的光偏振面被检偏镜旋转了 $\varphi/2$,而中间被石英片转过角度 φ 的偏振面对被检偏镜旋转角度 $\varphi/2$,这样中间和两边的光偏振面都被旋转了 $\varphi/2$,故视野呈微暗状态,且三分视野内的暗度是相同的。如图 10-4(c)所示,将这一位置作为仪器的零点,在每次测定时,调节检偏镜使三分视界的暗度相同,然后读数。

10.2　X 射线粉末衍射法

X 射线衍射法是研究物质的物相和晶体结构的主要方法。在 X 射线衍射分析中,采用单色 X 射线和粉末状多晶试样进行衍射的一种方法,称为 X 射线粉末衍射分析法,主要用于物质鉴定、晶体点阵常数、多晶体的结构、晶粒大小、高聚物结晶度测定等。

10.2.1　基本原理

1.X 线的产生

(1)连续 X 射线的产生

连续 X 射线是指由某一最短波长开始的至一定波长范围为止的、由一段波长范围所组成的 X 射线光谱。研究最多的是由电子轰击金属靶材所产生的连续 X 射线光谱。大量的电子射到固体靶面上,电子经一次或多次碰撞后耗尽全部能量。因为电子数目很大,碰撞是随机的,所以产生了连续的具有不同波长的 X 射线,即形成连续 X 射线光谱。产生连续射线的 X 射线管的结构如图 10-5 所示。

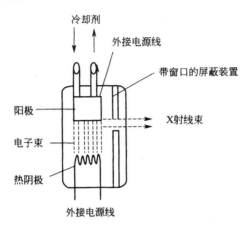

图 10-5　X 射线发射管的结构示意图

当 X 射线管内阴极和阳极之间的高压增加到一定的临界激发电压时,电子脱离阴极,被电场加速成高速电子;高速运动电子撞击靶材料,就足以将靶原子内层的电子激发到高能运动态,使内层的电子形成空轨道即空穴,处于外层的电子会跃迁至内层较低能级的空轨道上,填补空穴,并以光的形式释放多余的能量,于是产生 X 射线辐射。

次碰撞就丧失其全部动能的电子将辐射出具有最大能量的 X 射线光子,其波长最短,称为短波限。一个高速运动电子具有的动能可以写成 eV,V 为 X 光电管电压,则电子的能量按下式转化为 X 光能:

$$eV = hv_{max} = h\frac{c}{\lambda_{短波限}}$$

$$\lambda_{短波限} = \frac{hc}{eV} = \frac{1239.8}{V}$$

连续 X 射线谱的短波限仅与光管电压有关,升高管电压,短波限将减小,即 X 光量子的能量增大。连续 X 射线的总强度 I 与 X 光管的电压 V、靶材料的原子序数 Z 有关,其关系式为:

$$I = AiZV^2$$

式中:A 为比例常数;i 为 X 光管电流。

由公式可以看出,增加靶材料的原子序数 Z,可提高光强,故常采用钨、钼等原子系数大的金属作为 X 光管靶材,以得到能量较高的连续 X 射线。

(2)特征 X 射线的产生

高能光子或高速带电粒子轰击试样中的原子时,会将自己的一部分能量传递给原子,激发原子中某些内层能级上的电子到外层高能轨道上,内层形成空轨道;形成的空穴可以立即由外层较高轨道上的电子内迁填充,多余的能量以 X 射线光子的形式释放出来,其能量等于跃迁电子的能级差,$\Delta E = hv$。图 10-6 所示为特征 X 射线的产生原理示意图。

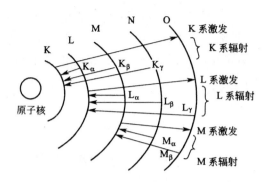

图 10-6　特征 X 射线产生原理示意图

根据莫斯莱定律,元素特征 X 射线的波长 λ 与原子序数 Z 的关系为:

$$\sqrt{\frac{1}{\lambda}} = K(Z - S)$$

式中:K、S 为与线性有关的常数。

根据公式可知不同的元素由于原子序数不同,因此具有不同的 X 射线。根据特征谱线的波长就可以进行元素定性分析,而 X 特征射线的强度则与该元素的含量多少成正比,据此可进行定量分析。

特征 X 射线的产生原则为:

①主量子数 $\Delta n \neq 0$ 。

②角量子数 $\Delta L = \pm 1$ 。

③内量子数 $\Delta J = \pm 1$ 或 0 。

④内量子数是角量子数 L 和自旋量子数 S 的矢量和。

不符合上述选择定律的谱线称为禁阻谱线。

X 射线特征线可分成若干系(K,L,M,N···),同一线系中的各条谱线是由各个能级上的电子向同一壳层跃迁而产生的。同一线系中,还可以分为不同的子线系,同一子线系中的各条谱线是电子从不同的能级向同一能级跃迁所产生的。$\Delta n = 1$ 的跃迁产生 α 线系,$\Delta n = 2$ 的跃迁产生 β 线系。K_α 表示 α 系单线、$K_{\alpha_1 \alpha_2}$ 表示 α 系双线;K_β 表示 β 系单线、$K_{\beta_1 \beta_2}$ 表示 β 系双线。但是,目前在 X 射线光谱分析中,特征线的符号系统比较混乱,尚未达到规范化。

2.晶体对 X 射线的衍射

晶体是由原子或分子在空间周期性排列构成的,具有在三维空间延伸的点阵结构。晶体中空间点阵的单位叫做晶胞,它是晶体结构的最小单位,包含一个结构基元的叫素晶胞,包含两个或两个以上结构基元的叫复晶胞。晶胞的三个向量 a,b,c 的长度,以及它们之间的夹角 α,β,γ 分别称为晶胞参数,可表示晶胞的大小和形状。当一个晶面与三个晶轴坐标相交,其截距值的倒数比为 $h:k:l$,可用晶面指标 $(h\ k\ l)$ 符号表示。X 射线衍射分析可以用来确定晶胞参数和晶面指标。

X 射线的穿透力强,照射晶体时大部分射线将穿透晶体,部分产生吸收,吸收的能量使晶体中的电子和原子核产生周期性振动。因原子核的质量比电子大得多,故其振动可忽略,所以振动着的电子就成为一个新的发射电磁波的波源,以球面波方式发射出与入射 X 射线波长、频率相同的电磁波。

当入射 X 射线按一定方向射入晶体并与电子作用后,再向其他方向发射 X 射线的现象称为散射,电子越多,散射能力越强。由于晶体中大量原子散射的电磁波相互干涉而在某一方向得到加强或抵消的现象称为衍射。当晶体中离子间的距离 d 近似等于 X 射线的波长时,晶体本身就是一个反射衍射光栅。如图 10-7 所示,具有波长 λ 的一束平行 X 射线以 θ 角入射晶体,X 射线波分别被第一晶体平面和第二晶体平面的原子弹性反射后,其光程差为($BD+BF$),由于

$$BD = BF = d\sin\theta$$

式中:d 为晶面间的距离。

则两条 X 射线的光程差为

$$BD + BF = 2d\sin\theta$$

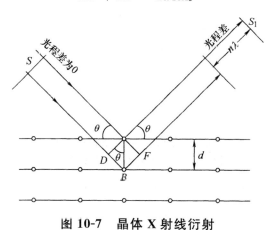

图 10-7　晶体 X 射线衍射

仅当光程差为波长的整数倍时,干涉而产生最大程度加强的光束,即满足布拉格衍射方程:

$$n\lambda = 2d\sin\theta$$

式中:n 为 0,1,2,3,…整数,即衍射级数。

在 X 射线衍射分析时,需要采用单波长的 X 射线。

晶体中的原子对 X 射线的散射能力取决于它的电子数,晶体衍射 X 射线的方向与构成晶体的晶胞大小、形状以及入射 X 射线的波长有关,衍射光的强度则与晶体内原子的位置有关,所以每种晶体都有自己的衍射图,从中可获得晶体结构的相关信息。

在实际应用中,X 射线衍射可分为粉末衍射和单晶衍射两种方法。

10.2.2　粉末 X 射线衍射仪

图 10-8 所示为粉末 X 射线衍射仪,它由单色 X 射线源、试样台和检测器组成。X 射线源一般采用 X 光管,X 光管的阳极通常采用金属铜为靶材,产生 K_α 线和 K_β 线,将 K_β 线过滤掉来获得 K_α 线,然后照射试样晶体产生衍射,采用闪烁检测器记录衍射图。测定时,通常使试样

晶体平面旋转,使 X 射线能对晶体各部位进行照射。光源对试样以不同的 θ 角进行扫描,检测

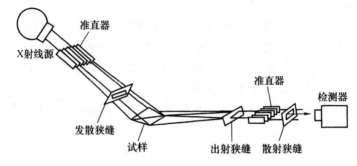

图 10-8 粉末 X 射线衍射仪

器则在 2θ 角位置进行探测。

10.2.3 X射线粉末衍射技术应用

多晶粉末法常用来分析晶体的结构和测定粒子的大小。

1. 分析晶体结构

多晶粉末法常用于测定立方晶系晶体的结构,并可对固体进行物相分析。对于简单的晶体结构,根据粉末衍射图可确定晶胞中的原子位置晶胞参数以及晶胞中的原子数。

实验上得到的各种晶态物质的粉末衍射图有不同的特征,其衍射线的位置(θ)和强度(I)的分布都各不相同。对于每一种晶态物质,可用已知标样根据其衍射图建立一套相应的 $\frac{d}{n}-I$ 数据,编成 X 射线粉末衍射图谱,文献库中已存有数千种粉末衍射图。可根据所测得的衍射数据对固体未知物进行检索,然后对比鉴定,通过计算机处理获得晶面间距、晶胞参数等数据。

如果试样是一混合物,则应对每一组分进行鉴定。先按 d 值找出可能的组分,再按谱线的强度比,确定其中所含的某一组分。然后将这一组分的所有谱线删掉,对剩余的谱线重新定标,即以强度为 100 为基准,其他谱线按比例重新算出其相对强度,再重复上述方法找出其余组分。

X 射线粉末衍射法是鉴定物质晶相的有效手段。例如鉴别两种元素组成的几种氧化物,如 FeO,Fe_2O_3,Fe_3O_4 等。

2. 测定粒子大小

固体催化剂、高聚物以及蛋白质粒子的晶粒太小,不能再近似地看成是具有无限多晶面的理想晶体,所得到的衍射线条就不够尖锐,具有一定的宽度。根据谱线宽度,利用有关计算公式,可求得平均晶粒大小。图 10-9 所示为 BaS 的粉末衍射图。$2\sim50$ nm 的微晶或非均质,能在很低的角度内产生衍射效应,通过测量在 $0\sim2°$ 的低角散射强度 I,根据有关公式,也可求出粒子的大小。由于此法是基于粒子的外部尺寸而不是内部的有序性,所以对晶体和无定形物质都适用。

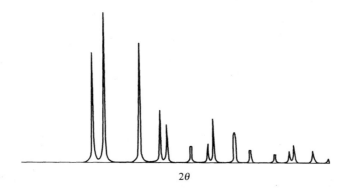

2θ

图 10-9　BaS 的粉末衍射图

10.3　柱色谱法

柱色谱法一直是色谱法中重要的组成部分,经典的柱色谱方法属于液相色谱。按照分离的机制,可将柱色谱法分为分配柱色谱法、吸附柱色谱法、离子交换柱色谱法以及空间排阻柱色谱法等类型。经典柱色谱法由于其操作简便,被广泛应用于从复杂体系中制备目标组分,因此又称为制备色谱法。

10.3.1　离子交换色谱法

离子交换柱色谱法是利用试样中各组分离子交换能力的差别来实现分离的柱色谱方法。按照可交换离子的类型分为阳离子交换柱色谱法和阴离子交换柱色谱法。现以阳离子交换树脂为例来探讨离子交换柱色谱的分离原理。在阳离子交换树脂表面的负离子($-SO_3^-$)是不可交换离子,其正离子为可交换离子(H^+)。当流动相携带组分的阳离子出现时,阳离子与 H^+ 发生交换反应。当树脂上的 H^+ 均被交换后,树脂失去活性。这时,用稀酸溶液对树脂进行处理,阳离子就会被高浓度的 H^+ 置换下,树脂的交换能力得到恢复,这一过程称为树脂的再生。

离子交换过程可用下式表示.

$$R-B+A \rightleftharpoons R-A+B$$

当 A,B 交换达到平衡时,其平衡常数为

$$K_{A/B} = \frac{[R-A][B]}{[R-B][A]}$$

$K_{A/B}$ 又称为离子交换反应的选择性系数。$[R-A]$,$[R-B]$ 分别代表 A,B 在固定相上的浓度,$[A]$,$[B]$ 代表它们在流动相中的浓度,因此选择性系数与分配系数的关系为

$$K_{A/B} = K_A/K_B$$

选择性系数是衡量离子交换树脂亲和能力的参数,$K_{A/B}$ 越大,说明 A 的交换能力越大,越易保留。

在离子交换柱色谱法中,固定相为离子交换剂,经典离子交换柱色谱常用的离子交换剂为离子交换树脂。离子交换树脂是具有网状立体结构的高分子多元酸(碱)的聚合物。在网状结

构的骨架上有许多可以解离、可以被交换的基团,如磺酸基、羧基以及季铵基等。表征离子交换树脂性能的指标常用交联度、交换容量和粒度等。交联度是指离子交换树脂中交联剂的含量。

理论交换容量是指单位量树脂能参与交换反应的活性基团数,通常以每克干树脂或每毫升溶胀后的树脂能交换离子的毫摩尔数来表示。粒度是指离子交换树脂颗粒的大小,一般以溶胀态所能通过的筛孔来表示。离子交换柱色谱法的流动相多数为一定 pH 和离子强度的缓冲溶液。有时也加入少量的有机溶剂以提高选择性。常用的有机溶剂有乙醇、四氢呋喃、乙腈等。

离子交换树脂保留行为及其选择性受被分离组分离子、离子交换剂和流动相的性质的影响。

①在一定范围内树脂的交联度越大,交换容量越大,组分保留时间越长。

②价态高的离子选择性系数大,同价阳离子在酸性阳离交换剂上的选择性系数随其水合离子半径增大而变小。

③增加流动相的离子强度,其洗脱能力增强;强离子交换树脂的交换容量在较宽的范围内不随流动相的 pH 变化,弱离子交换树脂的交换容量在某一 pH 时有极大值。

10.3.2 吸附柱色谱法

吸附柱色谱法是利用试样中各组分在固定相表面吸附中心吸附能力的不同而实现分离的一种柱色谱方法,属于液-固吸附色谱法。其基本原理是组分分子与流动相分子竞争固定相表面吸附中心的过程,即竞争吸附过程。当流动相通过固定相时,流动相分子被吸附中心所吸附。当组分分子随流动相经过固定相时,组分分子就与吸附在固定相表面的流动相分子相置换,组分分子被吸附。

被置换下来的流动相分子重新回到流动相内部。这种组分分子与流动相分子在固定相表面吸附、解吸附过程反复多次地进行,并随着流动相向前移动,由于组分的吸附系数不同从而达到分离,吸附系数小的组分随着流动相移动在前面,吸附系数大的组分移动在后面,各种组分在色谱柱中形成带状分布,实现混合物的分离。组分的保留时间与吸附系数和色谱柱中固定相的比表面积关系为

$$t_R = t_0 \left(1 + \frac{K \cdot S_s}{V_m}\right)$$

式中:K 为吸附系数;S_s 为固定相比表面积;V_m 为流动相体积。

在吸附柱色谱法中,固定相为吸附剂,是一些多孔性微粒,一般具有较大的比表面积,表面存在许多吸附中心。固定相的性能取决于吸附剂表面吸附中心的多少及其吸附能力。常用的固定相为硅胶以及大孔吸附树脂。流动相的洗脱能力主要由其极性决定,极性较强的流动相分子占据固定相吸附中心的能力较强,洗脱能力也较强。在吸附柱色谱当中,为了得到最佳分离,常常采用两种以上溶剂的混合溶液作为流动相。因为混合溶剂的极性随其组成连续变化,就能找到合适的溶剂极性的流动相,以提高分离的选择性。

10.3.3 分配柱色谱法

分配柱色谱法利用试样中各组分在固定相与流动相中的分配系数不同而实现分离的一种

柱色谱方法,属于液-液分配色谱法。其基本原理与液-液萃取基本相同,即组分在相对运动的两相中反复多次地进行分配平衡,并随着流动相向前移动,因此具有很高的分离效率。试样中组分在固定相中的溶解度越大,或者在流动相中的溶解度越小,其在固定相和流动相之间的分配系数越大,在色谱柱中迁移的速度就越慢。在经典柱色谱中分配系数主要与流动相的性质有关。

在分配柱色谱法中,固定相为涂渍(或键合)在惰性载体(担体)上的一薄层液体,因此固定相又称为固定液(或键合相)。流动相为与固定液不相混溶的液体。根据固定相与流动相极性的相对强度,分配柱色谱法可分为正相色谱法和反相色谱法。其中流动相极性小于固定相极性,称为正相分配柱色谱;流动相极性大于固定相时,称为反相分配柱色谱。

一般来说,在正相分配色谱中,极性较强的组分在固定相中的溶解度较极性弱的组分大,在流动相中的溶解度较极性弱的组分小。因此极性较强的组分在固定相中的保留较强,保留时间较长。所以在正相分配柱色谱中极性较弱的组分先被洗脱,极性较强的组分后被洗脱。反相分配柱色谱正好相反。

10.4　电子能谱法

固体材料的物理化学性质不仅与其体相的组成和结构有关,而且在很多方面与固体表面的成分和结构有关。在研究表面成分方面,目前采用最多的有 X 射线光电子能谱(XPS)、紫外光电子能谱(UPS)、俄歇电子能谱(AES)、出现电势谱(APS)等。

10.4.1　电子能谱法原理

X 射线与待测物质相互作用时,待测物质吸收了 X 射线的能量并使其原子中的电子脱离原子成为自由电子即 X 射线光电子。在 X 射线光电子的产生过程中,X 射线的能量($h\nu$)将一部分用于克服电子的结合能(E'_b),使其激发为自由的 X 射线光电子;一部分转移至 X 射线光电子使其具有一定的动能(E'_k);还有一部分形成原子的反冲能量(E_r),这种能量的关系可用下式表示:

$$h\nu = E'_k + E'_b + E_r$$

其中,E_r 很小,可以忽略。E'_b 就是一个原子在光电离前后的能量差,即可把真空能级 E_L(电子不受原子核吸引)选为参比能级,电子的结合能就是真空电子能级和内壳层电子能级的能量之差。

反冲能量 E_r 与激发光源的能量和原子的质量有关

$$E_r \approx (m/M) \cdot h\nu$$

式中,M 和 m 分别代表反冲原子和光原子的质量。反冲能量一般很小,在计算结合能时可以忽略不计,即

$$h\nu = E'_k + E'_b$$

光电离作用要求一个确定的最小的光子能量,称为临光子能量 $h\nu_0$。对气体样品,这个值就是分子电离势或第一电离能。研究固体样品时,通常还需进行功函数校准。一束高能量的光子,若它的 $h\nu$ 明显超过临光子能量 $h\nu_0$,它具有电离不同 E'_b 值的各种电子的能力。一个光子可能激发出一个束缚得很松的电子,并传递给它高能量;而另一个同样能量的光子,也许能

电离一个束缚得较紧的,并具有较低动能的光电子。因此光电离作用,即使使用固定能量的激发源,也会产生多色的光致发射。单色激发的 X 射线光电子能谱可产生一系列的峰,每一个峰对应着一个原子能级,这实际上反应了样品元素的壳层电子结构,如图 10-10 所示。

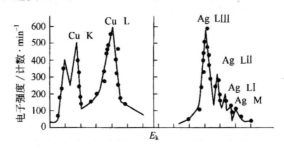

图 10-10　用 MoK$_a$ 线激发 Cu 和 Ag 产生的 X 射线光电子能谱图

光电离作用的概率用"光电离截面"σ 表示,即一定能量的光子在与原子作用时从某个能级激发出一个电子的概率。σ 愈大,激发光电子的可能性也愈大。光电离截面与电子壳层平均半径、入射光子能量和受激发原子的原子序数等因素有关。一般说来,同一原子的 σ 值与轨道半径的平方成反比。所以对于轻原子,1s 电子比 2s 电子的激发概率要大 20 倍左右。对于重原子的内层电子,由于随着原子序增大而轨道紧缩,使得半径的影响不太重要。同一个主量子数 n 随角量子数 L 的增大而增大;对于不同元素,同一壳层的 σ 值随原子序数的增加而增大。

光电子从产生处向固体表面逸出的过程中与定域束缚的电子会发生非弹性碰撞,其能量不断地按指数关系衰减。电子能谱法所能研究的信息深度取决于逸出电子的非弹性散射平均自由程,简称电子逃逸深度或平均自由程,以 λ 表示。λ 随样品的性质而变,在金属中均为 0.5~2 nm,氧化物中约为 1.5~4 nm,对于有机和高分子化合物则为 4~10 nm。通常认为 XPS 的取样深度 d 为电子平均自由程的 3 倍,即 $d \approx 3\lambda$。因此,光电子能谱的取样深度很浅,是一种表面分析技术。

10.4.2　电子能谱仪

电子能谱仪通常由激发源(X 射线枪、电子枪、紫外线光源)、样品室、电子能量分析器、检测器和真空系统组成。X 射线光电子能谱仪的激发源为 X 射线枪,俄歇电子能谱仪的激发源为电子枪,紫外光电子能谱仪的激发光源是真空紫外线,除此之外其它部分相同。图 10-11 所示为电子能谱仪的组成框图。

1.样品室

样品室可同时放置几个样品,既可以对样品进行多种分析,又可以对样品进行加热、冷却、蒸镀和刻腐等。并且,依靠真空闭锁装置,可以使得在换样过程中对真空破坏不大。

2.激发源

(1)X 射线枪

X 射线枪是 X 射线光电子能谱仪(XPS)的激发源。XPS 用 X 射线枪的靶极材料为镁和

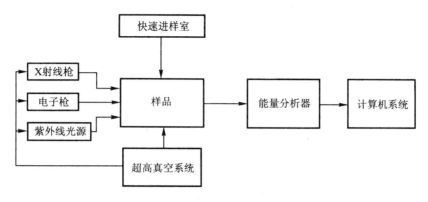

图 10-11　电子能谱仪结构图

铝产生的 MgK_a 和 AlK_a 射线,经晶体分光后照射样品,激发产生光电子。MgK_a 能量为 1253.6 eV,AlK_a 能量为 1486.6 eV,分光后的谱线宽度为 0.2~0.3 eV。

(2)电子枪

电子枪是俄歇电子能谱仪的激发源。由阴极产生的电子束经聚焦后成为很小的电子束斑打在样品上,激发产生俄歇电子。灯丝阴极材料一般用六氟化镧,六氟化镧灯丝比钨丝亮度大。现在的电子能谱仪也采用场发射电子枪,场发射电子枪可以提供比钨丝和六氟化镧丝更小的电子束斑,束流密度大,空间分辨率高,缺点是易损坏。电子枪又分为固定式和扫描式两种,扫描式电子枪的电子束在偏转电极控制下可以在样品上扫描,电子束斑直径大约 5 μm,这种电子能谱仪又叫俄歇探针,利用俄歇探针可以进行固体表面元素分析。

(3)真空紫外线光源

真空紫外线光源是紫外光电子能谱仪的激发源。理想的紫外光激发光源应能产生具有足够能量的紫外光,以便能电离较深的原子或分子轨道,并有足够的强度和较好单色性。常用的是氦共振灯,这种灯发射的 He(I) 射线的单色性好,自然宽度仅约 0.005 eV,强度高,且连续本底低,缺点是它的能量较低,不能激发能量大于 21 eV 的分子轨道和得到 He(I) 和 He(II)共振线。He(II)线的能量为 40.8 eV,故其激发能力提高很多。

3.电子能量分析器

电子能量分析器的作用是把不同能量的电子分开,使其按能量顺序排列成能谱。常用的电子能量分析器为静电式能量分析器和后加速显示型分析器。其中又分为球形分析器、扇形分析器和筒形分析器。球形分析器是由两个同心半球组成,内外球之间加电压,在两球面之间形成径向电场。对于一定的电压,只有一定能量的电子可以通过分析器进入检测器。如图 10-12 所示,只有能量为 E_2 的电子可通过分析器中心轨道进入检测器,而能量是 E_1 和 E_3 的电子不能进入检测器。若连续改变电压,即扫描电压,可以使不同能量的电子在不同的时间从能量分析器中心轨道通过,进入检测器。

4.检测器

电子能谱仪的检测器多使用单通道电子倍增器,由于串级碰撞作用,电子打到倍增器后可

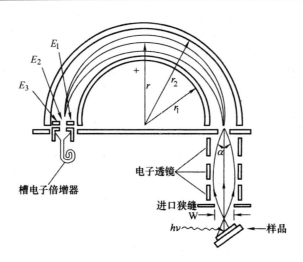

图 10-12 半球形电子能量分析器示意图

以有 $10^6 \sim 10^8$ 倍的增益,在倍增器末端输出很强的脉冲,脉冲放大后经多道分析器和计算机处理并显示。

5. 真空系统

电子能谱仪需要超高真空。因为,电子能谱仪是一种表面分析仪器,如果真空度没有足够高,清洁的样品表面会很快被残余气体分子所覆盖,这样就不能得到正确的分析结果;另外,光电子信号一般很弱,光电子能量也很低,过多的残余气体分子与光电子碰撞,可能使得光电子得不到检测,因此,电子能谱仪要求 $10^{-7} \sim 10^{-8}$ Pa 的真空度。为了达到这么高的真空度,电子能谱仪的真空系统由机械泵、分子涡轮泵、离子溅射泵和钛升华泵组成。

10.4.3 X 射线光电子能谱法(XPS)

用元素的特征 X 射线作为激发源,常用的有 AlK_a 线(能量为 1486.6eV)和 MgK_a 线。

电子结合能就是一个原子在光电离前后的能量差,即原子的始态 E_1 和终态 E_2 之间的能量差,所以电子的结合能也可表示为

$$E_b = E_2 - E_1$$

对于气态样品,可近似地视为自由原子或分子。如果把真空能级选为参比能级,电子的结合能就是真空能级和电子能级的能量之差。在实验中测得的是电子的动能,也就是 E_k。如果入射光子的能量大于电子的结合能,即可求得结合能 E_b。

但对于固体样品,由于真空能级 E_L 与表面状况有关,容易改变,计算结合能的参考点不是选真空中的静止电子,而是选用费米能级 E_F 即相当于 0K 固体能带中充满电子的最高能级为参比能级。显然当计算结合能的参比能级为费米能级 E_F,并在忽略 E_r 的情况下有

$$h\nu = E'_k + E_b + \varphi_{sa}$$

$$E'_b = E_b + \varphi_{sa}$$

式中, φ_{sa} 为功函数,即电子由 E_F 移到 E_L 所需的能量。如果样品是导体,则样品与分析仪器之间有很好的电接触,这样样品和谱仪的费米能级处在同一个能级水平上。但对于非导体样品,

费米能级就不很明确,如图 10-13 所示,费米能级位于充满的价带和空的导带之间的带隙中。

　　由于在实验中样品与谱仪相连并一同接地,且两者都是导体,因此样品和谱仪之间就产生一个接触电位差(ΔU),其值等于样品功函数与能谱仪功函数之差,即 $\Delta U = \varphi_{sa} - \varphi_{sp}$ 。当样品与能谱仪连接时,在相同的温度下,当两者达到动态平衡时,两种材料的费米能级是相同的,电子由样品进入能谱仪时,该接触电位将加速电子运动,使自由电子的动能从 E'_k 增加到 E_k 。图 10-14 所示为光电子激发过程的能量关系示意图,如略去 E_r ,从图 10-14 可以看出

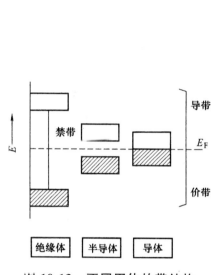

图 10-13　不同固体的带结构

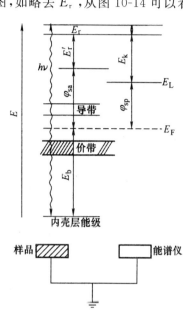

图 10-14　光电子激发过程的能量关系

$$E'_k + \varphi_{sa} = E_k + \varphi_{sp}$$

于是有

$$E_b = h\nu - E_k - \varphi_{sp}$$

　　此式是计算固体样品中原子内层电子结合能的基本公式。式中, φ_{sp} 为能谱仪功函数,对同一台仪器来说,仪器材料的功函数 φ_{sp} 约为 4 eV,入射 X 射线光子能量已知,这样,如果测出电子的动能 E_k ,便可得到固体样品中电子的结合能。各种原子、分子的电子结合能是一定的。因此,通过对样品产生的 X 射线光电子动能的测定,就可以了解样品中元素的组成。

　　任何外层价电子分布的变化都会影响内层电子的屏蔽作用:当外层电子密度减少时,屏蔽作用减弱,内层电子的结合能增加;反之结合能减少。在光电子谱图上可以看到谱峰的位移,称为电子结合能位移 ΔE_b 。这种由化学环境不同引起的结合能的微小差别叫化学位移,利用化学位移值可以分析元素的化合价和存在形式。

　　X 射线光电子能谱法是一种表面分析方法,提供的是样品表面的元素含量和形态,而不是样品整体的成分,其信息深度约为 3～5 nm。固体样品中除氢、氦之外的所有元素都可以进行XPS 分析。

10.4.4 紫外光电子能谱法(UPS)

紫外光电子能谱是以紫外光作激发光源,紫外光只能使结合能不大于紫外光子能量的第 n 个分子轨道中某个电离能为 I_n 的电子电离。当气体样品在紫外光作用下由分子中激发出一个光电子后,便相应的产生一个分子离子。因此,入射紫外光的能量($h\nu$)将用于电子的电离能 I_n、光电子的动能 E_k、分子的振动能 E_v 和转动能 E_r,有:

$$h\nu = E_k + E_v + E_r + I_n$$

式中,E_v 大约为 $0.05 \sim 0.5$ eV,显然 E_v 和 E_r 比 I_n 小得多。于是得

$$E_k = h\nu - I_n$$

$n = 1$ 为最高占据轨道,$n = 2$ 为第一个内轨道,等等。被激发电子的电离能 I_n 越大,则测出的电子动能 E_k 越小,如图 10-15 所示。

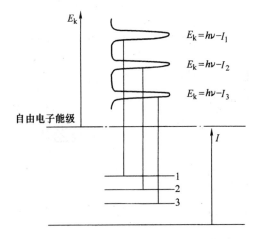

图 10-15 电子能级和光电子能谱

目前,在各种电子能谱法中,只有紫外光电子能谱是研究振动结构的有效方法,可以观察到振动的精细结构。X 射线光电子是由原子内层电子激发出来的,其结合能比离子的振动能和转动能要大得多,而 X 射线的自然宽度也比紫外线宽得多,所以它不能分辨出振动的精细结构。

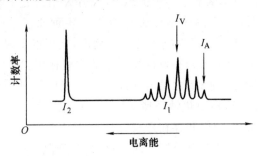

图 10-16 高分辨紫外光电子能谱

图 10-16 所示为用高分辨紫外光电子能谱仪得到的谱图,从该谱可以分辨振动结构。图中第一谱带 I_1 是由分子中与第一电离能相关的能级上的电子被逐出后产生的,第二个谱带 I_2

则是与第二电离能相关的能级上的电子被逐出后产生的。第一谱带 I_1 中又包括几个峰,这些峰对应于振动基态的分子到不同振动能级的离子跃迁。其中,第一个峰对应于分子由振动基态至分子离子振动基态的跃迁,也对应于绝热电离能 I_A。最强的峰对应于垂直电离能 I_V。谱带中每一个峰的面积代表产生每种振动态离子的概率,谱带宽度表示从分子变成离子经过的几个构型变更。根据各个振动能级峰之间的能量差 ΔE_V,可计算分子离子的振动频率 ν,分子对应的振动频率 ν_0 可以从红外光谱测得,把 ν 和 ν_0 加以比较,可以反映出发射光电子的分子轨道和键合性质。如果是成键电子被发射出来,则 $\nu < \nu_0$。若发射的是反键电子则 $\nu > \nu_0$。

谱带的形状可以反映了分子轨道的键合性质。图 10-17 所示为 6 种典型的谱带形状。如果光电子是从非键或弱键轨道上发射出来的,分子离子的核间距离与中性分子的几乎相同,绝热电离能和垂直电离能一致,这时谱图上出现一个尖锐的对称峰,如图 10-17(a)所示的谱带。如果光电子从成键或反键轨道发射出来,分子离子的核间距比母体分子的较大或较小,绝热电离能和垂直电离能不一致,垂直电离能具有最大的跃迁几率,因此谱带中相应的峰最强,其它的峰较弱,如图 10-17(b)和图 10-17(c)所示。谱带中电离能最小的峰对应于由分子振动基态跃迁到分子离子振动基态所需的能量,即绝热电离能。从谱带中强度最大的那个峰所对应的能量为垂直电离能。从非常强的成键或反键轨道发生的电离作用往往呈现缺乏精细结构的宽谱带,如图 10-17(d)中的谱带,其原因可能是振动峰的能量间距过小,谱仪的分辨率不够或者有其它使振动峰加宽的因素所造成。有时振动精细结构叠加在离子解离的连续谱上面就形成了图 10-17(e)谱带形状。如果分子被电离以后,离子的振动类型不止一种,谱带呈现一种复杂的组合带,如图 10-17(f)所示谱带。

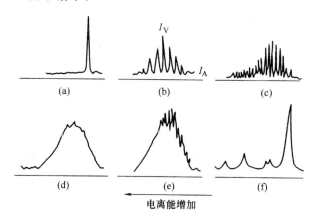

图 10-17　紫外光电子能谱中典型的谱带形状

通过紫外光电子能谱可分析振动的精细结构,求得绝热电离能和垂直电离能。峰面积代表产生每种振动态离子的概率。根据各振动能级的峰之间的能量差,可计算分子离子的振动频率。此外,还可以把分子离子的频率和母体分子的频率相比较来探知被解离的是反键、成键或非键电子,由此推得分子轨道的成键特性。图 10-18 所示为某些轨道的电离能范围。这种图可以帮助我们预测较复杂的分子轨道电离能和解释谱图中的峰所对应的轨道性质。

在紫外光电子能谱中,由于价电子的谱峰很宽,所以在实验上测定其化学位移很困难。而

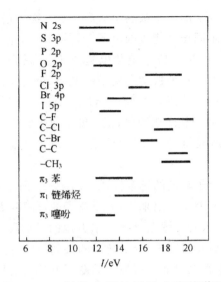

图 10-18　某些典型轨道的电离能范围

一些由非键或弱键轨道中电离出来的电子的谱峰很窄。其化学位移很容易被测量,而它们又与元素所处的化学环境有关,所以能够提供一些结构信息。一般说来,根据谱带的形状和位置,可以知道分子轨道的一些信息。某些典型的轨道的电离电位范围,即谱带出现的位置,可以帮助我们估计有关谱峰所对应的轨道性质。

在实际工作中,常采用谱的"指纹"来进行鉴定,即将未知化合物的谱图与已知化合物的谱图进行比较。很明显,这种方法并不需要对谱图进行严格的解释,容易掌握。

10.4.5　俄歇电子能谱法(AES)

外层电子向内层跃迁过程所释放的能量,可能以 X 光的形式放出,也可能又使核外另一个电子激发成为自由电子,这种自由电子就是俄歇电子。对于一个离子来说,激发态离子在释放能量时只能进行一种发射即特征 X 射线或俄歇电子。原子序数大的元素,特征 X 射线的发射概率较大,原子序数小的元素,俄歇电子发射概率较大,当原子序数为 33 时,两种发射概率大致相等。因此,俄歇电子能谱适用于轻元素的分析。

离子处于激发态。激发态离子由于趋向稳定,自发地通过弛豫而达到较低能级。它有两种相互竞争的去激发过程:

①发射荧光 X 射线

$$M^{+*} \longrightarrow M^+ + h\nu$$

②发射俄歇电子

$$M^{+*} \longrightarrow M^{2+} + e^-$$

当形成激发态离子后,外层电子向空穴跃迁并释放能量,这种能量又使同一层或更高层的另一电子电离,这被电离的电子便是俄歇电子,最后原子呈双电离态。由于俄歇电子的产生涉及始态和终态两个空穴,故俄歇电子峰可用 3 个电子轨道符号表示。例如,电子束将某原子 K 层电子激发为自由电子,L 层电子跃迁到 K 层,释放的能量又将 L 层的另一个电子激发为俄歇电子,它称为 KLL 俄歇电子。

俄歇电子的动能只能与电子在物质中所处的能级和仪器的功函数够有关,与激发源的能量无关。因此要在 X 射线光电子能谱中识别俄歇电子峰,可变换 X 射线源的能量。X 射线光电子峰会发生移动,而俄歇电子峰的位置不发生变化。

对于原子序数为 Z 的原子,俄歇电子的能量可以用下面经验公式计算:

$$E_{WXY}(Z) = E_W(Z) - E_X(Z) - E_Y(Z+\Delta) - \varphi$$

式中,$E_{WXY}(Z)$ 为原子序数为 Z 的原子 W 空穴被 X 射线光电子填充得到的俄歇电子 Y 的能量。$E_W(Z) - E_X(Z)$ 为 X 射线光电子填充 W 空穴时释放的能量。$E_Y(Z+\Delta)$ 为 Y 电子电离所需的能量。因为 Y 电子是在已有一个空穴的情况下电离的,因此,该电离能相当于原子序数为 Z 和 Z+1 之间的原子的电离能。

将俄歇电子的能量制成谱图手册,只要测定出俄歇电子的能量,对照现有的俄歇电子能量图表即可确定样品表面的成分。

俄歇电子能谱法是一种灵敏度很高的表面分析方法,可以进行除氢氦之外的多元素一次定性分析。同时,还可以利用俄歇电子的强度和样品中原子浓度的线性关系,进行元素的半定量分析。

10.4.6　电子能谱法的应用

1. XPS 的应用

（1）表面元素的定性分析

XPS 主要应用是测定电子的结合能来实现对表面元素的定性分析。图 10-19 所示为高纯铝基片上沉积 $Ti(CN)_2$ 薄膜的 X 射线光电子能谱图。所用 X 射线源为 MgK_a,谱图中的每个峰表示被 X 射线激发出来的光电子,根据光电子能量,可以标识出是从哪个元素的哪个轨道激发出来的电子,如 Al 的 2s、2p 等。由谱图可知,该薄膜表面主要有 Ti、N、C、O 和 Al 元素存在。这样就可以实现对表面元素的定性分析。定性的标记工作可以由计算机来进行。

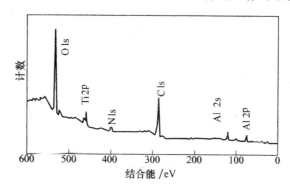

图 10-19　高纯铝基片上沉积 $Ti(CN)_2$ 薄膜的 XPS 谱图

（2）元素的半定量分析

XPS 谱图中峰的高低表示这种能量的电子数目的多少,也即相应元素含量的多少。由此,可以进行元素的半定量分析。由于各元素的光电子激发效率差别很大,因此,这种定量结果会有很大误差。XPS 提供的半定量结果是表面 3～5 nm 的成分,而不是样品整体的成分。元素所处化学环境不同,其结合能也会存在微小差别,依靠这种微小差别可以确定元素所处的状态。由于化学位移值很小,而且标准数据较少,给化学形态的分析带来很大困难。此时需要用标准样品进行对比测试。图 10-20 所示为压电陶瓷 PZT 薄膜中碳的化学形态谱。

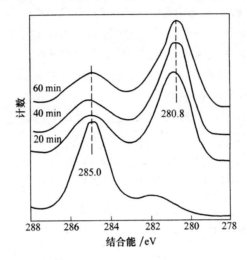

图 10-20　压电陶瓷 PZT 薄膜中碳的化学形态谱

图 10-20 中结合能为 285.0 eV 和 280.8 eV 两个峰分别是有机碳和金属碳化物的 C 1s 峰。由图可以看出,薄膜表面有机碳信号很强,随着离子溅射时间的增加,有机碳逐渐减少,金属碳化物逐渐增加。这说明在 PZT 薄膜中的碳是以金属碳化物的形态存在韵。薄膜表面的有机碳是由于表面污染所致。

（3）化合物的结构鉴定

X 射线光电子能谱法对于内壳层电子结合能化学位移的精确测量,能提供化学键和电荷分布方面的信息。例如,图 10-21 是 1,2,4－三氟代苯和 1,3,5－三氟代苯的 C 1s 光电子能谱。苯的 C 1s 电子能谱只有 1 个峰,这说明苯分子中 6 个 C 原子的化学环境是相同的。在氟代苯中除六氟代苯外,其余都有两种不同化学环境的 C 原子,因此 C 1s 电子将出现 2 个峰。和氟相连的 C 1s 电子结合能比和 H 相连的 C 原子的结合能大约高 2～3 eV。

（4）分子生物学

X 射线光电子能谱应用于生物大分子研究方面也有不少例子。例如,维生素 B_{12} 是在 C、H、O、N 等 180 个原子中只有 1 个 Co 原子,因此在 10 nm 的维生素 B_{12} 层中只有非常少的 Co 原子。可是从维生素 B_{12} 的 X 射线光电子能谱中仍能清晰地观察到 Co 的电子峰,如图 10-22 所示。

2.AES 的应用

（1）元素的定性分析

AES 最主要的应用是进行表面元素的定性分析。AES 谱的范围可以达到 20～1700 eV。

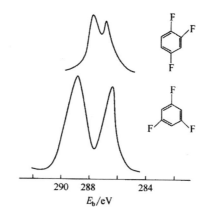

图 10-21　1,2,4-三氟代苯和 1,3,5-三氟代苯的 C 1s 光电子能谱

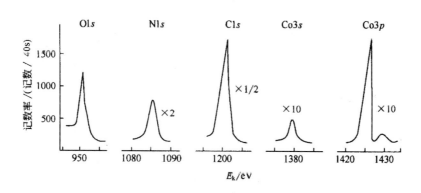

图 10-22　维生素 B$_{17}$ 的 X 射线光电子能谱

因为俄歇电子强度很弱,用记录微分峰的办法可以从大的背景中分辨出俄歇电子峰,得到的微分峰十分锐,很容易识别。图 10-23 所示为银原子的俄歇电子能谱,其中,曲线 a 为各种电子信息谱,b 为曲线 a 放大 10 倍,c 为微分电子谱,$N(E)$ 为能量为 E 的电子数,利用微分谱上负峰的位置可以进行元素定性分析。

图 10-24 所示为金刚石表面 Ti 薄膜的 AES 谱,分析 AES 谱中知道,该薄膜表面含有 C、Ti 和 O 等元素。当然,在分析 AES 谱时,要考虑绝缘薄膜的荷电位移效应和相邻峰的干扰影响。与 XPS 相似,AES 也能给出半定量的分析结果。这种半定量结果是深度为 1～3 nm 表面的原子数百分比。

(2)元素价态的分析

AES 法也可以利用化学位移分析元素的价态。但是由于很难找到化学位移的标准数据,谱图的解释比较困难。

由于俄歇电子能谱仪的初级电子束直径很细,并且可以在样品上扫描,因此可以进行定点分析、线扫描、面扫描和深度分析。在进行定点分析时,电子束可以选定某分析点,或通过移动样品,使电子束对准分析点,可以分析该点的表面成分、化学价态和进行元素的深度分布。电子束也可以沿样品某一方向扫描,得到某一元素的线分布,并且可以在一个小面积内扫描得元

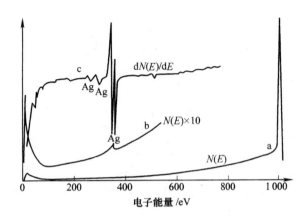

图 10-23　银原子的俄歇电子能谱

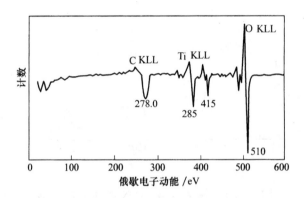

图 10-24　金刚石表面 Ti 薄膜的 AES 谱

素的面分布图。利用氩离子枪剥离表面,俄歇电子能谱仪同样可以进行深度分布。由于它的采样深度比 XPS 浅,因此,可以有比 XPS 更好的更深度分辨率。进行深度分析也是俄歇电子能谱仪的最有用的功能。图 10-25 所示为 PZT/Si 薄膜界面反应后的深度分析谱,图中溅射时间对应于溅射深度,由图可以看出,在 PZT 薄膜与硅基底间形成了稳定的 SiO_2 界面层,这个界面层是由表面扩散的氧与从基底上扩散出来的硅形成的。

3. UPS 的应用

UPS 研究原子和分子的价电子,而不是内层电子。因此,与 X 射线光电子能谱相比,它从另一个方面提供了一些有关物质的结构信息,所以在应用方面,它们是相互补充的。

(1)物质结构研究

紫外光电子能谱法能精确的测量物质的电离电位。对于气态的样品来说,电离电位近似对应于分子轨道的能量。这对于解释分子结构,验证分子轨道理论的结果等,提供有力的依据。根据紫外光电子能谱图,可以得到大量有关非键电子和成键电子的信息。这对于判断分子中化学键的性质,无疑是极其有用的信息。某些情况下,还可能推测出基态或激发态分子离子的几何构型。

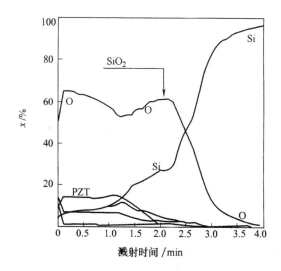

图 10-25　PZT/Si 薄膜界面反应后深度分析谱

（2）定性分析

紫外光电子能谱也具有分子"指纹"性质。虽然这种方法不适合用于元素的定性分析，但可用于鉴定同分异构体，确定取代作用和配位作用的程度和性质。

（3）表面分析

紫外光电子能谱也能用于研究固体表面吸附、催化以及固体表面电子结构等。

10.5　热分析法

10.5.1　差热分析技术

差热分析（DTA）也称示差热分析，是在程序控制温度下，测量在试样池中试样与参比物之间的温度差与温度关系的一种热分析方法。

试样在加热（或冷却）过程中，凡有物理变化或化学变化发生时，就有吸热（或放热）效应发生。若以在实验温度范围内不发生物理变化和化学变化的惰性物质作参比物，试样和参比物之间就出现温度差，温度差随温度变化的曲线称差热曲线或 DTA 曲线。差热分析是研究物质在加热（或冷却）过程中发生各种物理变化和化学变化的重要手段。它比热重量法能获得更多的信息。熔化、蒸发、升华、解吸、脱水为吸热效应，吸附、氧化、结晶等为放热效应，分解反应的热效应则视化合物性质而定。为此，需借助热重量法、X 射线衍射法、红外光谱法和逸气分析、化学分析等方法来弄清各效应的本质。

1. 差热分析技术原理

试样和参比物之间的温度差用差示热电偶测量，如图 10-26 所示，差示热电偶由材料相同的两对热电偶组成，按相反方向串接，将其热端分别与试样和参比物容器底部接触，并使试样和参比物容器在炉子中处于相同受热位置。

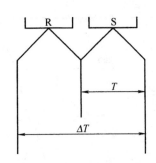

图 10-26　DAT 原理示意图

S.试样；R.参比物；T.温度；ΔT.温度差

当试样没有热效应发生时，试样温度 T_S 与参比物温度 T_R 相等，$T_S = T_R = 0$。两对热电偶的热电势大小相等，方向相反，互相抵消，差示热电偶无信号输出，DTA 曲线为一直线，称基线。当试样有吸热效应发生时，$\Delta T = T_S - T_R < 0$，差示热电偶就有信号输出，DTA 曲线会偏离基线。随着吸热效应速率的增加，温度差则增大，偏离基线也就更远，一直到吸热效应结束，曲线又回到基线为止，在 DTA 曲线上就形成一个峰，称吸热峰。放热效应中，$T_S - T_R > 0$则峰的方向相反，称放热峰。

DTA 曲线如图 10-27 所示，纵坐标表示温度差 ΔT，ΔT 为正表示试样放热；ΔT 为负表示试样吸热。横坐标表示温度。$ABCA$ 所包围的面积为峰面积，$A'C'$ 为峰宽，用温度区间或时间间隔来表示。

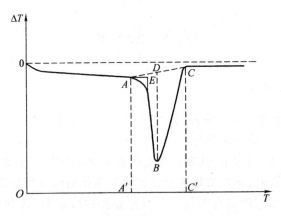

图 10-27　DAT 曲线

T.温度；ΔT.温度差；E.外推起始点；BD.高峰；$A'C'$.峰宽

BD 为峰高，A 点对应的温度 T_i 为仪器检测到的试样反应开始的温度，T_i 受仪器灵敏度的影响，通常不能用作物质的特征温度。E 点对应的温度 T_e 为外延起始温度，国际热分析协会（ICTA）定为反应的起始温度。E 点是由峰的前坡（图中 AB 段）上斜率最大的一点作切线与外延基线的交点，称外延起始点。B 点对应的温度 T_p 为峰顶温度，它受实验条件影响，通常也不能用作物质特征温度。

如图 10-28 所示曲线是典型的 DTA 曲线，可以清晰地看到差热峰的数目、高度、位置、对称性以及峰面积。于是,可以根据已知图谱来鉴别试样的种类,这是定性分析的依据。

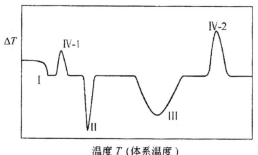

Ⅰ—玻璃化转变(温度定);Ⅱ—熔融、沸腾、升华、蒸发的相转变,也叫一级转变;Ⅲ—降解、分解;Ⅳ-1—结晶;Ⅳ-2—氧化分解

图 10-28　典型的 DTA 曲线

2.差热分析仪

差热分析仪的主要组成为:
①测量温度差的电路。
②加热装置和温度控制装置。
③样品架和样品池。
④气氛控制装置。
⑤记录输出系统。

差热分析仪示意如图 10-29 所示。两个小坩埚(样品池)置于金属块(如钢)中相匹配的空穴内,坩埚内分别放置样品和参比物,参比物(如 Al_2O_3)的量与样品量相等。在盖板的中间空穴和左右两个空穴中分别插入热电偶,以测量金属块和样品、参比物温度。金属块通过电加热而慢慢升温。由于两坩埚中热电偶产生的电信号方向相反,因此可以记录两者的温差。若两者温度虽然呈线性增加,但温差为零,两者电信号正好相抵消,其输出信号亦为零。只要样品发生物理变化,就伴随热量的吸收和放出。例如碳酸钙分解时逸出 CO_2,它就从坩埚中吸收热量,其温度显然低于参比物,它们之间的温差给出负信号。反之,若由于相变或失重导致热量的释放,样品温度高于参比物,直到反应停止,此时两者温差给出正信号。

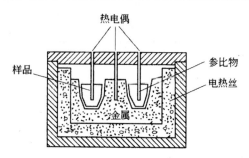

图 10-29　差热分析仪示意图

热电偶是差热分析技术中检测温度的常用装置。差热分析技术的主要问题之一是方便而能再现地取得试样和参比物的实际温度的正确读数。和热重分析技术一样,其热平衡非常重要。试样的内部和外部之间总有一定的温度差;实际上,反应往往发生在试样的表面,而内部仍然未反应,因此试样用量要尽可能少,并且颗粒大小和填装尽可能要均匀,这样就可以将上述效应减少到最低程度。根据使用仪器的不同,热电偶可以插入试样中,或者简化成与试样架直接接触。在任何情况下,热电偶对于每次实验都必须精确定位。参比物热电偶和试样热电偶对温度的影响应该相匹配,并且试样热电偶和参比物热电偶在炉内的位置应该完全对称。

加热和温度控制装置非常类似于热重分析中使用的装置。炉子的结构应该使热电偶不受干扰。为进一步减少这干扰的可能性,大部分仪器都有试样和参比物的内金属室,以使电屏蔽和使热波动减少到最低程度。

试样表面和内部的温度差的大小与两个因素有关:加热速率以及试样和试样架的热导率。因此,即便在加热速率较大时,具有高热导率的金属试样表面和内部也接近恒温。对热平衡问题的解决办法显然是增大试样的热导率。然而,这种方法也有缺点,反应产生或吸收的热量将部分或完全流向环境或被来自环境的热量所补偿。最好的办法是使用热导率比试样热导率低的差示分析池。

表 10-1 所列为影响差热分析曲线的常见因素。试样周围气氛的影响和热重分析中的情况完全相同,它可能是一个严重的问题,也可能是一个有利于分析的手段。

表 10-1 影响差热分析曲线的一些因素

因素	影响	校正或控制
加热速率	改变峰大小和位置	用低加热速率
试样量	改变峰大小和位置	减少试样量或降低加热速率
热电偶位置	不再现的曲线	每一次操作都用相同的位置
试样颗粒大小	不再现的曲线	用均匀的小颗粒
试样的热导率	峰位置变化	与热导稀释剂混合或降低加热速率
差热分析池的热导率	峰面积变化	减少热导率以增大峰面积
与气氛的反应	改变峰大小和位置	小心控制(可能是有利的)
试样填装	不再现的曲线	小心控制(影响热导率)
稀释剂	热容和热导率变化	小心选择(可能是有利的)

3.影响差热分析的因素

影响差热分析的主要因素有升温速率、气氛和压力、预处理的用量、纸速大小、参比物和稀释剂的选择等。

(1)预处理用量

试样用量大,易使相邻两峰重叠,降低了分辨力。一般尽可能减少用量,最多大至毫克。试样的颗粒度在 $100\sim200$ 目左右,颗粒小可以改善导热条件,但太细可能会破坏试样的结晶度。对易分解产生气体的试样,颗粒应大一些。参比物的颗粒、装填情况及紧密程度应与试样一致,以减少基线的漂移。

(2)升温速率

升温速率不仅影响峰的位置,而且影响峰面积的大小,一般来说,在较快的升温速率下峰面积变大,峰变尖锐。但是快的升温速率使试样分解偏离平衡条件的程度也大,因而易使基线漂移。更主要的可能导致相邻两个峰重叠,分辨力下降。较慢的升温速率,基线漂移小,使体系接近平衡条件,得到宽而浅的峰,也能使相邻两峰更好地分离,因而分辨力高。但测定时间长,需要仪器的灵敏度高。一般情况下选择 $10\sim15℃\cdot min^{-1}$ 为宜。

(3)参比物和稀释剂

参比物质是很重要的,但往往被忽略。对参比物质的主要要求是,参比物质在分析的温度范围内应该是惰性的,它不应该与试样架或热电偶反应,它的热导率应该与试样的热导率相匹配,以避免 DTA 曲线的基线漂移或弯曲。对于无机样品,氧化铝、碳化硅常用作参比物,而对于有机样品,则可使用有机聚合物,例如硅油。

试样存在时稀释剂必须是惰性的。如前所述,使用稀释剂的目的之一在于它能使试样和参比物的热导率相匹配。此外,当反应组分的量改变时,可用它来使试样量维持恒定。试样太少以致不方便直接称量时,也可使用稀释剂。

(4)气氛和压力

气氛和压力可以影响试样化学反应和物理变化的平衡温度、峰形。因此,必须根据试样的性质选择适当的气氛和压力,有的试样易氧化,可以通入 N_2,Ne 等惰性气体。

(5)纸速

在相同的实验条件下,同一试样如走纸速率快,峰的面积大,但峰的形状平坦,误差小;走纸速率小,峰面积小。因此,要根据不同试样选择适当的走纸速率。现在比较先进的差热分析仪多采用计算机记录,可大大提高记录的精确性。

除上述外还有许多因素,诸如试样管的材料、大小和形状,热电偶的材质,以及热电偶插在试样和参比物中的位置等,都是应该考虑的因素。

4.差热分析技术应用

差热分析加热曲线既可用于定性分析,也可用于定量分析。峰的位置和形状可用来测定试样组成。峰的面积与反应热和存在物质的量成正比,所以也可以用于定量分析。此外,在小心控制的条件下加热曲线的形状可用来研究反应热、动力学、相变、热稳定性、试样组成和纯度、临界点和相图。

用差热分析技术还可以测定热容。在参比物和试样的热容相同的理想体系中,测得仪器的"真正"基线。用不同热容的参比物和试样时,基线会不同。用未知试样时的基线位移和用已知热容的试样时的基线位移相比较,可以测定未知试样的热容。由于试样热容的变化,在差热分析峰后面几乎总是观察到基线位移。此外,聚合物的玻璃态化之类的某些反应实际上不产生差热分析峰,但在玻璃态化温度时有比较明显的基线位移。

差热分析最常见的应用大概是聚合物分析,图 10-30 所示为非晶形和晶形高聚物的差热分析曲线。在小心控制的条件下,加热曲线的形状表明了聚合物的类型和制备方法。聚合物的结晶度在很大程度上决定其物理性质。在差热分析中,通常有两个峰,一个峰对应于试样结晶部分的反应;另一个峰对应于非结晶部分的反应。可以用这些峰的大小计算结晶度百分数。差热分析技术在这种应用中的显著优点在于可以研究未处理的聚合物,因为避免了由于试样处理所引起的可能变化。用差热分析技术可以迅速地评价燃料以确定其来源和特性。像热重分析技术一样,用差热分析技术可以分析黏土和土壤。

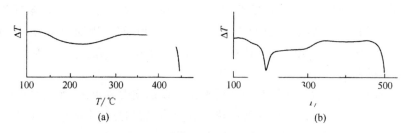

图 10-30　非晶形和晶形高聚物的差热分析曲线

另外,差热分析在化工、冶金、地质、建筑、机电、医药、食品、纺织、农林、环境保护等领域也有着广泛、深入、迅猛的应用前景。

10.5.2　热重分析技术

1. 热重分析技术原理

热重分析技术(TG)涉及在各种不同的温度下连续测量试样的质量。记录质量随温度变化关系得到的曲线称作热重量曲线(或 TG 曲线)。

适于进行热重量分析的试样是参与下列两大类反应之一的固体:

$$反应物(固体) \rightarrow 产物(固体) + 气体$$
$$气体 + 反应物(固体) \rightarrow 产物(固体)$$

第一个反应涉及质量减少,第二个反应涉及质量增加。不发生质量变化的过程(例如试样的熔化)显然不能用 TG 加以研究,这是 TG 研究对象的重要特点之一。

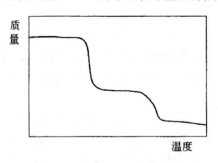

图 10-31　典型热重量曲线

TG 的第二个主要特点是不同的样品组成,观察到的质量变化大小不同。如图 10-31 所示曲线是一条典型的热重量曲线,实际上在较多的热重分析中,都是检测温度升高时的质量变化情况。热重分析的主要应用是精确测定几个相继反应的质量变化。质量变化的大小与直接所进行反应的特定化学计量关系有关。因此,可以对已知样品组成的试样进行精确的定量分析,此外通过热重量曲线还能推断样品的磁性转变(居里点)、热稳定性、抗热氧化性、吸附水、结晶水、水合及脱水速率、吸附量、干燥条件、吸湿性、热分解及生成产物等质量相关信息。

2.热重分析仪

热重分析测定质量随温度变化而产生的变化,因此仪器主要包括温度控制与测量、质量测定两个部分。结果也仅有两种情况:一种是在某一温度下样品因分解、蒸发等产生的失重;另一种是在某一温度范围内不产生失重,说明样品材料性质比较稳定。

温度控制与测量主要由加热炉和温度测量热电偶组成,根据工作需要可以选用适应于不同温度范围的热电偶,此系统需要解决的问题是如何保证加热炉、样品及热电偶三者温度的一致性或相关性。

质量的测量主要由微天平来完成,早期使用 Chevanard 天平来进行测量,如图 10-32 所示,在这样的装置中,样品在加热炉里以指定的升温速度加热,天平随时记录质量变化。

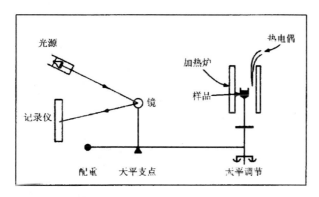

图 10-32　Chevanard 天平

另一种称量方法是利用零点补偿进行测量,如图 10-33 所示,在分析过程中随着样品称重变化,补偿线圈中电流产生相应变化以保证样品杯始终处于在加热炉中一个指定的区域,可以有效地保持加热炉温度与样品温度的相关性变化不大。

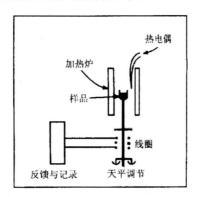

图 10-33　零点补偿天平

还有一种是直接称量方式的仪器,如图 10-34 所示,在这类仪器中,通过弹簧秤、自平衡秤及 Cahn 电子天平等进行测量,如利用石英弹簧上指针可以直接读出质量变化。

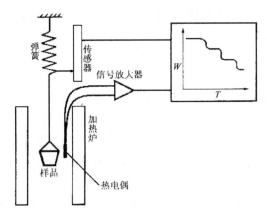

图 10-34　直接称量热分析仪

3.热重分析技术应用

　　TG 分析法的主要应用对象是在温度变化的情况下涉及质量变化的样品。早期的应用之一是精确测定分析沉积物的干燥或点火条件。虽然这一分析应用已失去其重要性,但仍有几个 TG 能解决的问题。例如,TG 能给出一个样品的水含量,或区分吸水和结合水,因为它们通常在不同温度下逸出。

　　热重分析技术成功地分析了两价阳离子草酸盐混合物,其精度甚高。钙、锶和钡的草酸盐一水合物的混合物从 100～250℃将失去它们的所有结合水。三种无水的草酸盐从 360～500℃将同时分解成碳酸盐,在更高温度下碳酸盐又会以下列顺序分解成氧化物:钙(620～860℃)、锶(860～1100℃)和钡(1100℃以上)。除了比较常见的草酸盐外,热重分析技术还可研究金属离子与其他有机沉淀剂所形成的沉淀,其中包括性质非常相似的镧系元素所形成的沉淀。

　　用热重分析技术还可以测定黏土和土壤中的水含量、碳酸盐含量和有机物质含量。可以用热重量曲线比较相似化合物的稳定性,例如研究金属碳酸盐热分解成各自的氧化物,就可以比较它们的稳定性。定性地说,分解温度越高,稳定性就越高。

　　另外,还能用 TG 进行煤的近似分析,如图 10-35 所示。若首先在惰性气氛 N_2 中加热,可从热重分析图上读出水分和挥发物的含量。然后在一个固定温度下,热天平自动将气氛切换至碳可燃烧的氧化气氛,这样就可从 TG 曲线读出碳的含量以及灰分含量。用 TG 仪器所得结果的准确性与需要更多人工操作的标准批料方法所得结果具有可比性。

　　热重分析技术还可用于研究新的氧化超导体。自从 1986～1987 年被发现后,大多数以应用为目的的研究集中在所谓的 1-2-3 化合物,即 $YBa_2Cu_3O_{7-x}$。由 X 确定的氧含量对于超导性能是至关重要的。对于较高临界温度,X 应小,即氧含量应接近于 7。氧含量是通过在空气中缓慢冷却来控制的,这可用 TG 进行检测,并可用热重分析技术测定氧含量。

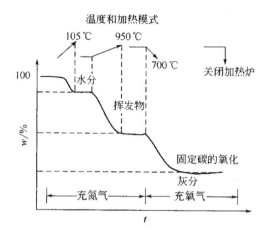

温度和加热模式

图 10-35　用 TG 进行煤的近似分析

10.5.3　差示扫描量热技术

1. 差示扫描量热技术原理

差示扫描量热技术(DSC)的基础是样品和参比物各自独立加热,保持试样与参比物的温度相同,并测量热量(维持两者温度恒定所必须的)流向试样或参比物的功率与温度的关系。当参比物的温度以恒定速率上升时,若在发生物理和化学变化之前,样品温度也以同样速率上升,两者之间不存在温差。当样品发生相变或失重时,它与参比物之间产生温差,从而在温差测量系统中产生电流。此电流又启动一继电器,使温度较低的样品(或参比)得到功率补偿,两者的温度又处于相等。为维持样品和参比物的温度相等所要补偿的功率,相当于样品热量的变化。差示扫描热量曲线是差示加热速率与温度关系曲线,如图 10-36 所示。

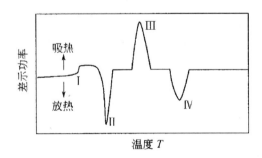

图 10-36　典型的 DSC 曲线

Ⅰ－玻璃化转变(温度 Tg)；Ⅱ－冷结晶；Ⅲ－熔融、升华、蒸发的相转变；Ⅳ－氧化分解

由差示扫描量热技术得到的分析曲线与差热分析相同,只是更准确、更可靠。当补偿热量输入样品时,记录的是吸热变化;反之,补偿热量输入参比物时,记录的是放热变化。峰下面的面积正比于反应释放或吸收的热量,曲线高度则正比于反应速率。

热重分析技术测定加热或冷却时样品质量的变化。而差热分析技术(DTA)和差示扫描量热技术(DSC)技术则是涉及能量变化的测定,这两种方法紧密相关,产生同一种信息。

从实用角度看,区别在于仪器的操作及构造原理:DTA 技术测定样品和参比物间的温度差异,而 DSC 技术则保持样品与参比物的温度一致,测定保持温度一致所需热能的差别。DTA 和 DSC 能够测定一个样品加热或冷却时的能量变化,检测的现象可以是物理性质或化学性质。

若已知参比物的热容,那么可以在较宽的范围内测试试样的热容。例如,很多聚合物的结构的变化只有很小的 ΔH,用差热分析技术实际上不能检测,但用差示扫描量热技术可以定量测量 Δc_p。

表 10-1 所列的因素对差热分析曲线有不利的影响,但对差示扫描量热曲线的影响却非常小。特别是,由曲线下的总面积所得的测量结果(ΔH 和试样质量的计算)不受影响。然而,这些因素可能对反应速率及其相关的计算值有影响,尤其当试样与参比物中出现较大的热梯度时,影响更为严重。

在差示扫描量热技术中必须考虑放热反应的放热速率。即使关闭平均加热器和差示加热器,迅速的放热反应也可能使试样温度升高速率超过程序加热速率。吸热过程中有时也存在类似的问题,这时迅速的吸热反应可能严重地冷却试样,以至整个加热器最大程度地联合供热也不能维持线性加热速率和等温条件。调整加热速率或试样量,可以将上述两种情况予以校正。

2. 差示扫描量热技术应用

由于差示扫描量热技术和差热分析技术非常类似,所以前面描述和提及的差热分析都适用于差示扫描量热技术。同样,差示扫描量热技术也可测定热容(比热容),如前所述,示差功率($cal \cdot s^{-1}$)除以加热速率($℃ \cdot s^{-1}$)等于试样和参比物间的热容差($cal \cdot ℃^{-1}$,仅在基线区)。由基线位移可看到热容的变化。基线的明显升高是聚合物玻璃态化转变的特征。比较试样的热容与标准物的已知热容,可以计算试样的绝对热容,然后将试样的绝对热容除以试样的质量,就计算出比热容。

差示扫描量热技术还可以测定反应焓。若通过差示扫描量热曲线观察到熔点降低,还可以测定高纯有机物中的杂质。

例如,测定药物纯度的方法有多种,如紫外光谱、红外光谱、高效液相色谱等,而热分析方法则由于样品用量少、操作简便等优点,应用越来越广泛。

当物质含有杂质时 DSC 峰会变宽、熔点降低。样品纯度在 99% 左右,用 DSC 测定纯度的准确性可在 ±0.1% 以内。纯度分析是根据 Van't Hoff 公式推导而得,其计算公式为:

$$X = \frac{(T_0 - T_m)\Delta H_f}{RT_0^2}$$

式中:X 为杂质摩尔浓度;T_0 为纯样品的熔点;T_m 为样品的熔点;ΔH_f 为纯物质的摩尔熔化热焓,$J \cdot mol^{-1}$;R 为气体常数($8.341\ J \cdot mol^{-1}$)。

利用热分析数据工作站和纯度计算软件可快速、方便、准确计算纯度值。

图 10-37 所示为国产与进口的达那唑(Danazol)制剂的 DSC 曲线,由图可知两者的熔点峰基本一致,300 ℃ 开始分解,两者也基本相同,故可确定两者是相同的。

图 10-38 所示为国产与进口的布洛芬原料的 DSC 曲线,从图可见进口的熔点高,国产的熔点低,并且国产的有一个小肩峰,这说明国产的布洛芬原料纯度差。

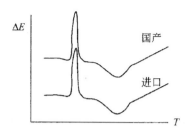

图 10-37　国产与进口的达那唑制剂的 DSC 曲线

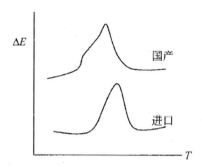

图 10-38　国产与进口的布洛芬原料的 DSC 曲线

差热分析可以检测相变,但为了得到满意的定量数据应采用差示扫描量热技术。图 10-39 所示为 $CuSO_4 \cdot 5H_2O$ 的热分解曲线比较(差热分析曲线和差示扫描量热曲线的比较)。差热分析曲线[图 10-39(a)]的温度上升曲线的斜率,由于样品的放热或吸热而有一定程度的扰乱,但在差示扫描量热技术中[图 10-39(b)]却不受干扰,峰形更规则,定量更准确。曲线中三个吸热峰表示 $CuSO_4 \cdot 5H_2O$ 先后失去 2 分子,2 分子和 1 分子 H_2O。在实际工作过程中,有时只用单一热分析技术不能提供足够的信息,以解决较复杂的问题,因此可以采用热分析联用技术来获得满意结果。

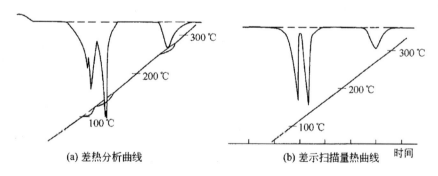

图 10-39　$CuSO_4 \cdot 5H_2O$ 的热分解曲线比较

联用技术能够多侧面多角度反映物质的同一个变化过程,因此更利于分析和判断。由于 TG 和 DTA(或 DSC)一起能提供互补的信息,因此对同一样品进行同时测定的优点是显而易见的。同一个样品能同时完成 TG、DTA(或 DSC)两个试验,这对于只有量很少的样品,或者是十分罕见、难得的样品,也是很重要的。

对于一台组合仪器来说,其影响因素应当考虑独立曲线的同样的因素,因此,了解和正确地报告实验条件是非常重要的。ICTAC 和 IUPAC 为 TG、DTA、DSC、EGA 记录推荐的数据报告的要点如下:①样品信息;②样品的来源和历史;③气氛;④样品池的几何形状和材料;⑤样品的质量和装填情况;⑥所用仪器型号、加热速率、和温度程序。

近年来,人们将差示扫描量热技术与微机数据库系统相连,建立起 DSC 图谱库检索系统。由于每一物质有其特定的熔化、分解等热行为,因此在一定条件下,每个物质的 DSC 图谱具有其一定特征性。例如将一些药物制剂中的常用辅料[如淀粉、乳糖、硬脂酸镁、聚维酮(聚乙烯吡咯烷酮,PVP)等]和有关药物的 DSC 曲线按一定形式存入数据库,对药物制剂的分析带来很大方便,对分析制剂中的组分、研究制剂的稳定性以及药物之间、药物辅料之间的相互作用有较好的研究价值。例如 Botha 等用 DSC 考察在胶囊剂中对乙酰氨基酚,苯海拉明、去氧肾上腺素、维生素 C 及硬脂酸镁的配伍变化,测试结果表示除对乙酰氨基酚与硬脂酸镁的物理混合物的 DSC 曲线仍保留各自的特征峰外,其他如对乙酰氨基酚与维生素 C、维生素 C 与苯海拉明、盐酸苯海拉明与对乙酰氨基酚等混合后其 DSC 曲线都有显著变化,属于配伍禁忌。这说明热分析方法在制药配方的筛选研究上为一种简便有效的好方法。

参考文献

[1]孙凤霞.仪器分析.北京:化学工业出版社,2004.

[2]李发美.化学分析(第6版).北京:人民卫生出版社,2007.

[3]高晓松,张惠,薛富.仪器分析.北京:科学出版社,2009.

[4]高向阳.新编仪器分析(第3版).北京:科学出版社,2009.

[5]王淑美.分析化学.郑州:郑州大学出版社,2007.

[6]国家自然科学基金委员会化学科技部;庄乾坤,刘虎威,陈洪渊.分析化学学科前沿与
　　展望.北京:科学出版社,2012.

[7]李克安.分析化学教程.北京:北京大学出版社,2005.

[8]吴性良,孔继烈.分析化学原理(第2版).北京:化学工业出版社,2010.

[9]张寒琦.仪器分析.北京:高等教育出版社,2009.

[10]席先蓉.分析化学.北京:中国医药出版社,2006.

[11]黄一石.仪器分析(第2版).北京:化学工业出版社,2009.

[12]方惠群,于俊生,史坚.仪器分析.北京:科学出版社,2002.

[13]陈媛梅.分析化学.北京:科学出版社,2012.

[14]叶宪曾,张新祥.仪器分析教程(第2版)北京:北京大学出版社,2007.

[15]陶增宁,白桂蓉.分析化学.北京:中央广播电视大学出版社,1995.

[16]孙延一,吴灵.仪器分析.武汉:华中科技大学出版社,2012.

[17]蒋云霞.分析化学.北京:中国环境科学出版社,2007.

[18]严拯宇.仪器分析(第2版).南京:东南大学出版社,2009.

[19]周春山,符斌.分析化学简明手册.北京:化学工业出版社,2010.

[20]贺浪冲.分析化学.北京:高等教育出版社,2009.

[21]杨守祥,李燕婷,王宜伦.现代仪器分析教程.北京:化学工业出版社,2009.

[22]冯玉红.现代仪器分析实用教程.北京:北京大学出版社,2008.

[23]刘金龙.分析化学.北京:化学工业出版社,2012.

[24]杨立军.分析化学.北京:北京理工大学出版社,2011.

[25]陈智栋,何明阳.化工分析技术.北京:化学工业出版社,2010.

[26]潘祖亭,黄朝表.分析化学.武汉:华中科技大学出版社,2011.

[27]王蕾,崔迎.仪器分析.天津:天津大学出版社,2009.

[28]陈集,朱鹏飞.仪器分析教程.北京:化学工业出版社,2010.

[29]周梅村.仪器分析.武汉:华中科技大学出版社,2008.

[30]马长华,曾元儿.分析化学.北京:科学出版社,2005.